WLAN无线
通信技术

WLAN WUXIAN TONGXIN JISHU

江志军　张　爽　徐　巍◎编著

中国铁道出版社有限公司
CHINA RAILWAY PUBLISHING HOUSE CO., LTD.

内 容 简 介

本书是面向新工科5G移动通信"十三五"规划教材中的一种,在介绍WLAN无线通信技术的发展过程、基本原理的基础上,着重讨论WLAN技术应用和工程项目实施过程。全书分为理论篇、实战篇和工程篇,主要内容包括WLAN基本原理、帧结构、相关AP/AC/网管设备配置维护方法、网络规划优化、典型场景WLAN网络解决方案等。

本书内容详实、概念清晰,注重实践教学,可作为高等院校通信类、信息类专业的教材和教学参考书,是一本应用性很强的WLAN无线通信技术参考读物。

图书在版编目(CIP)数据

WLAN无线通信技术/江志军,张爽,徐巍编著. —北京:
中国铁道出版社有限公司,2020.4(2022.9重印)
面向新工科5G移动通信"十三五"规划教材
ISBN 978-7-113-26364-5

Ⅰ. ①W… Ⅱ. ①江…②张…③徐… Ⅲ. ①无线电
通信-局域网-高等学校-教材 Ⅳ. ①TN926

中国版本图书馆CIP数据核字(2020)第037710号

书　　名:**WLAN无线通信技术**
作　　者:江志军　张　爽　徐　巍

策　　划:韩从付　　　　　　　　　　编辑部电话:(010)63549501
责任编辑:周海燕　刘丽丽　贾淑媛
封面设计:MX DESIGN STUDIO
责任校对:张玉华
责任印制:樊启鹏

出版发行:中国铁道出版社有限公司(100054,北京市西城区右安门西街8号)
网　　址:http://www.tdpress.com/51eds/
印　　刷:三河市航远印刷有限公司
版　　次:2020年4月第1版　　2022年9月第2次印刷
开　　本:787 mm×1 092 mm　1/16　印张:16.25　字数:381千
书　　号:ISBN 978-7-113-26364-5
定　　价:49.80元

编委会

主　任：

张光义　中国工程院院士、西安电子科技大学电子工程学院信号与信息处理学科教授、博士生导师

副主任：

朱伏生　广东省新一代通信与网络创新研究院院长

赵玉洁　中国电子科技集团有限公司第十四研究所规划与经济运行部副部长、研究员级高级工程师

委　员：（按姓氏笔画排序）

王守臣　博士，先后任职中兴通讯副总裁、中兴高达总经理、海兴电力副总裁、爱禾电子总裁，现任杭州电瓦特信息技术有限责任公司总裁

汪　治　广东新安职业技术学院副校长、教授

宋志群　中国电子科技集团有限公司通信与传输领域首席科学家

张志刚　中兴网信副总裁、中国医学装备协会智能装备委员、中国智慧城市论坛委员、中国香港智慧城市优秀人才、德中工业 4.0 联盟委员

周志鹏　中国电子科技集团有限公司第十四研究所首席专家

郝维昌　北京航空航天大学物理学院教授、博士生导师

荆志文　中国铁道出版社有限公司教材出版中心主任、编审

I

编委会成员：（按姓氏笔画排序）

方　明	兰　剑	吕其恒	刘　义
刘丽丽	刘海亮	江志军	许高山
阳　春	牟永建	李延保	李振丰
杨盛文	张　倩	张　爽	张伟斌
陈　曼	罗伟才	罗周生	胡良稳
姚中阳	秦明明	袁　彬	贾　星
徐　巍	徐志斌	黄　丹	蒋志钊
韩从付	舒雪姣	蔡正保	戴泽淼
魏聚勇			

全球经济一体化促使信息产业高速发展,给当今世界人类生活带来了巨大的变化,通信技术在这场变革中起着至关重要的作用。通信技术的应用和普及大大缩短了信息传递的时间,优化了信息传播的效率,特别是移动通信技术的不断突破,极大地提高了信息交换的简洁化和便利化程度,扩大了信息传播的范围。目前,5G 通信技术在全球范围内引起各国的高度重视,是国家竞争力的重要组成部分。中国政府早在"十三五"规划中已明确推出"网络强国"战略和"互联网＋"行动计划,旨在不断加强国内通信网络建设,为物联网、云计算、大数据和人工智能等行业提供强有力的通信网络支撑,为工业产业升级提供强大动力,提高中国智能制造业的创造力和竞争力。

近年来,为适应国家建设教育强国的战略部署,满足区域和地方经济发展对高学历人才和技术应用型人才的需要,国家颁布了一系列发展普通教育和职业教育的决定。2017 年10 月,习近平同志在党的十九大报告中指出,要提高保障和改善民生水平,加强和创新社会治理,优先发展教育事业。要完善职业教育和培训体系,深化产教融合、校企合作。2010 年7 月发布的《国家中长期教育改革和发展规划纲要(2010—2020 年)》指出,高等教育承担着培养高级专门人才、发展科学技术文化、促进社会主义现代化建设的重大任务,提高质量是高等教育发展的核心任务,是建设高等教育强国的基本要求。要加强实验室、校内外实习基地、课程教材等基本建设,创立高校与科研院所、行业、企业联合培养人才的新机制。《国务院关于大力推进职业教育改革与发展的决定》指出,要加强实践教学,提高受教育者的职业能力,职业学校要培养学生的实践能力、专业技能、敬业精神和严谨求实作风。

现阶段,高校专业人才培养工作与通信行业的实际人才需求存在以下几个问题:

一、通信专业人才培养与行业需求不完全适应

面对通信行业的人才需求,应用型本科教育和高等职业教育的主要任务是培养更多更好的应用型、技能型人才,为此国家相关部门颁布了一系列文件,提出了明确的导向,但现阶段高等职业教育体系和专业建设还存在过于倾向学历化的问题。通信行业因其工程性、实践性、实时性等特点,要求高职院校在培养通信人才的过程中必须严格落实国家制定的"产教融合,校企合作,工学结合"的人才培养要求,引入产业资源充实课程内容,使人才培养与产业需求有机统一。

二、教学模式相对陈旧，专业实践教学滞后比较明显

当前通信专业应用型本科教育和高等职业教育仍较多采用课堂讲授为主的教学模式，学生很难以"准职业人"的身份参与教学活动。这种普通教育模式比较缺乏对通信人才的专业技能培训。应用型本科和高职院校的实践教学应引入"职业化"教学的理念，使实践教学从课程实验、简单专业实训、金工实训等传统内容中走出来，积极引入企业实战项目，广泛采取项目式教学手段，根据行业发展和企业人才需求培养学生的实践能力、技术应用能力和创新能力。

三、专业课程设置和课程内容与通信行业的能力要求多有脱节，应用性不强

作为高等教育体系中的应用型本科教育和高等职业教育，不仅要实现其"高等性"，也要实现其"应用性"和"职业性"。教育要与行业对接，实现深度的产教融合。专业课程设置和课程内容中对实践能力的培养较弱，缺乏针对性，不利于学生职业素质的培养，难以适应通信行业的要求。同时，课程结构缺乏层次性和衔接性，并非是纵向深化为主的学习方式，教学内容与行业脱节，难以吸引学生的注意力，易出现"学而不用，用而不学"的尴尬现象。

新工科就是基于国家战略发展新需求、适应国际竞争新形势、满足立德树人新要求而提出的我国工程教育改革方向。探索集前沿技术培养与专业解决方案于一身的教程，面向新工科，有助于解决人才培养中遇到的上述问题，提升高校教学水平，培养满足行业需求的新技术人才，因而具有十分重要的意义。

本套书是面向新工科5G移动通信"十三五"规划教材，第一期计划出版15本，分别是《光通信原理及应用实践》《数据通信技术》《现代移动通信技术》《通信项目管理与监理》《综合布线工程设计》《数据网络设计与规划》《通信工程设计与概预算》《移动通信室内覆盖工程》《光传输技术》《光宽带接入技术》《分组传送技术》《WLAN无线通信技术》《无线网络规划与优化》《5G移动通信技术》《通信全网实践》等教材。套书整合了高校理论教学与企业实践的优势，兼顾理论系统性与实践操作的指导性，旨在打造为移动通信教学领域的精品图书。

本套书围绕我国培育和发展通信产业的总体规划和目标，立足当前院校教学实际场景，构建起完善的移动通信理论知识框架，通过融入中兴教育培养应用型技术技能专业人才的核心目标，建立起从理论到工程实践的知识桥梁，致力于培养既具备扎实理论基础又能从事实践的优秀应用型人才。

本套书的编者来自中兴通讯股份有限公司、广东省新一代通信与网络创新研究院、南京理工大学、中兴教育管理有限公司等单位，包括广东省新一代通信与网络创新研究院院长朱伏生、中兴通讯股份有限公司牟永建、中兴教育管理有限公司常务副总裁吕其恒、中兴

教育管理有限公司舒雪姣、兰剑、刘拥军、阳春、蒋志钊、陈程、徐志斌、胡良稳、黄丹、袁彬、杨晨露等。

本套书如有不足之处，请各位专家、老师和广大读者不吝指正。希望通过本套书的不断完善和出版，为我国通信教育事业的发展和应用型人才培养做出更大贡献。

张光义

2019 年 8 月

现今,ICT(信息、通信和技术)领域是当仁不让的焦点。国家发布了一系列政策,从顶层设计引导和推动新型技术发展,各类智能技术深度融入垂直领域,为传统行业的发展添薪加火;面向实际生活的应用日益丰富,智能化的生活实现了从"能用"向"好用"的转变;"大智物云"更上一层楼,从服务本行业扩展到推动企业数字化转型。中央经济工作会议在部署 2019 年工作时提出,加快 5G 商用步伐,加强人工智能、工业互联网、物联网等新型基础设施建设。5G 牌照发放后已经带动移动、联通和电信在 5G 网络建设的投资,并且国家一直积极推动国家宽带战略,这也牵引了运营商加大在宽带固网基础设施与设备的投入。

5G 时代的技术革命使通信及通信关联企业对通信专业的人才提出了新的要求。在这种新形势下,企业对学生的新技术和新科技认知度、岗位适应性和扩展性、综合能力素质有了更高的要求。为此,2015 年在世界电信和信息社会日以及国际电信联盟成立 150 周年之际,中兴通讯隆重地发布了信息通信技术的百科全书,浓缩了中兴通讯从固定通信到 1G、2G、3G、4G、5G 所有积累下来的技术。同时,中兴教育管理有限公司再次出发,面向教育领域人才培养做出规划,为通信行业人才输出做出有力支撑。

本套书是中兴教育管理有限公司面向新工科移动通信专业学生及对通信感兴趣的初学人士所开发的系列教材之一。以培养学生的应用能力为主要目标,理论与实践并重,并强调理论与实践相结合。通过校企双方优势资源的共同投入和促进,建立以产业需求为导向、以实践能力培养为重点、以产学结合为途径的专业培养模式,使学生既获得实际工作体验,又夯实基础知识,掌握实际技能,提升综合素养。因此,本套书注重实际应用,立足于高等教育应用型人才培养目标,结合中兴教育管理有限公司培养应用型技术技能专业人才的核心目标,在内容编排上,将教材知识点项目化、模块化,用任务驱动的方式安排项目,力求循序渐进、举一反三、通俗易懂,突出实践性和工程性,使抽象的理论具体化、形象化,使之真正贴合实际、面向工程应用。

本套书编写过程中,主要形成了以下特点:

(1)系统性。以项目为基础、以任务实战的方式安排内容,架构清晰、组织结构新颖。先让学生掌握课程整体知识内容的骨架,然后在不同项目中穿插实战任务,学习目标明确,实战经验丰富,对学生培养效果好。

（2）实用性。本套书由一批具有丰富教学经验和多年工程实践经验的企业培训师编写，既解决了高校教师教学经验丰富但工程经验少、编写教材时不免理论内容过多的问题，又解决了工程人员实战经验多却无法全面清晰阐述内容的问题，教材贴合实际又易于学习，实用性好。

（3）前瞻性。任务案例来自工程一线，案例新、实践性强。本套书结合工程一线真实案例编写了大量实训任务和工程案例演练环节，让学生掌握实际工作中所需要用到的各种技能，边做边学，在学校完成实践学习，提前具备职业人才技能素养。

本套书如有不足之处，请各位专家、老师和广大读者不吝指正。以新工科的要求进行技能人才培养需要更加广泛深入的探索，希望通过本套书的不断完善，与各界同仁一道携手并进，为教育事业共尽绵薄之力。

2019 年 8 月

前 言
PREFACE

  WLAN(无线局域网)是无线通信技术与网络技术相结合的产物,应用无线通信技术将通信终端互联,构成可以互相通信和实现资源共享的网络体系。随着信息技术、物联网技术、智能制造技术的不断发展,WLAN 无线通信技术作为移动通信、物联网通信的重要组成部分将在通信互联、万物互联等应用领域发挥更大作用。

  本书是面向新工科 5G 移动通信"十三五"规划教材中的一种。本书为校企合作人才培养工作服务,结合校企合作育人的特点和要求,以培养学生技术应用能力和实践能力为主要目标设计内容,在理论的基础上突出实践教学。结合中兴教育管理有限公司培养应用型技术技能专业人才的核心目标,将知识点项目化、模块化,用任务驱动的方式安排章节,循序渐进,突出实践性和工程性,使抽象的理论具体化、形象化,契合应用型人才培养要求。

  本书在介绍 WLAN 无线通信技术的发展过程、基本原理的基础上,着重讨论 WLAN 技术应用和工程项目实施过程,内容设计为理论篇、实战篇和工程篇,适合采用案例式、项目式教学方法开展教学工作。理论篇包含 Wi-Fi 技术概述和 Wi-Fi 物理层与关键技术等内容,可以了解 IEEE 802.11 系列标准的组成、演进及发展趋势,可以熟悉 Wi-Fi 的组成原理、关键技术,并了解 WLAN 行业前景等。实战篇以典型通信设备为例讲解 AP/AC/网管系统软硬件结构及设备调测,将工程项目进行分解,内容包括 AP 设备调测、AC 设备结构与功能、AC 设备调测、WLAN 网管系统等。工程篇通过典型施工案例及工程施工场景分析介绍,学习 WLAN 无线网络勘察、WLAN 网络项目模拟测试、无线网络干扰分析、WLAN 项目覆盖规划、室内室外覆盖方式设计、无线网络容量与频率规划、网络维护优化等工程技术应用方法,同时将理论篇及实践篇的相关内容完全融合贯通于整个的工程项目分析中,读者可以更好地掌握专业技术知识和工程应用方法。

  本书适合作为通信工程、电子信息工程、信息工程及其他相关专业的教材或教学参考书,也可供从事 WLAN 无线通信系统设计、施工、管理和维护等工作的技术人员学习参考。

  WLAN 无线通信技术的发展日新月异,加之编者水平有限,书中难免会有不妥或疏漏之处,敬请广大读者批评指正。

编 者

2019 年 8 月

目 录

CONTENTS

理论篇

引言

在第二次世界大战期间,美国陆军研发出了一套无线电传输技术,并采用高强度的加密技术,用无线电信号传输信息。这项技术让许多学者得到灵感。在 1971 年,夏威夷大学(University of Hawaii)的研究员创造了第一个基于封包式技术的无线电通信网络,即 ALOHNET 网络,可以算是相当早期的无线局域网络(WLAN)。这最早的 WLAN 包括 7 台计算机,它们采用双向星状拓扑(bi-directional star topology),横跨四座夏威夷的岛屿,中心计算机放置在瓦胡岛(Oahu Island)上。从此开始,无线网络可说是正式诞生。

随着无线通信技术的广泛应用,传统局域网络已经越来越不能满足人们的需求,于是无线局域网(Wireless Local Area Network,WLAN)应运而生,发展迅速。尽管目前无线局域网还不能完全独立于有线网络,但近年来无线局域网的产品逐渐走向成熟,正以它优越的灵活性和便捷性在网络应用中发挥日益重要的作用。

无线局域网是指利用无线通信技术在一定的局部范围内建立的网络,是计算机网络与无线通信技术相结合的产物。WLAN 以无线多址信道为传输媒介,提供传统有线局域网(Local Area Network,LAN)的功能,使用户摆脱线缆的桎梏,可随时随地接入 Internet。与传统有线网络相比,WLAN 网络具有灵活性强、安装简单、部署成本较低、扩展能力强等优点,已经在教育、金融、酒店以及零售业、制造业等各领域有了广泛的应用。

从专业角度讲,无线局域网是通过无线信道来实现网络设备之间的通信,并实现通信的移动化、个性化和宽带化。通俗地讲,无线局域网就是在不用网线的情况下,提供以太网互联功能。

广阔的应用前景、广泛的市场需求以及技术上的可实现性,促进了无线局域网技术的完善和产业化,已经商用化的 802.11b 网络也正在证实这一点。随着 802.11a 网络的商用和其他无线局域网技术的不断发展,无线局域网将迎来发展的黄金时期。

1996 年,美国网络通信设备大厂朗讯(Lucent)率先发起成立无线以太兼容性联盟(Wireless Ethernet Compatibility Alliance, WECA),着手创立无线网络协议(WLAN),起初发展不顺,声势远落在蓝牙(Bluetooth)之后。

1999 年,WECA 更名为 Wi-Fi 联盟,再度架构一套认证标准,提出通信业界的无线网络技术——802.11 一系列规格,包括 802.11b、802.11a 等。

Wi-Fi 作为 802.11b 的昵称,与以太网络作为 802.3 的昵称道理一样。经过 Wi-Fi 联盟兼容性测试的无线网络产品,即使制造商不同,也可互通与兼容,如 PCMCIA 无线网卡、USB 无线模块等。

Wi-Fi 可分为五代。由于 ISM 频段中的 2.4 GHz 频段被广泛使用,例如微波炉、蓝牙,它们会干扰 Wi-Fi,使其速度减慢,5 GHz 干扰则较小。双频路由器可同时使用 2.4 GHz 和 5 GHz,但设备则只能使用某一个频段,日常建议连接 5 GHz 频段(需要设备支持,否则只能搜索到 2.4 GHz 频段的 Wi-Fi)。

第一代 802.11,1997 年制定,只使用 2.4 GHz,最快 2 Mbit/s。

第二代 802.11b,只使用 2.4 GHz,最快 11 Mbit/s,正逐渐淘汰。

第三代 802.11g/a,分别使用 2.4 GHz 和 5 GHz,最快 54 Mbit/s。

第四代 802.11n,可使用 2.4 GHz 或 5 GHz,20 MHz 和 40 MHz 信道宽度下最快 72 Mbit/s 和 150 Mbit/s。

第五代 802.11ac,只使用 5 GHz。

学习目标

- 掌握 WLAN 基础理论知识。
- 掌握 WLAN 网络系统的组成、性能特点等。
- 具备 WLAN 网络勘察规划,系统集成、优化、维护等能力。

知识体系

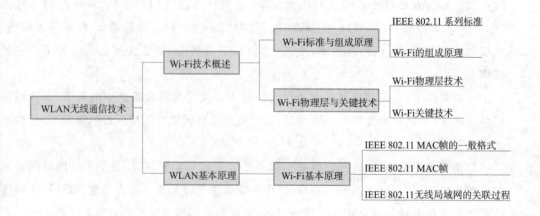

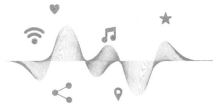

项目一
初识 Wi-Fi 技术

任务一　理解 Wi-Fi 标准与组成原理

任务描述

通过本任务学习 Wi-Fi 技术概述内容,了解 IEEE 802.11 系列标准的组成、演进及发展趋势;熟悉 Wi-Fi 的组成原理;掌握 Wi-Fi 物理层技术及关键技术;了解 WLAN 行业前景。

任务目标

- 识记:IEEE 802.11 系列标准。
- 领会:常见的 IEEE 802.11 标准。
- 应用:Wi-Fi 的组成及常见组网。

任务实施

一、了解 IEEE 802.11 系列标准

WLAN 的两个典型标准分别是由电气电子工程师学会(Institute of Electrical and Electronics Engineers,IEEE)802 标准化委员会下第 11 标准工作组制定的 IEEE 802.11 系列标准和欧洲电信标准组织(European Telecommunications Standards Institute,ETSI)下的宽带无线电接入网络(Broadband Radio Access Networks,BRAN)小组制定的 HiperLAN 系列标准。IEEE 802.11 系列标准由 Wi-Fi(Wireless Fidelity)联盟负责推广,本书中所有研究仅针对 IEEE 802.11 系列标准,并且用 Wi-Fi 代指 IEEE 802.11 技术。

1985 年,美国联邦通信委员会(Federal Communications Commission,FCC)允许在工业、科学和医用(Industrial Scientific Medical,ISM)无线电频段进行商业扩频技术使用成为了 WLAN 发展的一个里程碑。1990 年,IEEE 802 标准化委员会成立了 IEEE 802.11 标准工作组。1997 年,IEEE 802.11-1997 标准的发布,成为 WLAN 发展的又一个里程碑。经过十几年的发展,如今

3

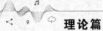

IEEE 802.11 逐渐形成了一个家族,其中既有正式标准,又有对标准的修正案。

(一)识记已发布 802.11 系列标准

IEEE 802.11 – 1997 在 1997 年 6 月获得通过,定义了在 2.4 GHz ISM 频段的物理层 (Physical Layer, PHY)和媒质访问控制(Media Access Control, MAC)层规范。

IEEE 802.11a 在 1999 年 9 月获得通过,其引入正交频分复用(Orthogonal Frequency Division Multiplexing, OFDM)技术,定义了 5 GHz 频段高速物理层规范。

IEEE 802.11b 在 1999 年 9 月获得通过,其引入补码键控(Complementary Code Keying, CCK)技术对 2.4 GHz 频段的物理层进行高速扩展。

IEEE 802.11g 在 2003 年 6 月获得通过,将 IEEE 802.11a OFDM PHY 扩展到 2.4 GHz 频带上,并且同 IEEE 802.11b 设备保持了后向兼容性和互操作性,在市场上取得了巨大成功。

IEEE 802.11n 在 2009 年 9 月获得通过,其同时支持 2.4 GHz 频段和 5 GHz 频段,通过使用多输入多输出(Multiple Input Multiple Output, MIMO)进行空分复用及 40 MHz 带宽操作特性,使物理层传输速率可达 300 Mbit/s,双频点同时工作最高可达 600 Mbit/s,并可向下兼容 IEEE 802.11b、IEEE 802.11g 标准。

IEEE 802.11ac 定义了具有吉(G)比特速率的甚高吞吐量(Very High Throughput, VHT)传输模式,这种传输模式以 802.11n MIMO 技术为基础。802.11ac 标准草案 2.0 版于 2012 年 1 月 19 日正式在 IEEE 的官方网站上进行投票,2012 年 2 月 18 日结束投票形成最终的标准。

(二)认知几种常见的 IEEE 802.11 标准

1. IEEE 802.11b

IEEE 802.11b 是 IEEE 802.11 – 1997 的演进,也工作在 2.4 GHz 频段。它最大的贡献就是在 IEEE 802.11 的 PHY 层基础上增加了两个新的高速接入速率:5.5 Mbit/s 和 11 Mbit/s。 IEEE 802.11b 的产品早在 2000 年初就登陆市场。2.4 GHz 的 ISM 频段为世界上绝大多数国家通用,因此 IEEE 802.11b 得到了广泛的应用。Wi-Fi 联盟,当时称为无线以太网联盟,为了给 IEEE 802.11b 取一个更能让人记住的名字,便雇用了著名的商标公司 Interbrand,由 Interbrand 创造出了"Wi-Fi"这个名字。其创意灵感来自于大众耳熟能详的高保真度(High Fidelity, Hi-Fi),运用 Wi-Fi 则可以从文字上展现无线保真(Wireless Fidelity)的效果。但实际上,Wi-Fi 仅仅是一个商标名称而已,没有任何含义。如今,随着 IEEE 802.11 系列标准的出台,并逐渐成为世界上最热门的 WLAN 标准,Wi-Fi 已经不单只代表 IEEE 802.11b 这一种标准了,而被人们广泛用于代表整个 IEEE 802.11 系列标准。

图 1-1-1 所示为 Wi-Fi 联盟认证标志。

图 1-1-1　Wi-Fi 联盟认证标志

2. IEEE 802.11g

2001 年,FCC 允许在 2.4 GHz 频段上使用 OFDM,因此 802.11 工作组在 2003 年制定了 IEEE 802.11g 标准。其可实现 6 Mbit/s、9 Mbit/s、12 Mbit/s、18 Mbit/s、24 Mbit/s、36 Mbit/s、

48 Mbit/s、54 Mbit/s 的传输速率。如果采用 DSSS、CCK 或可选 PBCC 调制方式,IEEE 802.11g 也可以实现 1 Mbit/s、2 Mbit/s、5.5 Mbit/s、11 Mbit/s 的传输速率。由于它仍然工作在 2.4 GHz 频段,并且保留了 IEEE 802.11b 所采用的 CCK 技术,因此可与 IEEE 802.11b 的产品保持兼容。高速率和兼容性是它的两大特点。

3. IEEE 802.11n

IEEE 802.11n 标准于 2009 年 9 月获得批准。在此之前已经有多个版本的草案出台。IEEE 802.11n 的物理层数据速率相对于 IEEE 802.11a 和 IEEE 802.11g 有显著增长,主要归功于使用 MIMO 进行空分复用及 40 MHz 带宽操作特性。为了利用这些技术所提供的高数据速率,对 MAC 的效率也通过帧聚合(Aggregation)和块确认(Block Acknowledgement,BA)协议进行了提升。这些特性叠加在一起,提供了 IEEE 802.11n 相对于 IEEE 802.11a 和 IEEE 802.11g 所能达到的吞吐率提升的绝大部分。

表 1-1-1 所示为 IEEE 802.11n 物理层关键技术。

表 1-1-1　IEEE 802.11n 物理层关键技术

关键技术	具体内容	性能提升	物理层吞吐量提升
更多子载波	IEEE 802.11a/g 使用一个 OFDM 符号中的 48 个子载波传输数据,而 IEEE 802.11n 则使用了 52 个子载波传输数据	8% 左右	从 54 Mbit/s 提高到 58.5 Mbit/s
更高编码速率	IEEE 802.11a/g FEC 编码码率为 3/4,而 IEEE 802.11n FEC 编码码率为 5/6	11% 左右	从 58.5 Mbit/s 提高到 65 Mbit/s
短 GI	OFDM 符号保护间隔由 IEEE 802.11a/g 的 800 ns 缩短为 IEEE 802.11n 的 400 ns	11% 左右	从 65 Mbit/s 提高到 72.2 Mbit/s
MIMO	系统的吞吐量随 MIMO 空间复用流数的增加而呈线性增加	2 倍	双流传输时使系统峰值吞吐量提高至 144.4 Mbit/s
信道绑定	IEEE 802.11a/g 的信道宽度是 20 MHz,IEEE 802.11n 提供了一个可选的 40 MHz 信道宽度模式。由于信道宽度加倍,其中所含的数据子载波数量也将从 52 个增加到 108 个,略多于倍数值	2 倍	单流 40 MHz 带宽可提供 150 Mbit/s 的吞吐量,如结合双流 MIMO,可实现 300 Mbit/s 的吞吐量

(三)展望 Wi-Fi 的发展趋势

以往 WLAN 的发展,主要体现在带宽或传输速率的提高上。从标准上看,主要是在物理层的改进或扩充:①宽带化;②(快速)移动性支持;③多媒体保证;④安全性;⑤可靠性;⑥小型化;⑦大覆盖;⑧节能;⑨经济性。其他类的无线局域网的发展趋势与此类似。

二、熟知 Wi-Fi 的组成原理

(一)探究 Wi-Fi 的组成结构

Wi-Fi 网络组成结构如图 1-1-2 所示,包括:站点(Station,STA)、无线介质(Wireless Medium,WM)、接入点(Access Point,AP)和分布式系统(Distribution System,DS)。

1. 站点

和有线网络相对应,站点在 Wi-Fi 中通常用作客户端,它是具有无线网络接口的计算设备(接入点是一种特殊的站),通常被称为网络适配器或者网络接口卡。STA 可以是移动的,也可以是固定的。每个 STA 都支持鉴权、取消鉴权、加密和数据传输等功能,是 Wi-Fi 的最基本组成单元。

2. 无线介质

无线介质是 Wi-Fi 中 STA 与 STA 之间、STA 与 AP 之间通信的传输介质。此处指的是大气,它是无线电波和红外线传播的良好介质。Wi-Fi 中的无线介质由无线局域网物理层标准定义。

3. 接入点

接入点类似蜂窝结构中的基站,是无线局域网的重要组成单元。它是一种特殊的站点。其基本功能有:

(1)作为接入点,完成其他非接入点的站点对分布式系统的接入访问和同一 BSS(基站子系统)中的不同站点间的通信连接。

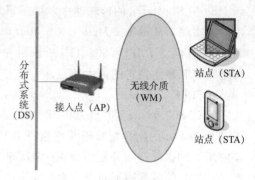

图 1-1-2　Wi-Fi 网络组成结构

(2)作为无线网络和分布式系统的桥接点,完成无线网络与分布式系统间的桥接功能。

(3)作为 BSS 的控制中心,完成对其他非 AP 的站点的控制和管理。

4. 分布式系统

物理层覆盖范围的限制决定了所能支持的 STA 与 STA 之间的直接通信距离。对有些网络,该距离足够;而对另一些网络,则可能需要增加其物理层的覆盖范围。为了解决覆盖范围的问题,BSS 可以不以单个的形式出现,而是由多个 BSS 构成一个扩展的网络。连接多个 BSS 的这个网络构件被称为分布式系统。分布式系统介质(Distribution System Medium,DSM)可以是有线介质,也可以是无线介质。

(二)熟悉 Wi-Fi 组网结构

1. 点对点模式 Ad-hod(Peer-to-Peer)

点对点模式完全由 STA 组成,用于一台 STA 和另一台或多台其他 STA 直接通信,该网络无法接入有线网络中,只能独立使用。无须 AP,安全由各个 STA 自行维护。点对点模式中的一个节点必须能同时"看"到网络中的其他节点,否则就认为网络中断,因此对等网络只能用于少数用户的组网环境,比如 4~8 个用户。点对点模式的组网如图 1-1-3 所示。

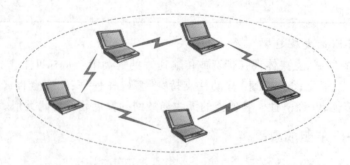

图 1-1-3　点对点模式的组网

2. 基础架构模式(Infrastructure)

基础架构模式由无线接入点(AP)、无线站点(STA)以及分布式系统(DS)构成。无线接入点也称无线路由器,用于在无线 STA 和有线网络之间接收、缓存和转发数据,所有无线通信都经过 AP 完成。无线访问点通常能够覆盖几十至几百用户,覆盖半径达上百米。AP 可以连接到有线网络,实现无线网络和有线网络的互联。基础架构模式的组网如图 1-1-4 所示。

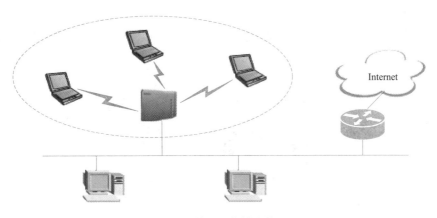

图 1-1-4　基础架构模式的组网

3. 多 AP 模式

多 AP 模式是指由多个 AP 以及连接它们的分布式系统(DS)组成的基础架构模式网络,也称为扩展服务集(ESS)。扩展服务集内的每个 AP 都是一个独立的无线网络基本服务集(也即 BSS),所有 AP 共享同一个 ESSID。分布式系统(DS)在 IEEE 802.11 标准中并没有定义,但是目前大都是指以太网。相同 ESSID 的无线网络间可以进行漫游,不同 ESSID 的无线网络形成逻辑子网。多 AP 模式的组网如图 1-1-5 所示。

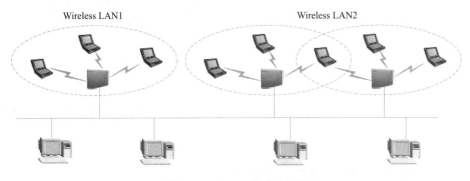

图 1-1-5　多 AP 模式的组网

4. 无线网桥模式

无线网桥模式利用一对 AP 连接两个有线或者 Wi-Fi 网段,无线网桥模式的组网如图 1-1-6 所示。

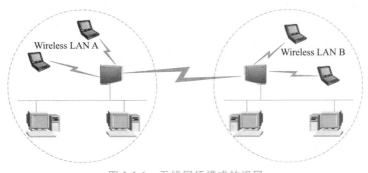

图 1-1-6　无线网桥模式的组网

5. 无线中继器模式

无线中继器用来在通信路径的中间转发数据,从而延伸系统的覆盖范围。无线中继器模式的组网如图 1-1-7 所示。

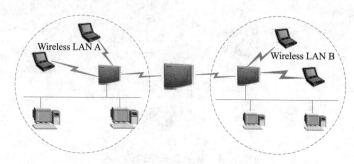

图 1-1-7 无线中继器模式的组网

大开眼界

国内首枚民营 Wi-Fi 卫星正式亮相。这颗卫星已于 2018 年 11 月 27 日在酒泉卫星发射中心搭乘长征系列火箭发射,而整个卫星星座计划目标是在 2026 年为全球提供免费卫星网络。未来,用户将可以在自己的手机应用上搜索到相应区域覆盖的卫星网络,实现一键上网。与现有的运营商网络相比,这一计划将对目前地面网络尚未覆盖的区域更有帮助。

任务小结

本任务通过学习 Wi-Fi 技术概述,掌握 IEEE 802.11 系列标准,掌握 Wi-Fi 的各种组网形式,对 Wi-Fi 无线通信技术有初步的认识。

任务二 探知 Wi-Fi 物理层与关键技术

任务描述

通过 Wi-Fi MAC 帧结构及 IEEE 802.11 无线局域网的关联过程学习,熟悉 IEEE 802.11MAC 帧一般结构,掌握 IEEE 802.11 系列标准 MAC 层常用结构及 IEEE 802.11 无线局域网关联过程,为后续优化分析测试奠定理论基础。

任务目标

- 识记:Wi-Fi 物理层与 MAC 层关键技术。
- 领会:Wi-Fi 射频技术与调制解调。
- 应用:Wi-Fi 传输技术。

任务实施

一、识记 Wi-Fi 物理层技术

（一）传输技术

Wi-Fi 网络中的每个站点都支持鉴权、取消鉴权、加密和数据传输等功能，是 Wi-Fi 的最基本组成单元。

（二）Wi-Fi 物理层体系结构

1. Wi-Fi 物理层传输原理

典型的 Wi-Fi 物理层传输原理如图 1-2-1 所示。

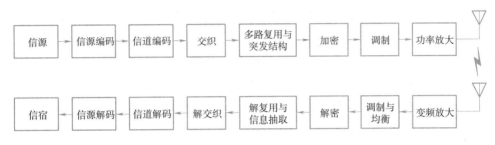

图 1-2-1　典型的 Wi-Fi 物理层传输原理

2. Wi-Fi 物理层结构

Wi-Fi 物理层结构如图 1-2-2 所示。

（1）物理层管理实体（Physical Layer Management Entity，PLME）：与 MAC 层管理相连，执行本地物理层的管理功能。

（2）物理层汇聚过程（Physical Layer Convergence Procedure，PLCP）子层：是 MAC 与 PMD 子层或物理介质的中间桥梁。它规定了如何将 MAC 层协议数据单元（MAC Protocol Data Unit，MPDU）映射为合适的帧格式，用于收发用户数据和管理信息。

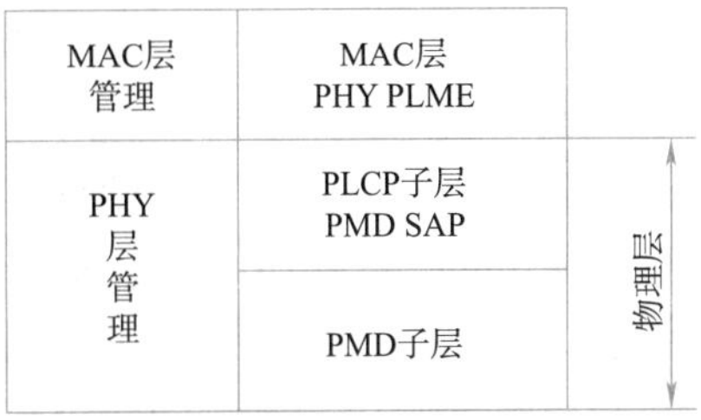

MAC层 管理	MAC层 PHY PLME	
PHY 层 管 理	PLCP子层 PMD SAP	物理层
	PMD子层	

图 1-2-2　Wi-Fi 物理层结构

（3）物理介质相关（Physical Media Dependent，PMD）子层：在 PLCP 子层之下，直接面向无线介质。定义了两点和多点之间通过无线媒介收发数据的特性和方法，为帧传输提供调制和解调。

（三）Wi-Fi 射频技术

1. 物理信道及其划分

（1）DSSS Wi-Fi 物理信道划分。在 2.4 GHz 的 ISM 频段，物理层为直接序列扩频（DSSS）时的物理信道中心频率和信道号随地区不同是有差异的。每个信道的射频带宽是 22 MHz，相邻信道中心频率为 5 MHz。在多小区网络拓扑中，为了避免邻道干扰，相邻小区中心频率间隔至少为 25 MHz。因此，在整个 2.4 GHz 的 ISM 频段中，只有三个互不重叠的网络信道，如图 1-2-3 所示。

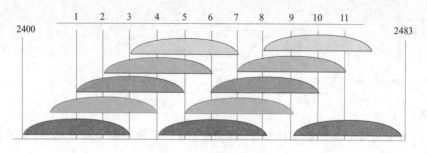

图 1-2-3　Wi-Fi 物理信道划分

（2）FHSS Wi-Fi 物理信道划分。各个国家和地区对于跳频传输技术工作的频率规定是有差异的，我们的规定是采用跳频技术的无线局域网工作在 2.4 ~ 2.483 5 GHz，频段的可用部分是 83.5 MHz，但是实际只使用了 79 MHz。信道中心频率是从第一个信道开始的，根据 IEEE 802.11 标准规定，信道之间以 1 MHz 为间隔，所以可计算出工作的信道数。在 IEEE 802.11 标准的规定中，第一信道的中心频率为 2.402 GHz，可以按照信道之间的间隔为 1 MHz 进行递推。虽然我国的规定与此相同，但并不是所有的国家和地区都是这样，比如，日本的信道中心频率开始于 2.473 GHz，相邻信道也是 1 MHz。

（3）OFDM Wi-Fi 物理信道划。在 5 GHz 频段，为了方便起见，从 5 GHz 开始，以 5 MHz 为步长，共有 201 个通道。OFDM Wi-Fi 多工作于 5 GHz 频段，IEEE 802.11a 使用 U-NII 的 5.15 ~ 5.25 GHz、5.25 ~ 5.35 GHz 和 5.725 ~ 5.825 GHz 频段的共 300 MHz 的射频信道。我国内地可使用的 IEEE 802.11a 信道为 5.725 ~ 5.850 GHz 频段的共 125 MHz 带宽射频信道。

2. 双工方式

单一物理信道可以只用于单向传输信息（单工），但是无线系统特别是无线 Internet 业务中，一般需要双向通信（双工）。常用的双工方式有两种，即频分双工（Frequency Division Duplexing，FDD）和时分双工（Time Division Duplexing，TDD）。近年来，又提出了码分双工（Code Division Duplexing，CDD）的概念。FDD 是一种传统的双工方式，它使用相互分隔开的两个不同的频率，在一个频率上发送，同时在另一个频率上接收。对于用户或终端，发送频率为上行频率，接收频率为下行频率。TDD 方式上行链路和下行链路都工作在同一频率，使用同一信道，但是交替地用于发送和接收。实际上，TDD 是用时间来分隔信道的，同一频率信道在不同的时间上被上行数据和下行数据所使用。在 WLAN 系统中，IEEE 802.11x 系列标准、HiperLAN2 标准、蓝牙系统和 HomeRF 系统采用的都是 TDD 方式。

（四）调制解调技术

1. Wi-Fi 中的传输技术

（1）基带传输。信号不需载波调制而发射出去。

（2）载波传输。利用调制信号（基带）去控制或改变载波的一个或几个参数（幅度、频率、相位），使调制后的信号含有原来调制信号的全部信息，即载波的某些参数按调制信号的规律变化。载波调制的目的是把要传输的信号变换成适合于在信道上传输的信号，与信道相匹配，从而有效传输信息。

（3）扩频传输。图 1-2-4 所示为 DSSS 直接序列扩频,图 1-2-5 所示为 FHSS 跳频。

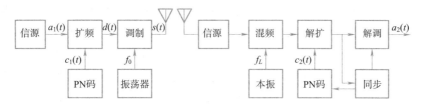

图 1-2-4 DSSS 直接序列扩频

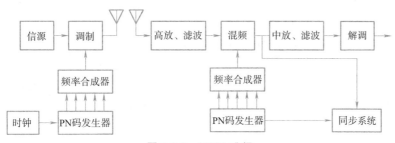

图 1-2-5 FHSS 跳频

2. Wi-Fi 中的数字调制方式

常用的数字调制解调方式很多,如 FSK、MSK、PSK、DPSK 和 QAM 等。用于 Wi-Fi 中的有 FSK、MSK、BPSK、QPSK 和 QAM 等。

IEEE 802.11 协议族中采用了多种强制和可选的调制解调方式,如 IEEE 802.11a 的物理层采用的是 OFDM,这是一种多载波的高速扩频传输技术。其调制方式有 BPSK、QPSK、16-QAM、64-QAM。IEEE 802.11b 协议则定义了高速 PLCP 子层,其调制方式有 DBPSK、DQPSK、补码键控(CCK)和可选的分组二进制卷积码(PBCC)。IEEE 802.11g 标准规定 OFDM 为强制执行技术,以便在 2.4 GHz 频段上提供 IEEE 802.11a 的数据传输速率,同时还要求实现 IEEE 802.11b 模式,并将 CCK-OFDM 和 PBCC-22 作为可选模式。这在 IEEE 802.11b 和 IEEE 802.11a 两者之间架起了一座清晰的桥梁,为真正意义上的多模无线局域网产品提供了一种更简便的手段。

下面介绍一下正交频分复用(OFDM)调制技术原理。

OFDM 是一种特殊的多载波技术。它的主要思想是在频域内将给定信道分成许多正交子信道,在每个子信道上使用一个子载波进行调制,各子载波并行传输。这样,尽管总的信道是非平坦的频率选择性信道,但是每个信道是相对平坦的,并且在每个子信道上进行的是窄带传输,信号带宽小于信道的相关带宽,可以大大消除由于多径时延造成的码间干扰的影响。

OFDM 技术有如下几方面的优点:有效地对抗信号波形间的干扰,适用于多径环境和衰落信道中的高速传输;通过各子载波的联合编码,具有很强的抗衰落能力;抗窄带干扰能力很强;频谱利用率高。

二、概述 Wi-Fi 关键技术

(一)初探 Wi-Fi 的物理层关键技术

1. DSSS 调制技术

基于 DSSS 的调制技术有三种。最初,IEEE 802.11 标准制定在 1 Mbit/s 数据速率下,采用

DBPSK;第 2 种提供 2 Mbit/s 的传输速率,要采用 DQPSK,这种方法每次处理 2 bit 码元,称为双比特;第 3 种是基于 CCK 的 QPSK,是 IEEE 802.11b 标准的基本数据调制方式,它采用了 CCK 与 DSSS 技术,是一种单载波调制技术,通过 PSK 方式传输数据,传输速率分别为 1 Mbit/s、2 Mbit/s、5.5 Mbit/s 和 11 Mbit/s。CCK 通过与接收端的 Rake 接收机配合使用,能够在高效率传输数据的同时有效地克服多径效应。IEEE 802.11b 使用 CCK 调制技术来提高数据传输速率,最高可达 11 Mbit/s。但是当传输速率超过 11 Mbit/s 时,CCK 为了对抗多径干扰,需要引入更复杂的均衡及调制,实现起来非常困难。因此,IEEE 802.11 工作组为了推动 Wi-Fi 的发展,又引入了新的调制技术,以应对更高的数据速率需求。

2. PBCC 调制技术(分组二进制卷积码)

PBCC 调制技术是由得州仪器(Texas Instruments,TI)公司提出的,已作为 IEEE 802.11g 的可选项被采纳。PBCC 也是单载波调制,但它与 CCK 不同,它使用了更多的信号星座图。PBCC 采用 8PSK,而 CCK 使用 BPSK/QPSK;另外,PBCC 使用了卷积码,而 CCK 使用区块码。因此,它们的解调过程是十分不同的。PBCC 可以完成更高速率的数据传输,其传输速率为 11 Mbit/s、22 Mbit/s 和 33 Mbit/s。

3. OFDM 技术

OFDM 技术是多载波调制(Multi-Carrier Modulation,MCM)的一种,它将可用频谱划分为许多子载波,同时把要传输的高速数据信息分为很多并行的低速比特流,将每一个比特流映射到相应子载波上。只要保证在每个子信道上传输的信号带宽小于信道的相关带宽,即可保证每个子信道上的频率选择性衰落是平坦的,因此对多径延迟扩展具有更高的容忍度,大大消除了符号间干扰。

由于在 OFDM 系统中各个子载波相互正交,使得相邻载波互不干扰,于是子载波可以互相靠得更近,使系统具有更高的频谱效率。在各个子载波上的这种正交调制和解调可以采用快速傅里叶逆变换(Inverse Fast Fourier Transform,IFFT)和快速傅里叶变换(Fast Fourier Transform,FFT)方法来实现,随着大规模集成电路技术与 DSP 技术的发展,IFFT 和 FFT 都可以非常容易实现。FFT 的引入,大大降低了 OFDM 的实现复杂性,提升了系统的性能。

无线数据业务一般都存在非对称性,即下行链路中传输的数据量要远远大于上行链路中的数据传输量。因此无论从用户高速数据传输业务的需求,还是从无线通信自身来考虑,都希望物理层支持非对称高速数据传输,而 OFDM 容易通过使用不同数量的子载波来实现上行和下行链路中不同的传输速率。

由于无线信道存在频率选择性,所有的子载波不会同时处于比较深的衰落情况中,因此可以通过动态比特分配以及动态子信道分配的方法,充分利用信噪比高的子信道,从而提升系统性能。由于窄带干扰只能影响一小部分子载波,因此 OFDM 系统在某种程度上可以抵抗这种干扰。

另外,同单载波系统相比,OFDM 还存在一些缺点,易受频率偏差的影响,存在较高的峰值平均功率比(Peak to Average Ratio,PAR)。

OFDM 系统结构框图如图 1-2-6 所示。

OFDM 技术有非常广阔的发展前景,已成为超三代(Beyond Third Generation,B3G)及第四代移动通信(the Fourth Generation,4G)的核心技术。IEEE 802.11a、IEEE 802.11g、IEEE 802.11n 标准为了支持高速数据传输均采用了 OFDM 调制技术。IEEE 802.11a/g 标准为每个

信道分配了 52 个子载波,其中 48 个载波用于数据传输。剩下的 4 个载波用于导频(Pilot),以帮助相干解调时对相位的跟踪。而 IEEE 802.11n 则使用 52 个子载波用于数据传输。目前,OFDM 结合时空编码、分集、干扰(包括符号间干扰 ISI 和邻道干扰 ICI)抑制以及智能天线技术,最大限度地提高物理层的可靠性。如再结合自适应调制、自适应编码以及动态子载波分配、动态比特分配算法等技术,可以使其性能进一步优化。

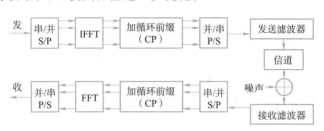

图 1-2-6　OFDM 系统结构框图

循环前缀(Cyclic Prefix,CP)是将 OFDM 符号尾部的信号搬移到头部构成的。CP 是一个数据符号后面的一段数据复制到该符号的前面形成的循环结构,这样可以保证有时延的 OFDM 信号在 FFT 积分周期内总是具有整倍数周期。

4. MIMO 技术

MIMO(多入多出)技术是无线通信领域智能天线技术的重大突破。MIMO 技术能在不增加带宽的情况下成倍地提高通信系统的容量和频谱利用率。目前 MIMO 已成为下一代无线通信系统采用的关键技术。

在室内,电磁环境较为复杂,多径效应、频率选择性衰落和其他干扰源的存在使得实现无线信道的高速数据传输比有线信道困难得多。多径效应会引起衰落,因而被视为有害因素。然而研究结果表明,对于 MIMO 系统来说,多径效应可以作为一个有利因素加以利用。

MIMO 系统在发射端和接收端均采用多天线(或阵列天线)和多通道。MIMO 的多入多出是针对多径无线信道来说的。图 1-2-7 所示为 MIMO 系统的原理图。传输信息流 $S(k)$ 经过空时编码形成 N 个信息子流 $C_i(k)$,$i = 1, \cdots, N$。这 N 个子流分别由 N 个天线发射出去,经空间信道后由 M 个接收天线接收。多天线接收机利用先进的空时编码处理能够分开并解码这些数据子流,从而实现最佳的处理。

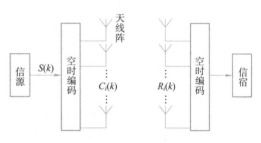

图 1-2-7　MIMO 系统的原理图

特别是,这 N 个子流同时发送到信道,各发射信号占用同一频带,因而并未增加带宽。

若各发射、接收天线间的通道响应独立,则 MIMO 系统可以创造多个并行空间信道。通过这些并行空间信道独立地传输信息,数据传输速率必然提高。

MIMO 将多径无线信道与发射、接收视为一个整体进行优化,从而可实现高的通信容量和频谱利用率。这是一种近于最优的空域时域联合的分集和干扰抵消处理。

系统容量是表征通信系统的最重要标志之一,表示了通信系统最大传输率。对于发射天线数为 N,接收天线数为 M 的 MIMO 系统,假定信道为独立的瑞利衰落信道,并设 N,M 很大,则信道容量 C 近似为下式:

$$C = \left[\min(M,N) \right] \times B \times \log_2(\rho/2) \qquad (1\text{-}2\text{-}1)$$

式中,B 为信号带宽;ρ 为接收端平均信噪比;$\min(M,N)$ 取 M,N 值较小者。

式(1-2-1)表明,功率和带宽固定时,MIMO 的最大容量或容量上限随最小天线数的增加而线性增加。而在同样条件下,在接收端或发射端采用多天线或天线阵列的普通智能天线系统,其容量仅随天线数的对数增加而增加。因此,MIMO 技术对于提高无线通信系统的容量具有极大的潜力。

5. MIMO – OFDM

MIMO – OFDM 技术是通过在 OFDM 传输系统中采用阵列天线实现空间分集,提高了信号质量,是联合 OFDM 和 MIMO 得到的一种新技术。它利用了时间、频率和空间三种分集技术,使无线系统对噪声、干扰、多径的容限大大增加。图 1-2-8 和图 1-2-9 分别为 MIMO – OFDM 系统的发送、接收方案。

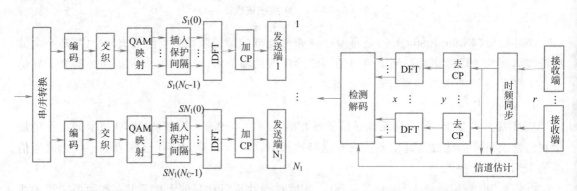

(QAM—正交振幅调制;IDFT—离散逆傅里叶变换;CP—循环前缀) 　　(DFT—离散傅里叶变换)

图 1-2-8　MIMO – OFDM 系统发送方案　　　　图 1-2-9　MIMO – OFDM 系统接收方案

MIMO – OFDM 实现主要包括如下关键技术:

(1)发送分集。MIMO – OFDM 调制方式相结合,对下行通路选用"时延分集",它装备简单、性能优良,又没有反馈要求。它是让第二副天线发出的信号比第一副天线发出的延迟一段时间。发送端引用这样的时延,可使接收的通路响应得到频率选择性。如采用适当的编码和内插,接收端可以获得"空间—频率"分集增益,而不需预知通路情况。

(2)空间复用。为提高数据传输速率,可以采用空间复用技术。也可以从两副基站天线发送两个各自编码的数据流。这样,可以把一个传输速率相对较高的数据流分割为一组相对速率较低的数据流,分别在不同的天线上对不同的数据流独立的编码、调制和发送,同时使用相同的频率和时隙。每副天线可以通过不同独立的信道滤波独立发送信号。接收机利用空间均衡器分离信号,然后解调、译码和解复用,恢复出原始信号。

(3)接收分集和干扰消除。如果基站和用户终端一侧三副接收天线,可取得接收分集的效果。利用"最大比合并"(Maximal Ratio Combining,MRC)算法,将多个接收机的信号合并,得到最大信噪比(SNR),可以抑制自然干扰。但是,如有两个数据流互相干扰,或者从频率复用的邻区传来干扰,MRC 就不能起抑制作用。这时,利用"最小的均方误差"(Minimum Mean Square Error,MMSE)算法,它使每一有用信号与其估计值的均方误差最小,从而使"信号与干扰及噪声比"(Signal to Interference plus Noise Ratio,SINR)最大。

(4)软译码。上述 MRC 和 MMSE 算法生成软判决信号,供软解码器使用。软解码和 SINR

加权组合相结合使用,可能对频率选择性信道提供 3 ~ 4 dB 性能增益。

(5)信道估计。其目的在于识别每组发送天线与接收天线之间的信道冲击响应。从每副天线发出的训练子载波都是相互正交的,从而能够唯一地识别每副发送天线到接收天线的信道。训练子载波在频率上的间隔要小于相干带宽,因此可以利用内插获得训练子载波之间的信道估计值。根据信道的时延扩展,能够实现信道内插的最优化。下行链路中,在逐帧基础上向所有用户广播发送专用信道标识时隙。在上行链路中,由于移动台发出的业务可以构成时隙,而且信道在时隙与时隙之间会发生变化,因此需要在每个时隙内包括训练和数据子载波。

(6)同步。在上行和下行链路传播之前,都存在同步时隙,用于实施相位、频率对齐,并且实施频率偏差估计。时隙可以按照如下方式构成:在偶数序号子载波上发送数据与训练符号,而奇数序号子载波设置为零。这样经过 IFFT 变换之后,得到的时域信号就会被重复,更加有利于信号的检测。

(7)自适应调制和编码。为每个用户配置链路参数,可以最大限度地提高系统容量。根据两个用户在特定位置和时间内用户的 SINR 统计特征,以及用户 QoS 的要求,存在多种编码与调制方案,用于在用户数据流的基础上实现最优化。QAM 级别可以介于 4 ~ 64,编码可以包括凿孔卷积编码与 Reed-Solomon(RS)编码。因此存在 6 种调制和编码级别,即编码模式。链路适配层算法能够在 SINR 统计特性的基础上,选择使用最佳的编码模式。

(二)识记 Wi-Fi MAC 层关键技术

IEEE 802.11 无线媒体访问协议称为"基于分布方式的无线媒体访问控制协议"(Distributed Function Wireless MAC,DFWMAC),DFWMAC 支持自组织结构(Ad Hoc)和基础结构(Infrastructure)两种类型的组网。DFWMAC 有两种方式,即分布协调功能(Distributed Coordination Function,DCF)和点协调功能(Point Coordination Function,PCF)。

1. DCF

DCF 主要采用带冲突检测的载波监听多路访问(Carrier Sense Multiple Access Collision Detect,CSMA/CD)协议,当使用 CSMA 时,一个想要发送的 STA 首先侦听媒体一段定长时间。如果媒体在这段时间内被监听为"空闲",则 STA 被允许发送。如果媒体被监听为"繁忙",则 STA 需要将发送后延。此种载波监听机制,适用于分布式网络,传输具有突发性和随机性的普通分组数据,支持无竞争型实时业务及竞争型非实时业务。

CSMA 作为随机竞争类 MAC 协议,算法简单而且性能丰富,所以在实际有线局域网(以太网,IEEE 802.3)中得到了广泛的应用。但是在 Wi-Fi 中,由于无线传输媒体固有的特性及移动性的影响,Wi-Fi 的 MAC 在差错控制、解决隐藏终端等方面应有别于有线局域网。因此 Wi-Fi 与有线局域网所采用的 CSMA 具备一定的差异。同时,由于在 RF 传输网络中冲突检测比较困难,因此 IEEE 802.11 采用 CSMA/CA(CSMA/Collision Avoidance)协议,其与 CSMA/CD 最大的不同点在于其用避免冲突检测代替 IEEE 802.3 协议使用的冲突检测,采用冲突避免机制尽量减小冲突碰撞发生的概率,以提高网络吞吐性能与迟延性能。协议使用信道空闲评估(Clear Channel Assessment,CCA)算法来决定信道是否空闲,通过测试天线能量和接收信号强度指示(Received Signal Strength Indication,RSSI)来完成。

DCF 是 IEEE 802.11 最基本的媒体访问控制方法,它包括载波检测机制、帧间隔和随机退避规程。DCF 在所有 STA 上都进行实现,用于 Ad Hoc 和 Infrastructure 网络结构中,提供争用服务。DCF 有两种工作方式:一种是基本访问模式,即 CSMA/CA 方式;另一种是请求发送/允许发送(Ready To Send/Clear To Send,RTS/CTS)方式。CSMA/CA 是基础,RTS/CTS 只是 CSMA/CA 之上的可选机制。

为了对某些类型的帧提供一定的优先级,IEEE 802.11 定义了多种时间间隔,用于确定某待发送帧的节点何时才能开始竞争信道:

(1)短帧间间隔(Short Inter-Frame Space,SIFS),这是 IEEE 802.11 中最短的帧间间隔。当一个节点需要占用信道并持续执行帧交换时使用 SIFS,这时如果有其他节点要使用信道,必须等待信道空闲并持续一个更长的时间间隔才能参与竞争,从而赋予使用 SIFS 的节点更高的优先级。SIFS 主要用于 ACK、CTS 等帧的发送;SIFS 时长由 aSIFSTime 参数定义。对于 IEEE 802.11a、802.11g 以及 802.11n 标准,SIFS = 16 μs。对于 IEEE 802.11b 标准,SIFS = 10 μs。

(2)PCF 帧间间隔(PCF Inter-Frame Space,PIFS),这是为 PCF 提供的,它使得采用 PCF 发送的帧可获得比 DCF 更高的优先级;一旦在这个时间内监测到信道空闲,就可以进行中心控制方式无竞争的通信;PIFS 时长由式(1-2-2)定义:

$$PIFS = aSIFSTime + aSlotTime \qquad (1-2-2)$$

式中,aSlotTime 代表时隙长度,对于 IEEE 802.11a、802.11g 以及 802.11n 标准,aSlotTime = 9 μs,因此 PIFS = 25 μs。对于 IEEE 802.11b,aSlotTime = 20 μs,因此 PIFS = 30 μs。

(3)DCF 帧间间隔(DCF Inter-Frame Space,DIFS),这是采用 DCF 协议节点竞争信道时的最小帧间间距,也就是说在预留期限到期后的 DIFS 后,节点才能竞争使用信道。

DIFS 时长由式(1-2-3)定义:

$$DIFS = aSIFSTime + 2aSlotTime \qquad (1-2-3)$$

对于 IEEE 802.11a、802.11g 以及 802.11n 标准,DIFS = 34 μs。对于 IEEE 802.11b 标准,DIFS = 50 μs。

(4)扩展帧间间隔(Extended Inter-Frame Space,EIFS),这种间距不定长,用于 DCF 方式接收数据错误的情况下作为等待时间,为接收站点发送确认帧(ACK)提供足够的时间。

(5)仲裁帧间间隔(Arbitration Inter-frame Space,AIFS),工作在 EDCA(Enhanced Distributed Channel Access)模式下的站点要获得传输的机会,必须等待的信道空闲的时间。

不同接入类别的 AIFS 不相同。通过不同帧间隔,不同优先级业务的帧能获得相应的信道访问优先权。

IEEE 802.11 MAC 层中的帧间间隔如图 1-2-10 所示。

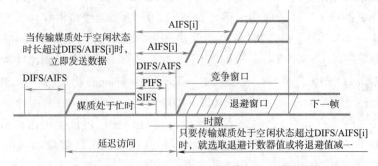

图 1-2-10　IEEE 802.11 MAC 层中的帧间间隔

当一个节点需要发送数据时,需要调用载波侦听机制来确定信道的忙/闲状态,如果信道忙,它将继续侦听信道;如果信道空闲,并且连续空闲时间达到 DIFS 长度,节点就认为信道现在处于空闲状态,可以向目的节点发送数据。为了避免发送冲突,该节点并不是立即发送数据,而是在发送数据前增加了一个退避过程。首先产生一个随机的退避时间(Backoff Time),并存入退避计数器,如果退避计数器中已经包含有一个非零的值,那么就不再执行。

退避时间的产生方法如下:

$$Backoff\ Time = Random(\ ) \times aSlotTime \tag{1-2-4}$$

式中,Random( )是均匀分布在$[0, CW]$范围内的随机整数,CW 是介于由物理层特征决定的最小竞争窗口 CW_{min} 和最大竞争窗口 CW_{max} 之间的一个整数值,即 $CW_{min} \leq CW \leq CW_{max}$。例如对于 IEEE 802.11b DSSS,$CW_{min}$ 和 CW_{max} 分别为 31 和 1 023。aSlotTime 是由物理层特性决定的一个时隙的实际长度值,对于 IEEE 802.11b DSSS,一个时隙的长度是 20 μs;对于 IEEE 802.11a 标准,CW_{min} 和 CW_{max} 分别为 15 和 1 023。一个时隙的长度是 9 μs。

一个节点执行退避过程时,如果侦听到信道空闲时间达到一个时隙,则将退避计数器减 1;如果信道忙,则暂停退避过程,退避时间计数器被冻结,直到信道再次变为空闲状态,退避过程重新被激活,继续递减。当退避计数器递减到 0 时,节点就可以发送数据。

每个节点都要维护一个 CW 参数,CW 的初始值为 CW_{min}。当一个节点发送失败时,说明当前的网络负载较大或者链路状况不好,该节点的 CW 就会增加一倍,以后该节点每次因发送失败而重传时,CW 都会增加一倍,即 $CW = 2m(CW_{min} + 1) - 1$,其中,$m$ 为重传次数。

当 CW 的值增加到 CW_{max},即 $2m(CW_{min} + 1) = (CW_{max} + 1)$,再连续重传时,CW 的值将保持为 CW_{max} 不变,直到该节点发送成功,或者达到了最大重传次数限制,CW 将被重新置为 CWmin。

DCF 包括两种介质访问模式:基本访问模式和可选的 RTS/CTS 访问模式。

图 1-2-11 为 DCF 的基本访问模式。发送节点侦听到无线信道连续空闲时间达到 DIFS 后,发送数据帧,为了增强对异步业务传输的可靠性,IEEE 802.11 DCF 使用 MAC 层确认机制,接收节点检验所收到的数据帧的循环冗余校验码(Cyclic Redundancy Code, CRC),如果正确,则在等待 SIFS 间隔后向发送节点发送一个 ACK,以表明已经成功地接收到该数据帧。如果在一定的时间内,没有收到返回 ACK,发送节点就认为本次传输失败,需要重传该数据帧。

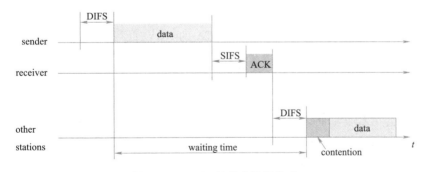

图 1-2-11 DCF 的基本访问模式

在无线局域网中,经常会出现"隐藏终端"(Hidden Terminal)问题,即当一个节点在接收数据的时候,在它传输范围内的有些邻居节点有可能不知道,如果这些邻居节点在它接收数据的过程中发送数据,就会产生冲突,从而导致该节点接收数据失败。

为了解决这个问题,DCF 利用 RTS 和 CTS 两个控制帧进行信道的预留。图 1-2-12 阐明了如何使用 RTS/CTS 访问模式。在等待了 DIFS(再加上随机退避时间)后,发送节点首先发送

RTS 控制帧。RTS 帧和其他数据帧的优先级是相同的。RTS 帧包括数据传送的接收节点地址和整个数据传输的持续时间。这个持续时间指的是传输整个数据帧和其 ACK 所需要的所有时间。收到这个 RTS 的每个节点都根据持续时间域（Duration Field）来设置它的 NAV（Network Allocation Vector）。NAV 指定了节点可以试图访问介质的最早时间点。

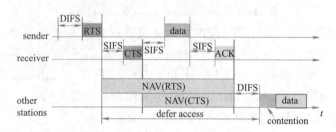

图 1-2-12　DCF 的 RTS/CTS 访问模式

如果传输数据的接收节点收到 RTS,在等待 SIFS 间隔后,它用一个 CTS 帧进行应答。

CTS 帧也包括 Duration Field,而且所有接到这个 CTS 的节点必须再次调整它们的 NAV。收到 CTS 的节点集合和收到 RTS 的节点集合不一定相同。那么,在发送节点和接收节点的接收范围内的所有节点都得到通知,它们在访问介质之前必须等待一定的时间。也就是说,这个机制为一个发送节点预留了信道(这也就是这种机制有时也被称为虚拟预留机制的原因)。

最后,在 SIFS 间隔后,发送节点可以发送数据帧。接收节点在接收到数据帧之后再等待 SIFS 间隔,用 ACK 进行确认。现在传输过程完成,这时每个节点的 NAV 为 0,表明介质空闲,并开始下一个传输周期。

2. PCF

PCF 是 IEEE 802.11 基础网络结构中的一个可选功能,通过 AP 中的点协调器(Point Coordinator, PC)建立一个周期性的无竞争周期(Contention Free Period,CFP)。

在 CFP 中由 PC 来协调对无线信道的无竞争接入。在 CFP 期间,所有邻近站点的 NAV 都被设为 CFP 的最大期望时长。此外,所有在 CFP 期间的帧传输均使用 PISF 帧间距,该帧间距短于在 DCF 模式下接入信道时的 DIFS 帧间距,从而防止 STA 使用基于竞争的机制获得对信道的接入权。在 CFP 周期结束时,PC 重置所有 STA 的 NAV,此后运行正常的基于竞争的接入方式。

在 PCF 模式下,PC 定期使用"信标"帧(Beacon)来建立 CFP。CFP 的长度由 PC 进行控制,其最大持续时间由"信标"帧"CF 参数集"中的 CFPMaxDuration 参数指定。如果 CFP 时长要大于信标间隔,PC 会在 CFP 期间合适的时刻再次传输信标。CFP 的实际时长与在 CFP 期间交换的数据量有关,但 PC 必须保证这个时长总是不大于 CFPMaxDuration。在 CFPMaxDuration 结束时刻或是其之前,PC 通过发送一个 CF-End 帧来终止 CFP。CF-End 帧会重置其覆盖范围内 STA 的 NAV,允许基于竞争模式的接入。

在 AP 中 PC 必须首先确认无线信道处于空闲状态,才能发送标志一个 CFP 周期开始的"信标"帧(CFP 的开始是以"信标"帧的发送为标志,但并不是任何一个"信标"帧发送都代表 CFP 的开始)。如果信道在计划的 CFP 开始时刻处于繁忙状态,则 PC 必须等待至当前信道忙碌结束,因此会给 CFP 重复间隔带来一些延迟抖动。

除去包含 PC 的 AP 之外,所有 STA 都将其 NAV 设置为"信标"帧中"CF 参数集"字段中的

CFPMaxDuration 值。在 CF 持续期间,STA 不断根据"信标"帧中"CF 参数集"字段中的 CFPMaxDuration 值来更新其 NAV。当 STA 在收到一个 CF-End 帧时重置其 NAV。STA 不仅会根据自己所处 BSS 中 PC 的控制进行 NAV 的设置、更新与重置,也会接收相邻 BSS 中 PC (同频定工作的 AP 中的 PC)的控制,设置其 NAV,这就避免了 STA 在 CFP 期间误取得信道访问权。

PCF 工作过程如下:

希望发送数据的 STA 首先向 AP 发送 Association Request(连接请求)帧,并在帧的功能字段的 CF-Pollable(可轮询 CF)子字段中表明希望加入轮询表。在收到 AP 的 ACK 信息以后,STA 被列入轮询列表。轮询列表中的 STA 按关联标识符(Association IDentifier,AID)升序排列。AID 是由 AP 主机分配的 16 bit 标识符。

AP 发出"信标"帧表明 CFP 期间的开始。在 CFP 期间,AP 可以向单个 STA 发送单播数据。AP 同时要向轮询列表中的 STA 发出 CF-Poll 帧。(CF-Poll 帧可以作为一个单独的 CF-Poll 帧来发送,也可以捎带在一个数据帧中,后者效率更高。)如果在 PIFS 时间间隔内没有响应,则表明被询问 STA 无数据要发,AP 继续发出下一个 CF-Poll 帧。

无竞争确认:

PCF 允许在数据帧中捎带确认 ACK。不管当前数据帧是发给哪个站点,其所捎带的 CF-Ack 均是确认其之前收到的帧。如图 1-2-13 所示,由 PC 发给 STA1 的、捎带有 CF-Poll 的数据帧被 STA1 回应 CF-Poll 的帧中捎带的 CF-Ack 确认。而 STA1 发送数据帧又被 PC 随后发送给 STA2 的数据帧中所捎带的 CF-Ack 确认。因此无竞争确认机制需要捎带有确认的数据帧同时被等待数据的接收端及等待数据帧接收确认的前发送端收到,因此必须仔细选择发送数据帧的速率,以保证可靠接收。

轮询中特殊情况:

在一个 CFP 期间,如果轮询列表中的 STA 没有轮询完,那么在下次 CFP 期间将从未轮询 STA 开始轮询;如果轮询列表中的主机已经轮询完,还剩有一段时间,AP 将随机选择 STA 发出轮询帧。

轮询结束过程:AP 发出 CF-End 帧,表明 CFP 期间的结束,CP 期间的开始。图 1-2-13 为 PCF 中帧传输的一个例子。

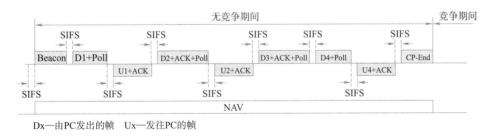

图 1-2-13　PCF 中帧传输的一个例子

PCF 主要是为了保障特定业务的服务质量而创建的,但其有许多局限:如有可能对 PCF 和 DCF 通信都造成延迟。当一个使用 PCF 的 STA 需要在通信时恰好赶在一个 CFP 即将结束,则只可能在下一个 CFP 中被轮询;同时,需要在 DCF 时段内被发送,但在 CFP 时段内收到的通信必须等到 CFP 结束后,在竞争机制下取得信道访问权时才能发送。因此这些局限严重影响了那些对时延敏感的通信。PCF 的另一个局限是其在多个相邻 BSS 中的 AP 共用同一个信道时，当一个 BSS 处于 CFP 中，而相邻的 BSS 需要等待这个 CFP 结束时才能开始自己的 CFP。当多个 BSS 的 CFP 加起来的时长超过了任何一个 BSS 的 CFP 重复间隔时，就会互相冲突，无法保障原有的服务承诺。因此 PCF 从未被广泛实现。反而是 DCF 机制要简单，并且在这种开放频段上工作效果更好。

大开眼界

可见光通信技术可以在实现高品质 LED 照明的同时，利用可见光波提供宽带互联网连接。而可见光通信办公灯具可实现 30 Mbit/s 的高速宽带连接，帮助用户在传输多部流媒体高清影片的同时进行视频电话。

任务小结

本任务要求了解 Wi-Fi 系列标准的构成及发展历程、Wi-Fi 的基本组网原理、Wi-Fi 物理层相关技术、Wi-Fi 关键技术，掌握 WLAN、Wi-Fi、以太网与 3G/4G 之间的区别与联系。

项目二

掌握 Wi-Fi 基本原理

任务 介绍 Wi-Fi 基本原理

任务描述

本任务对 Wi-Fi MAC 帧结构及 IEEE 802.11 无线局域网的关联过程进行介绍,并讲解 IEEE 802.11 MAC 帧的一般结构,IEEE 802.11 系列标准 MAC 层常用结构及 IEEE 802.11 无线局域网关联过程,为后续优化分析测试奠定理论基础。

任务目标

- 识记:802.11 MAC 帧。
- 领会:802.11 无线局域网的关联过程。
- 应用:802.11 MAC 帧的一般格式。

任务实施

一、简介 IEEE 802.11 MAC 帧一般格式

802.11 MAC 帧结构如图 2-1-1 所示。

2byte	2byte	6byte	6byte	6byte	2byte	6byte	0~2312byte	4byte
Frame Control	Duration /ID	Address1	Address2	Address3	Seq-ctl	Address4	Frame Body	FCS

图 2-1-1　802.11 MAC 帧结构

1. Frame Control 字段

Frame Control 字段所有帧的开头均是长度两个字节的帧控制位,如图 2-1-2 所示。

(1)Protocol 位:协议版本位由 2 bit 构成,用以显示该帧所使用的 MAC 版本。目前,802.11 MAC 只有一个版本;它的协议编号为 0,802.11 改版尚不需用到新的协议编号。Type 与

21

Subtype，为类型位与次类型位，用来指定所使用的帧类型，有三类帧类型：数据帧、控制帧和管理帧。数据帧负责在工作站之间传输数据；控制帧负责区域的清空、信道的获取以及载波监听的维护，并于收到数据时予以肯定确认，借此提高工作站之间数据传送的可靠性；管理帧负责监督，主要用来加入或退出无线网络以及处理接入点之间的关联。各类帧类型又含有不同种类的子帧类型。表 2-1-1 显示了 Type 与 Subtype 位与帧类型的对应关系。

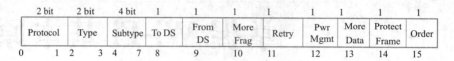

图 2-1-2　Frame Control 字段

表 2-1-1　Type 与 Subtype 位与帧类型的对应关系

类型值 b2b3	类型描述	次类型值 b7b6b5b4	子类型描述
00	管理帧	0000	关联请求
00	管理帧	0001	关联响应
00	管理帧	0010	重新关联请求
00	管理帧	0011	重新关联响应
00	管理帧	0100	探针请求
00	管理帧	0101	探针响应
00	管理帧	0110 ~ 0111	保留
00	管理帧	1000	Beacon 帧
00	管理帧	1001	通知传输指示消息帧
00	管理帧	1010	非关联
00	管理帧	1011	验证（鉴权）
00	管理帧	1100	非验证（非鉴权）
00	管理帧	1101	激活
00	管理帧	1110 ~ 1111	保留
01	控制帧	0000 ~ 0111	保留
01	控制帧	1000	关闭 ACK 请求
01	控制帧	1001	关闭 ACK
01	控制帧	1010	PS 轮询
01	控制帧	1011	RTS（请求发送帧）
01	控制帧	1100	CTS（控制帧）
01	控制帧	1101	ACK（确认帧）
01	控制帧	1110	CF-END
01	控制帧	1111	CF-END CF-ACK
10	数据帧	0000	数据

续表

类型值 b2b3	类型描述	次类型值 b7b6b5b4	子类型描述
10	数据帧	0001	数据　CF-ACK
10	数据帧	0010	数据　CF 轮询
10	数据帧	0011	数据　CF-ACK　CF 轮询
10	数据帧	0100	空（无数据）
10	数据帧	0101	CF-ACK（无数据）
10	数据帧	0110	CF 轮询（无数据）
10	数据帧	0111	CF-ACK CF 轮询（无数据）
10	数据帧	1000	Qos 数据
10	数据帧	1001	QoS 数据 + CF-ACK
10	数据帧	1010	QoS 数据 + CF 轮询
10	数据帧	1011	QoS 数据　CF-ACK CF 轮询
10	数据帧	1100	QoS 空（无数据）
10	数据帧	1101	保留
10	数据帧	1110	QoS　CF 轮询　（无数据）
10	数据帧	1111	QoS　CF-ACK　CF 轮询（无数据）
11	保留	0000 ~ 1111	保留

（2）To DS 与 From DS 这两位的含义如表 2-1-2 所示。

表 2-1-2　To DS 与 From DS 含义

项　　目	To DS = 0	To DS = 1
From DS = 0	所有管理帧、控制帧	基础网络中无线工作站所发送的数据帧
From DS = 1	基础网络中无线工作站所收到的数据帧	无线桥接器上的数据帧

（3）More Fragments 位。如果上层的封包经过 MAC 分段处理,最后一个片段除外,其他片段均会将此位设定为 1。大型的数据帧以及某些管理帧可能需要加以分段;除此之外的其他帧则会将此位设定为 0。

（4）Retry 位。有时候可能需要重传帧。任何重传的帧会将此位设定为 1,以告知接收端剔除重复的帧。

（5）Power Management 位。802.11 网卡通常以 PC Card 的形式出现,主要用于以电池供电的笔记本式计算机。为了延长电池的使用时间,通常可以关闭网卡以节省电能。该位用来指出传送端在完成目前的基本帧交换之后是否进入省电模式。1 代表工作站即将进入省电模式,而 0 则代表工作站会一直保持在清醒状态。基站必须行使一系列重要的管理功能,所以不允许进入省电模式,因此基站所传送的帧中,该位必然为 0。

（6）More Data 位。为了服务处于省电模式的工作站,基站会将接收的帧加以暂存。基站如果设定该位,即代表至少有一个帧待传给休眠中的工作站。

（7）Protected Frame 位（使用加密）。无线传输本质上就比较容易遭受拦截。如果帧受到链路层安全协议的保护,该位会被设定为 1。

（8）Order 位。帧与帧片段可依序传送。一旦进行“严格依序”传送,该位被设定为 1。

2. Duration/ID 字段

Duration/ID 含有 16 位,其依据帧类型和子帧类型的不同而取不同的值,如表 2-1-3 所示。

表 2-1-3　Duration/ID 字段的取值

位 0 ~ 13	位 14	位 15	作　用
0 ~ 32 767		0	设定 NAV。此数值代表目前所进行的传输预计使用介质多少微秒。工作站必须监视所收到的任何帧头,并据此更新 NAV。任何超出预计使用介质时间的数值均会更新 NAV,同时阻止其他工作站访问介质
0	0	1	在免竞争期间使用,值为 32 768
1 ~ 16 383	0	1	保留
0	1	1	保留
1 ~ 2 007	1	1	休眠醒来的工作站会在 PS-Poll 帧中加入连接识别码(Association ID,AID),以显示其所隶属的 BSS。其值介于 1 ~ 2 007
2 008 ~ 16 383	1	1	保留

在免竞争期间(Contention Free Period,CFP),第 14 位为 0 而第 15 位为 1。其他所有位均为 0,因此 Duration/ID 位的值为 32 768。这个数值被解读为 NAV。它让没有收到 Beacon(信标)帧注的任何工作站得以公告免竞争期间,以便将 NAV 更新为适当的数值,避免干扰到免竞争传输。Beacon 帧是管理帧的次类型(Subtype),因此字首以大写表示。

3. Address 位

一个 802.11 帧最多可以包含 4 个地址。这些位地址位均经过编号,随着帧类型不同,这些位的作用也有所差异。Address 1 代表接收端,Address 2 代表传送端,Address 3 被接收端拿来过滤地址。比如,在基础网络里,第 3 个地址位会被接收端用来判定该帧是否属于其所连接的网络。

4. 顺序控制位

该位组成如图 2-1-3 所示,长度为 16 bit,用来重组帧片段以及丢弃重复帧。

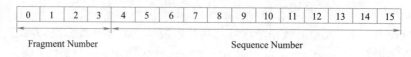

图 2-1-3　顺序控制位

它由 4 bit 的 Fragment Number(片段编号)位以及 12 bit 的 Sequence Number(顺序编号)位所组成。控制帧未使用顺序编号,因此并无顺序控制位。当上层帧交付 MAC 传送时,会被赋予一个 Sequence Number。此位的作用是计数已传帧。计数器由 0 起算,MAC 每处理一个上层封包就会累加 1。如果上层封包被切割处理,所有帧片段都会具有相同的顺序编号。如果是重传帧,则顺序编号不会有任何改变。帧片段之间的差异在于 Fragment Number。第一个片段的编号为 0。其后每个片段依序累加 1。重传的片段会保留原来的 Sequence Number 协助重组。

二、了解 IEEE 802.11 MAC 帧

(一)数据帧

数据帧负责在工作站间传送上层数据。在最初的标准中,802.11 帧最多可以传送 2 304 bit 构成的上层数据。(实际上必须能够容纳更多的数据,以便将安全性与 QoS 相关信息加入。)

数据帧结构如图 2-1-4 所示。

2byte	2byte	6byte	6byte	6byte	2byte	6byte	0~2312byte	4byte
Frame Control	Duration /ID	Address1	Address2	Address3	Seq-ctl	Address4	Frame Body	FCS

一般 802.11 MAC 帧

图 2-1-4 数据帧结构

1. 数据位

数据位(Frame Boby)负责在工作站间传送上层数据。在最初的标准中,802.11 帧最多可以传送 2 304 bit 构成的上层数据。(实际上必须能够容纳更多的数据,以便将安全性与 QoS 相关信息加入。)

2. 帧检验序列

802.11 帧是以帧检验序列(Frame Check Sequence,FCS)作为结束。FCS 让工作站得以检查所收到的帧的完整性。FCS 的计算范围涵盖 MAC 头所有位以及数据位。当帧送至无线介质时,会先计算 FCS,然后再由无线链路传送出去。接收端随后会为所收到的帧计算 FCS,然后与记录在帧中的 FCS 做比较。在 802.11 网络上,通过完整性检验的帧需要接收端送出应答。接收无误的数据帧必须得到正面应答,否则就必须重传。

(二)控制帧

1. RTS 帧

请求发送帧(RTS)有 20 字节长,它包含有帧控制域、帧交换所需时间长度(duration)/关联号(ID)域、两个地址域和帧校验域。发送这个帧的一个目的是将完成帧交换所需时间长度信息告知其邻近的 STA,也就是能收到 RTS 的 STA,就用收到的信息更新其 NAV,从而防止了这些 STA 在告知的时间内发送信息,也就避免了冲突的发生。图 2-1-5 定义了 RTS 帧结构。

RTS 帧中的 RA 标明的是一个无线媒体上的 STA,该 STA 为即将发送的数据帧或者管理帧的接收者,而且在 RTS 帧中的 RA(接收 STA 地址)必须是某个 STA 的 MAC 地址。TA(发送 STA 地址)标明的是传送 RTS 帧的 STA,它被由 RTS 中的 RA 标识的 STA 用来发送 RTS 的响应帧。在该帧中传送的时间长度信息是完成一个 4 步骤帧交换(RTS、CTS、DATA、ACK)所需要的时间,它由这些时间构成:传送 1 个 CTS 的时间、传送 1 个数据或者管理帧的时间、传送 1 个对数据或者管理帧应答的时间,以及在 CTS 和数据或者管理帧之间的帧间间隙(SIFS)和在数据或者管理帧和 ACK 之间的帧间间隙(SIFS)时间(一共 3 个 SIFS)。时间长度是以微秒为单位的。如果计算的时间值不是整数,则取大于该值的最小整数。

2. CTS 帧格式

允许发送帧(CTS)有 14 字节长,它包含有帧控制域、帧交换所需时间长度(duration)/关联号(ID)域、1 个地址域和帧校验域。发送这个帧的一个目的是将完成帧交换所需时间长度信息告知其邻近的 STA,也就是能收到 CTS 的 STA 就用收到的信息更新其 NAV,从而防止了这些 STA 在告知的时间内发送信息,也就避免了冲突的发生。图 2-1-6 定义了 CTS 的格式。

CTS 中的 RA 标识的是接收该 CTS 的某个 STA 的 MAC 地址,在 CTS 中 RA 必须是某个 STA 的 MAC 地址。而 RA 的值是从接收到的 RTS 帧中的 TA 复制过来的,而此 CTS 就是作为接收到的 RTS 的响应帧。在该帧中传送的时间长度信息是完成一个 4 步骤帧交换(RTS、CTS、DATA、ACK)所需要的时间,它由这些时间构成:传送 1 个数据或者管理帧的时间、传送 1 个对数据或者管理帧应答的时间,以及在数据或者管理帧和 ACK 之间的帧间间隙(SIFS)时间,也就是将收到的 RTS 帧中的时间长度减去传送 CTS 时间和 1 个 SIFS 时间。

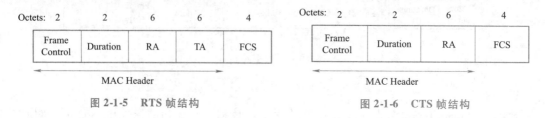

图 2-1-5　RTS 帧结构　　　　　　　　　　图 2-1-6　CTS 帧结构

3. ACK 帧格式

确认(ACK)帧有 14 字节长,它包含有帧控制域、帧交换所需时间长度(duration)/关联号(ID)域、1 个地址域和帧校验域。使用这个帧有两个目的。一是对刚正确接收到的数据、管理帧、PS-Poll 帧的确认。这也就告诉了 ACK 的接收者或者是刚收到的数据、管理帧、PS-Poll 帧的发送者已经正确接收了,那么也就不需要重传刚收到的数据、管理帧、PS-Poll 帧。ACK 帧的第二个目的是在段突发传送过程中,它可以将时间长度通知给段接收者的邻近 STA,这种情况下 ACK 就扮演了 CTS 的角色。

ACK 帧结构如图 2-1-7 所示。

ACK 帧的 RA 标识的是某个接收该帧的 STA 的 MAC 地址,而且在 ACK 中的 RA 必须是某个 STA 的 MAC 地址,RA 是从刚接收到的数据帧、管理帧或者 PS-Poll 控制帧中的第 2 地址域复制过来的。如果接收

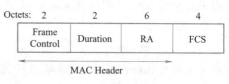

图 2-1-7　ACK 帧结构

到的数据帧或者管理帧中的帧控制域的 More Fragment 位被置为 0,则长度域的值置为 0。如果接收到的数据帧或者管理帧中的帧控制域的 More Fragment 位被置为 1,则长度域的值由接收到的数据帧或者管理帧的长度域的值减去传送 1 个 ACK 帧的时间和 1 个 SIFS 得到。如果计算出的该值不是整数,则取大于该值的最小整数。

4. Beacon 帧格式

信标帧 Beacon 是相当重要的维护机制,主要用来宣告某个网络的存在。定期发送的信标,可让移动工作站得知该网络的存在,从而调整加入该网络所必要的参数。在基础型网络里,接入点必须负责发送 Beacon 帧。Beacon 帧所及范围即为基本服务区域。在基础型网络里,所有沟通都必须通过接入点,因此工作站不能距离太远,否则便无法接收到信标。信标并不全会用到所有位。选择性位只有在用到时才会出现。表 2-1-4 所示为 Beacon 帧各段的含义。

表 2-1-4　Beacon 帧各段的含义

序号	名　称	注　释
1	Timestamp(时戳位)	可用来同步 BSS 中的工作站,BSS 的主计时器会定期发送目前已作用的微秒数。当计数器到达最大值时,便会从头开始计数
2	Beacon Interval(信标间隔位)	AP 点每隔一段时间就会发出 Beacon(信标)信号,用来宣布 802.11 网络的存在。打开无线连接时之所以能看到很多 Wi-Fi 点就是因为它
3	Capability(能力信息)	发送 Beacon 信号的时候,它被用来通知各方该网络具备哪种性能

序号	名　　称	注　　释
4	Service Set Indentifier(服务集标识)	由字节所形成的字串,用来标示所属网络的 BSSID,即在 Wi-Fi 连接前看到的接入点名称
5	Supported rates(支持速率)	无线局域网络支持数种标准速率。当移动工作站试图加入网络,会先检视该网络所使用的数据速率。有些速率是强制性的,每个工作站都必须支持,有些则是选择性的
6	Frequency-Hopping Parameter Set (跳频参数组合)	包含了加入 802.11 跳频(Frequency-Hopping)网络所需要的参数
7	DS Parameter Set(直接序列参数集合)	指明网络所使用的信道数
8	CF Parameter Set(免竞争参数集合)	出现在支持免竞争接入点所发送的 Beacon 帧中,并非必需
9	IBSS Parameter Set(IBSS 参数集合)	指明 ATIM(通知传输指示信息)Window(数据待传指示通知信息间隔期间)
10	Traffic Indication Map(数据待传信息)	指示有哪些工作站需要接收待传数据
11	Country(国家识别码)	指明工作站的使用国家
12	FH Parameters(跳频模式)	如果启用的 Dot11 多域功能为真,则可以包括频点、频点数、跳频同期、跳频驻留时间、信道切换时间等 FH 参数
13	FH Parameters table(跳频模式表)	如果启用的 Dot11 多域功能为真,则可以包括跳频方式、纠错方式、同步方式等 FH 模式表信息
14	Power Constraint(功率限制)	让网络得以向工作站传达其所允许的最大传输功率
15	Channel Switch Announcement(信道切换宣告)	为了警告网络中的工作站即将变换信道
16	Quiet(禁声)	为了避免与特定的军事雷达技术彼此干扰及在此期间可以用于测量
17	Independent Basic Service Set (IBSS)(独立基础服务集)	如果 IBSS(独立基础服务集)中的 DOT11 频谱管理要求为真,则应存在 IBSS DFS 元素
18	TPC Report(发射功率控制报告)	指明链路的衰减情况,可帮助工作站了解该如何调整传输功率
19	ERP　(扩展物理层)	ERP 信息元素存在于扩展速率物理层(PHY)生成的信标帧中,并且在其他情况下可选地存在
20	Extended Supported Rates(扩展支持速率)	当支持的速率超过 8 个时,就会出现扩展支持速率元素,否则它是可选的
21	Robust Security Network(RSN)(强健安全网络)	RSN 信息元素应出现在由启用 Dot11(RSNA)设置为真的生成的信标帧中。只允许创建健壮的安全网络关联(RSNA)的安全网络。RSN 可以通过信标帧的 RSN 信息元素(IE)中的指示来识别,即指定的组密码套件不是有线等效隐私(Wep)
22	BSS Load(BSS 承载)	当 Dot11 QoS 时出现 BSS 承载元素选项实施和 dot11 BSS 承载实施均为真,BSS 承载元素出现;BSS 承载元素包含关于 BSS 中当前 STA 填充和业务级别的信息
23	EDCA Parameter Set(EDCA 参数集)	当实现的 Dot 11 QoS 选项为真且 QoS 能力元素不存在时,EDCA 参数集元素存在。EDCA 参数集元素提供非 AP STA 在 CP 期间正确操作 QoS 设施所需的信息
24	QoS Capability(QoS 能力)	当实现的 Dot11 QoS 选项为真且不存在 EDCA 参数集元素时,QoS 能力元素存在。QoS 能力元素包含多个子字段,用于在 QoS STA 上公布可选 QoS 能力
25	Vendor Specific(特定供给商)	此框架中可能会出现一个或多个特定供应商的信息元素。此信息元素遵循所有其他信息元素

5. IEEE 802.11n MAC 帧

IEEE 802.11n 数据帧格式相比于传统的 802.11 数据帧变大了。加入了高吞吐量（HT）控制字段和 QoS 控制字段。图 2-1-8 所示为 11nMAC 帧格式。帧体部分增加了大约 4 倍（最大 7 955 字节）。

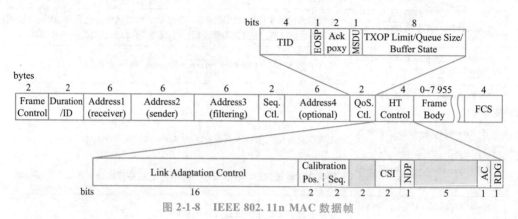

图 2-1-8　IEEE 802.11n MAC 数据帧

管理帧通过在传统管理帧中插入 HT 信息单元表明它们来自于 11n 网络。图 2-1-9 所示为 HT 信息单元的格式。

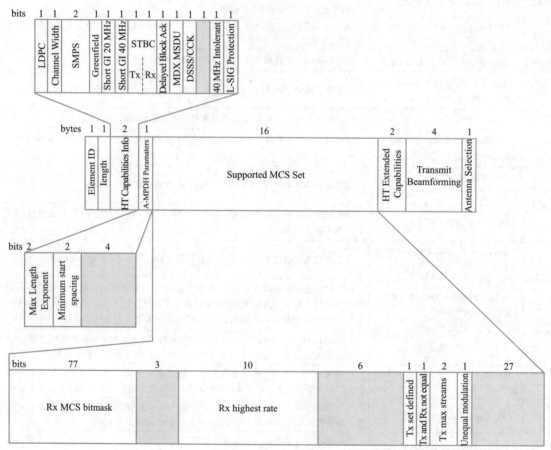

图 2-1-9　802.11n 管理帧中 HT 信息单元的格式

HT 信息单元中 2 字节的 HT Capabilities Info 用于告知信道类型、编码规则,使用 20 MHz 和 40 MHz 信道。1 字节 A-MPDU 参数用于声明使用 A-MPDU 聚合。16 字节 Supported MCS Set 包含有大量的数据传输速率信息。2 字节 HT Extended Capabilities 字段描述对扩展功能如 PCO、RD 的支持,不常用。4 字节 Transmit Beamforming Capabilities 字段是对波束赋形的支持。1 字节 Antenna Selection Capabilities 用于天线比射频多的系统中,在现有系统中基本不用。

HT 操作信息单元被插入由 AP 发送的管理帧,如 Beacon 帧等中,来告知客户端设备当前的网络状态。其结构如图 2-1-10 所示。

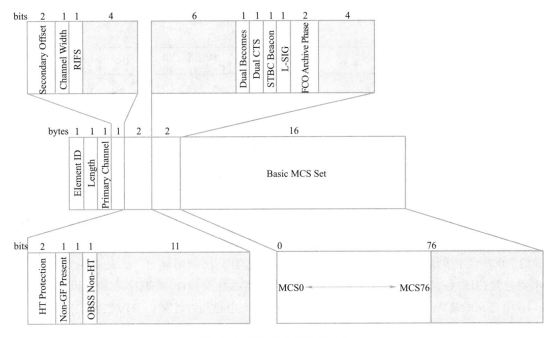

图 2-1-10　HT 操作信息单元结构

1 字节 Primary Channel 字段用来表明网络操作的主信道。2 位 Secondary Channel Offset,设置成 1 的时候表明次级信道比主信道有一个更高的频率。当次级信道频率低于主信道时设置成 3,没有次级信道时设置成 0。1 位的 Channel Width 设置成 1 的时候表示使用的是 20 MHz 信道。1 位的 RIFS 设置成 1 允许 RIFS 操作,设置成 0 禁用 RIFS。HT Protection 用来设置避免传统的设备造成的干扰。

(1)11n 块确认帧。为保证数据传输的可靠性,传统的 802.11 协议规定每收到一个单播数据帧,都必须立即回应以 ACK 帧。11n 确认帧时序如图 2-1-11 所示。

图 2-1-11　11n 确认帧时序

11n 中 A-MPDU 的接收端在收到 A-MPDU(MPDU 聚合)后,需要对其中的每一个 MPDU 进行处理,因此同样针对每一个 MPDU 发送应答帧。Block Acknowledgement 通过使用一个 ACK帧来完成对多个 MPDU(MAC 业务数据单元)的应答,以降低这种情况下的 ACK 帧的数量。11n 确认帧结构如图 2-1-12 所示。

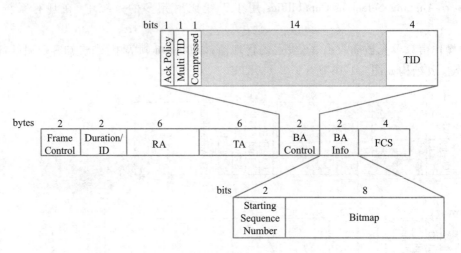

图 2-1-12   11n 确认帧结构

(2) IEEE 802.11ac MAC 帧。802.11ac MAC 帧大部分字段保留给 11a/b/g/n 使用。图 2-1-13 所示为 IEEE 802,11ac MAC 数据帧格式,主要有两个变化,一是最大帧体的长度从11n 的 7 000 多字节增加到 11426 字节,增强了聚合来自高层帧的能力。二是重用 11n 中用到的高吞吐量(HT)控制字段,但是使用了新的格式。高吞吐量(HT)控制字段如果以 0 开始,它与 11n 中定义的格式一致;如果以 1 开始,它成为 11ac 中超高吞吐量(VHT)控制字段。

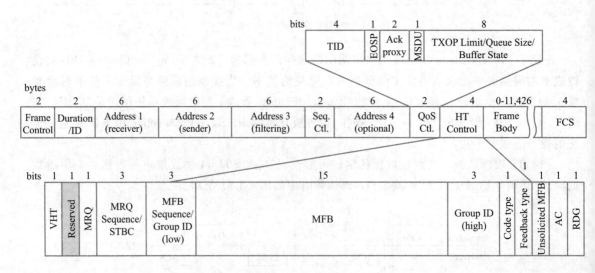

图 2-1-13   IEEE 802.11ac MAC 数据帧格式

设备要通过发送管理帧表明位于 11ac 网络中,在传统的管理帧中加入 VHT 信息单元。这个信息单元位于探测请求和探测回应管理帧中。VHT 信息单元如图 2-1-14 所示。

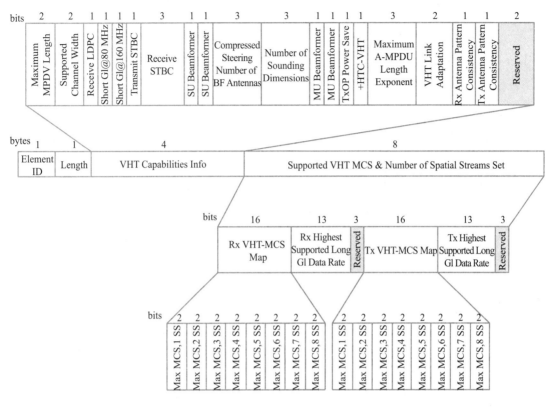

图 2-1-14　IEEE 802.11ac MAC 帧 VHT 字段

2 位 Maximum MPDU Length 用来表明 11ac MAC 帧体的长度。00 表示长度为 3 895 字节,01 表示长度为 7 991 字节,10 表示长度为 11 454 字节,11 保留。2 位 Supported Channel Width 设置位,用来设置支持 20 MHz、40 MHz、80 MHz 操作。13 位 Rx and Tx Highest Supported Data Rate 字段用来表示支持的最大数据速率,以 1 Mbit/s 为单位。比如,一个设备支持最大速率 867 Mbit/s,设置为 0001101100011(十进制为 867)。其他字段在这里没有叙述。

三、识记 IEEE 802.11 无线局域网的关联过程

建立关联流程如图 2-1-15 所示。

1. 扫描流程

(1)在 Active Scanning 模式下,用户终端通过在每个信道上发送基于 802.11 协议的 Probe Request 消息向 AP 发起探测请求,其主要参数见表 2-1-5。

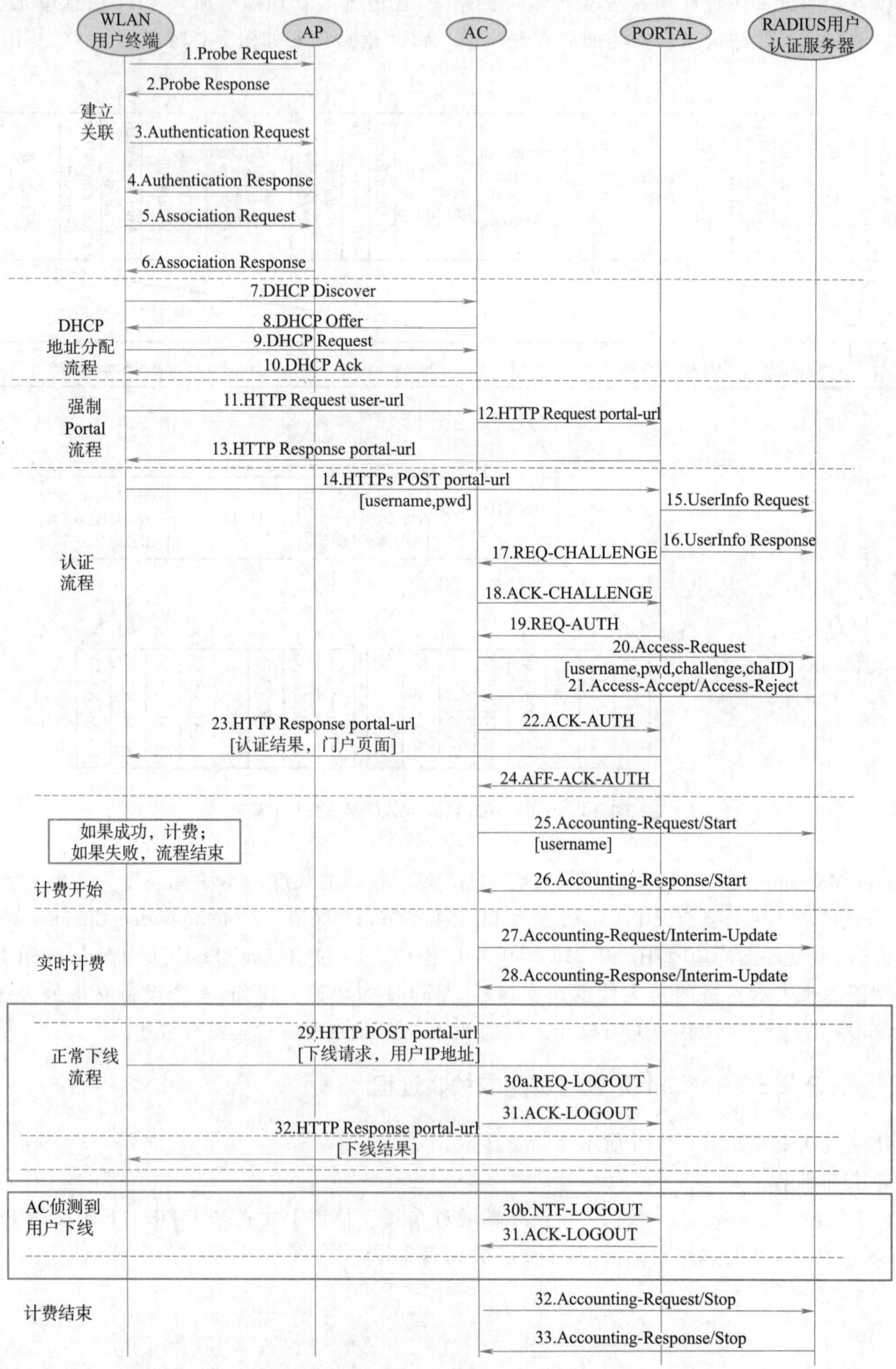

图 2-1-15　IEEE 802.11 关联过程

表 2-1-5　Probe Request 主要参数

主 要 参 数	参 数 值
Capability Information（能力信息）	支持扩展服务集（ESS，仅在 Beacon 和 Probe Response 中有意义）、支持独立基本服务集（Independent BSS，即没有 AP 的 Ad hoc 网络，仅在 Beacon 和 Probe Response 中有意义）、AP 是否支持免竞争轮询（CF-Pollable，在 Beacon/Probe Response/Association 中有意义）、终端是否加入轮询列表（CF Poll Request，在 Beacon/Probe Response/Association 中有意义）、保密（Privacy，表明 AP 可实现 WEP，设置为 1 时表明必须使用 WEP，在 Beacon/Probe Response/Association Response 中传递）
SSID（业务集识别号）	置空或携带上次连接的 SSID 或用户选定的 SSID
Supported Rates（支持速率）	用户终端支持的传输速率

（2）AP 通过 Probe Response 消息，向用户终端下发 SSID 和物理层参数等信息，其主要参数如表 2-1-6 所示。

表 2-1-6　Probe Response 主要参数

主 要 参 数	参 数 值
Timestamp（时间戳）	记录此帧发送的时间值
Beacon Interval（信标间隔位）	Beacon 帧的发送时间间隔
Capability Information（能力信息）	在具备 AP 的无线网络中，ESS = 1，IBSS = 0；必须采用 WEP 加密时，Privacy = 1
SSID（业务集识别号）	诸如 CMCC、CMCC-EDU
Supported Rates（支持速率）	网络支持的传输速率
FH Parameter Set（跳频参数集）	物理层参数，跳频参数集，包括跳频顺序组（Hop Set）、跳频模式（Hop Pattern）、跳频索引（Hop Index）
DS Parameter Set（直扩参数集）	物理层参数，直扩参数集，包括通道编号（Current Channel）
CF Parameter Set（CF 参数集）	包括下次免竞争周期开始前 DTIM（Delivery TIM）、出现次数（CFP Count）、免竞争周期间 DTIM 出现间隔（CFP Period）、免竞争周期的最长时间（CFP Max Duration）、免竞争周期剩余时间（CFP Duration Remaining）
IBSS Parameter Set（IBSS 参数集）	即没有 AP 的 Ad hoc 网络参数集，包括 ATIM Window 长度（Announcement Traffic Indication Message Frame Window）

在 Passive Scanning 模式下，则由 AP 不断广播下发可标识 BSS 的 Beacon 帧（信标帧）来通知用户终端包括 SSID、物理层参数等信息，主要参数见表 2-1-7。

表 2-1-7　Beacon 主要参数

主 要 参 数	参 数 值
Timestamp（时间戳）	记录此帧发送的时间值
Beacon Interval（信标间隔位）	Beacon 帧的发送时间间隔
Capability Information（能力信息）	AP 能力信息
SSID（业务集识别号）	诸如 CMCC、CMCC-EDU
Supported Rates（支持速率）	网络支持的传输速率
FH Parameter Set（跳频参数集）	物理层参数，跳频参数集
DS Parameter Set（直扩参数集）	物理层参数，直扩参数集
CF Parameter Set（CF 参数集）	CF 参数集

续表

主 要 参 数	参 数 值
IBSS Parameter Set(IBSS 参数集)	IBSS 参数集,即没有 AP 的 Ad hoc 网络参数集
TIM(流量标识图)	流量标识图,终端处于省电模式下缓存在 AP 中的帧,包括缓存的 DTIM 个数(DTIM Count)、DTIM 下发间隔(DTIM Period)等

2. 鉴权流程

用户终端向 AP 提交 Authentication Request 请求,对于 Open System 认证方式,无须 Challenge 的认证;而对于 Shared Key 认证方式,则是在终端提出请求后,由 AP 下发未加密的 Challenge,经终端用 Key 进行 WEP 加密后,再上传加密的 Challenge 至 AP,其主要参数见表 2-1-8。

表 2-1-8　Authentication Request 主要参数

主 要 参 数	参 数 值
Authentication Algorithm Number (认证算法序列号)	用户终端采用的认证算法。0 表示 Open System 算法;1 表示 Shared Key 算法
Authentication Transaction Sequence Number(认证交互序列号)	标识消息顺序
Status Code(状态码)	此消息中为 0,即保留(Reserved)
Challenge Text(挑站文本)	认证所需 Challenge,Shared Key 模式下通过 WEP 加密上传给 AP

对于 Open System 认证方式,AP 向用户终端回复鉴权结果;而对于 Shared Key 认证方式,先回复未加密的 Challenge,待收到终端上传的经过 WEP 加密的 Challenge 后,进行密文 Challenge 解密并和明文 Challenge 比较回复用户终端,其主要参数见表 2-1-9。

表 2-1-9　Authentication Response 主要参数

主 要 参 数	参 数 值
Authentication Algorithm Number (认证算法序列号)	采用的认证算法。0 表示 OpenSystem 算法;1 表示 SharedKey 算法
Authentication Transaction Sequence Number(认证交互序列号)	表识消息顺序
Status Code(状态码)	0 表示 AP 同意采用用户终端指定的认证算法或认证成功,其余表示失败,如:15, Authentication rejected because of challenge failure
Challenge Text(挑站文本)	认证所需 Challenge,Shared Key 模式下明文下发给用户终端

3. 关联流程

(1)用户终端向 AP 发起关联请求,主要参数见表 2-1-10。

表 2-1-10　Association Request 主要参数

主 要 参 数	参 数 值
Capability Information(能力信息)	用户终端能力信息
Listen Interval(信息接收时间间隔)	用户终端将其处于省电模式无法接收数据帧的时长告知 AP
SSID(业务集识别号)	诸如 CMCC、CMCC-EDU
Supported Rates(支持速率)	用户终端支持的传输速率

（2）AP 响应用户终端,成功关联后,用户终端同 AP 建立逻辑连接,主要参数见表 2-1-11。

表 2-1-11　Association Response 主要参数

主　要　参　数	参　数　值
Capability Information（能力信息）	AP 能力信息
Status Code（状态码）	表示 AP 处理结果,0 表示成功,其余表示失败
Association（ID 关联识别码）	关联期间由 AP 分配的识别码
Supported Rates（支持速率）	网络支持的传输速率

4. DHCP 流程

（1）发现阶段,即用户终端以广播方式发送 DHCP Discover 报文来寻找 DHCP 服务器,主要参数见表 2-1-12。

表 2-1-12　DHCP Discover 主要参数

主　要　参　数	参　数　值
Client IP Address（ciaddr）	用户终端 IP 地址,此消息中为 0.0.0.0
Your Client IP Address（yiaddr）	DHCP Server 分配给用户终端的 IP 地址,此消息中为 0.0.0.0
Client MAC Address（chaddr）	用户终端 MAC 地址
Option53：DHCP Message Type	DHCP Discover
Option50：Requested IP Address	终端前一次分配得到的 IP 地址

（2）DHCP 服务器（AC）收到发现请求后,进入提供阶段,即 AC 通过 DHCP Offer 为用户终端从 IP 地址池中分配用户 IP 地址,并分配 IP 租约期、网关、DNS 等,主要参数见表 2-1-13。

表 2-1-13　DHCP Offer 主要参数

主　要　参　数	参　数　值
Client IP Address（ciaddr）	用户终端 IP 地址
Your Client IP Address（yiaddr）	分配给用户终端的 IP 地址,如 192.168.1.100
Server IP Address（siaddr）	DHCP Server 的 IP 地址
Client MAC Address（chaddr）	用户终端 MAC 地址
Option53：DHCP Message Type	DHCP Ack
Option54：Server Identifier	DHCP Server 的 IP 地址
Option61：Client Identifier	分配给用户终端的 IP 地址
Option51：IP Address Lease Time	分配的 IP 地址的租约期
Option1：Subnet Mask	配置的子网掩码
Option3：Router	配置的网关地址
Option6：Domain Name Server	配置的 DNS 服务器地址

（3）选择阶段,即在 DHCP 服务器回应 DHCP 客户端后,DHCP 客户端只接收第一个收到的 DHCP Offer 报文,然后以广播方式发送 DHCP Request 请求报文,该报文中包含了它所选择的 DHCP 服务器的 IP 地址信息,主要参数见表 2-1-14。

表 2-1-14　DHCP Request 主要参数表

主　要　参　数	参　数　值
Client IP Address(ciaddr)	用户终端 IP 地址
Your Client IP Address(yiaddr)	DHCP Server 分配给用户终端的 IP 地址
Client MAC Address(chaddr)	用户终端 MAC 地址
Option53:DHCP Message Type	DHCP Request
Option54:Server Identifier	DHCP Server 的 IP 地址
Option50:Requested IP Address	终端分配得到的 IP 地址

（4）进入确认阶段，即 DHCP 服务器通过 DHCP Ack/Nak 确认所提供的 IP 地址，DHCP 服务器根据 DHCP Request 报文中的 MAC 地址来查找有无相应租约记录。存在则发送 DHCP Ack 报文作为应答，通知 DHCP 客户端可以使用分配的 IP 地址。此外，客户端每次重新登录网络时，不需再发送 DHCP Discover，而是直接发送包含前一次分配 IP 地址的 DHCP Request 请求即可。DHCP Ack 主要参数见表 2-1-15。

表 2-1-15　DHCP Ack 主要参数

主　要　参　数	参　数　值
Client IP Address(ciaddr)	用户终端 IP 地址，此消息中为 0.0.0.0
Your Client IP Address(yiaddr)	分配给用户终端的 IP 地址
Server IP Address(siaddr)	DHCP Server 的 IP 地址
Client MAC Address(chaddr)	用户终端 MAC 地址
Option53:DHCP Message Type	DHCP Ack
Option54:Server Identifier	DHCP Server 的 IP 地址
Option61:Client Identifier	分配给用户终端的 IP 地址
Option51:IP Address Lease Time	分配的 IP 地址的租约期
Option1:Subnet Mask	配置的子网掩码
Option3:Router	配置的网关地址
Option6:Domain Name Server	配置的 DNS 服务器地址

DHCP 服务器收到 DHCP Request 请求后，没有找到租约记录，或无法分配 IP 地址，则发送 DHCP Nak 应答，通知 DHCP 客户端无法分配合适 IP 地址，DHCP 客户端需重发 DHCP Discover 来请求新的 IP 地址。此外，DHCP 服务器分配给 DHCP 客户端的 IP 地址都有租借期限，期满后 DHCP 服务器会收回分配的 IP 地址，客户端要延长其 IP 租约，就必须通过 DHCP Request 更新其 IP 租约。DHCP Nak 主要参数见表 2-1-16。

表 2-1-16　DHCP Nak 主要参数

主　要　参　数	参　数　值
Client IP Address(ciaddr)	用户终端 IP 地址
Your Client IP Address(yiaddr)	DHCP Server 分配给用户终端的 IP 地址
Client MAC Address(chaddr)	用户终端 MAC 地址
Option53:DHCP Message Type	DHCP Request

续表

主　要　参　数	参　数　值
Option54：Server Identifier	DHCP Server 的 IP 地址
Option56：Message	原因值，如 requested address not available，无法分配 IP 地址

用户终端收到 ACK 报文后，将配置自动设置到终端网卡中。

任务小结

本任务通过学习 Wi-Fi MAC 帧结构及 IEEE 802.11 无线局域网的关联，熟悉了 IEEE 802.11 MAC 帧一般结构，掌握 IEEE 802.11 系列标准 MAC 层常用结构及 IEEE 802.11 无线局域网关联过程，为后续优化分析测试奠定理论基础。

实 战 篇

篇章引入

　　在之前章节中我们已经学习了 WLAN 系统基本协议与原理;为了验证原理及为 WLAN 产业链服务,我们必须具备相关设备调测能力,本章将以中兴通信设备为例讲解 AP/AC/网管系统软硬件结构及设备调测。为后期成为一名合格的 WLAN 工程师添砖加瓦。

学习目标

- 掌握 WLAN 无线通信设备调测。
- 掌握 WLAN 网络系统的组成、性能特点等。
- 具备 WLAN 网管及组网频段划分。

知识体系

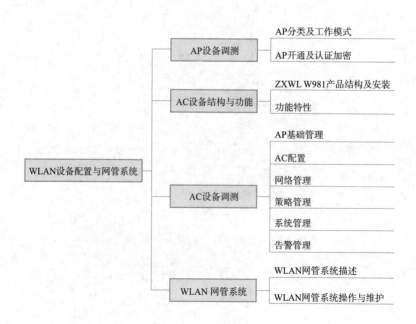

项目三

学习 AP 设备调测

任务一　简介 AP 分类及工作模式

任务描述

本任务主要学习 AP 的分类(根据应用场景分类分为室内、室分、室外,根据网管模式分为胖 AP、瘦 AP 组网方式),AP 组网及工作模式,为后期具体 AP 设备调测奠定坚实的基础。

完成本任务后,会认识胖 AP 和瘦 AP 的组网及不同使用方法,完成 AP 基本工作模式的学习,掌握 ZXWL WE 8022 设备产品性能与技术指标。

任务目标

- 识记:AP 的分类及应用场景。
- 领会:AP 组网及工作模式。
- 应用:胖 AP 和瘦 AP 的组网以及各自使用方法。

任务实施

一、阐述 AP 分类及工作模式

(一)根据应用场景分类

(1)室内:室内放装型 AP 设备。对于建筑结构较简单、面积相对较小、用户相对集中的场合及对容量需求较大的区域,如小型会议室、酒吧、休闲中心等场景,宜选用室内放装型 AP 设备,该类型设备可根据不同环境灵活实施分布,也可同时工作在 AP 和桥接等混合模式下。

(2)室分:室内分布型 AP 设备。对于建筑面积较大、用户分布较广且已建有多系统合用的室内分布系统的场合,如大型办公楼、商住楼、酒店、宾馆、机场、车站等场景,宜选用室内分布型 AP 设备,该类型设备接入室内分布系统作为 WLAN 系统的信号源,以实现对室内 WLAN 信号的覆盖。

（3）室外：室外分布型 AP 设备。对于接入点多、用户量大且用户分布较为集中的场合下，如学校、大型会展中心等大型场所，宜选用室外分布型 AP 设备组网。

（二）根据网管模式分类

（1）胖 AP：Fat AP 是与 Fit AP 相对来讲的，Fat AP 将 WLAN 的物理层、用户数据加密、用户认证、QoS、网络管理、漫游技术以及其他应用层的功能集于一身。Fat AP 无线网络解决方案可由 Fat AP 直接在有线网的基础上构成。Fat AP 设备结构复杂，且难于集中管理。

（2）瘦 AP：Fit AP 上"零配置"，所有配置都集中到无线交换机（AC）上。这也促成了 Fit AP 解决方案更加便于集中管理，并由此具有三层漫游、基于用户下发权限等 Fat AP 不具备的功能。

二、了解 AP 的基本工作模式

（一）AP 基本工作模式

1. 纯 AP

纯 AP 模式是最基本又是最常用的工作模式，用于构建以无线 AP 为中心的集中控制式网络，所有通信都通过 AP 来转发。此时，AP 既可以和无线网卡建立无线连接，也可以和有线网卡通过网线建立有线连接。纯 AP 基本工作模式如图 3-1-1 所示。

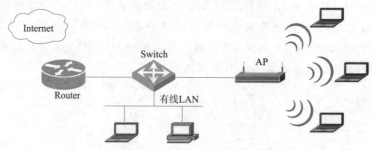

图 3-1-1　纯 AP 基本工作模式

2. AP Client

工作在此模式下的 AP 会被主 AP 看作一台无线客户端，跟一个无线网卡的地位相同，即俗称的"主从模式"，此模式可方便网管统一管理子网络。如图 3-1-2 所示，主 AP 工作在 AP 模式下，从 AP 工作在客户端模式下。整个 LAN2 对主 AP 而言，相当于一个无线客户端。注意，由于从 AP 只是一个客户端，因此它只能接入有线网络，不能为其他无线客户端提供服务（只接收无线信号，不发送）。

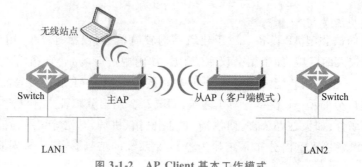

图 3-1-2　AP Client 基本工作模式

3. Repeater

在中继模式下,通过无线的方式将两个无线 AP 连接起来,一般情况是用于实现信号的中继和放大,从而延伸无线网络的覆盖范围。典型应用场合:远端无线站点离中心 AP 较远,超过了信号传输的最大距离,则可增加一台无线 AP 中继设备,实现这些站点到中心 AP 的桥接。具体操作:在设置为中继的这台 AP 里,把中心 AP 的 MAC 复制到这台 AP 的 Repeater Remote AP MAC 栏即可。只要其他 AP 或无线路由接上宽带,它就可以接收无线信号再把减弱了的无线信号再放大发送出去,适合距离比较远的无线客户端作信号放大使用,或用来作无线桥接然后再发射信号给无线网卡接收。

注意:中继其他无线 AP 或路由时双方的 Performance(无线效能值)里面的选项请填写一样,其中的 Preamble Type(前导帧模式)请选 Long Preamble(长前导帧),TX Rates 选 1-2-5.5-11(Mbit/s)兼容性会好些。

AP Repeater 基本工作模式如图 3-1-3 所示,AP 中继设备由 2 个 AP 模块构成,一个 AP 模块采用客户端模式工作,作为信号接收器接收前一站的无线信号,另外一个采用标准 AP 覆盖模式,用来供无线站点关联和通信。

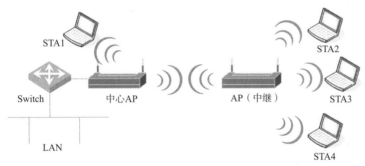

图 3-1-3　AP Repeater 基本工作模式

4. Bridge(点对点)

点对点桥接模式下,网络架构包括两个无线 AP 设备,通过这两台 AP 连接两个有线局域网,实现两个有线局域网之间通过无线方式的互连和资源共享,也可以实现有线网络的扩展。如果是室外的应用,由于点对点连接一般距离较远,建议最好都采用定向天线。

此模式下,两台 AP 均设为点对点桥接模式,并指向对方的 MAC 地址。此时,两台 AP 相互发送无线信号,但不再向其他客户端发送无线信号。AP Bridge(点对点)基本工作模式如图 3-1-4 所示。

图 3-1-4　AP Bridge(点对点)基本工作模式

5. Bridge(点对多点)

点对多点桥接模式下,网络架构包括多个无线 AP 设备,其中一个 AP 为点到多点桥接模式,其他 AP 为点对点桥接模式。一般用于在一定区域内,实现多个远端点对一个中心点的访问,将多个离散的远程网络连成一体。

连接示意图如图 3-1-5 所示。其中,AP1 为中心接入点设备,需设置为点对多点桥接模式；AP2 和 AP3 为远端接入点,需设置为点对点桥接模式。此模式下 AP 不再向其他客户端发送无线信号。

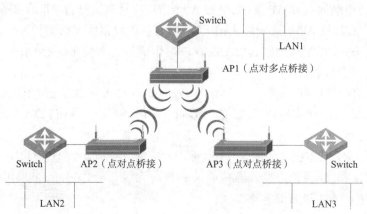

图 3-1-5　AP Bridge(点对多点)工作模式

(二)产品介绍

1. 产品简介

中兴通信宽带无线接入产品 ZXWL WE 8022 工作在 2.4 GHz 和 5.8 GHz 两个频段,符合 IEEE 802.11a、802.11b、802.11g 和 802.11n 标准,采用正交频分复用技术,单频最高可提供 300 Mbit/s 的数据传输速率。ZXWL WE 8022 传输速率高,接收灵敏度高,传输距离远,广泛应用于运营商以及行业企业,为无线传输提供了有力的解决方案。WE 8022 支持多种安全加密机制和权限管理功能,对 WLAN 提供强有力的保护。此外,它支持通过 POE 方式对设备供电。ZXWL WE 8022 产品外观如图 3-1-6 所示。

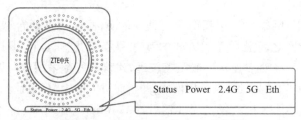

图 3-1-6　ZXWL WE 8022 产品外观

2. AP 指示灯说明

AP 指示灯说明如表 3-1-1 所示。

表 3-1-1　AP 指示灯说明

名　称	状　态	描　　述
Status	慢闪	Status 指示灯亮 500 ms、灭 500 ms,设备正常工作或升级软件
	快闪	Status 指示灯亮 100 ms、灭 100 ms,设备开始启动
	熄灭	设备自检出现问题
	长亮	AP 已注册到 AC

名　称	状　态	描　　述
Power	长亮	设备通电
	熄灭	设备断电或故障
2.4G	长亮	设备正常启动 2.4G 频段 WLAN 功能
	闪烁	2.4G 指示灯亮 900 ms、灭 100 ms,2.4G 频段 WLAN 正在进行数据传输
	熄灭	2.4G 频段 WLAN 功能没有启用或故障
5G	长亮	设备正常启动 5G 频段 WLAN 功能
	闪烁	5G 指示灯亮 900 ms、灭 100 ms,5G 频段 WLAN 正在进行数据传输
	熄灭	5G 频段 WLAN 功能没有启用或故障
Eth	长亮	以太网端口连接正常
	闪烁	Eth 指示灯亮 900 ms、灭 100 ms,以太网端口正在进行数据传输
	熄灭	以太网端口没有启用或故障

3. 接口说明

ZXWL WE 8022 接口图如图 3-1-7 所示。

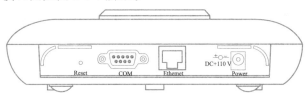

图 3-1-7　ZXWL WE 8022 接口图

接口说明如表 3-1-2 所示。

表 3-1-2　AP 接口说明

名　称	描　　述
Power	电源接口,与原厂配置的电源适配器连接,保证 DC + 12 V 电源输入
Reset	复位按键,在上电运行状态下,若持续按下该按键 5 s 以上,可将当前配置恢复为出厂默认配置,然后系统将自动重新启动
Ethernet	以太网口,通过 RJ-45 网线,连接至 PC 的网口或其他网络设备
COM	Console 口,连接 PC 和 ZXWL WE 8022 的 Console 口,波特率为 115 200,支持用户通过 Console 方式管理和调试设备(普通用户不建议使用)

4. AP 技术参数

AP 技术参数如表 3-1-3 所示。

表 3-1-3　AP 技术参数

物理规格	尺寸:180 mm×180 mm×49 mm(长×宽×高)
	设备质量:350 g
电气规格	电源适配器:输入 AC 100~240 V 50/60 Hz;输出 DC 12 V/1 500 mA
	PoE 供电:DC 48 V/500 mA
	功耗:10 W

环境要求	工作温度: -10 ℃ ~ 55 ℃
	工作湿度:5% ~ 95%
IP 防护等级	IP 防护等级:IP30

5. 供电方式

ZXWL WE 8022 设备支持以下供电方式,可根据实际的应用场景进行选择。

(1)通过标配的外置电源适配器直接供电,如图 3-1-8 所示。

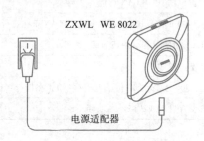

图 3-1-8　ZXWL WE 8022 外置供电图

(2)在交换机不支持 PoE 供电情况下,通过标配的 PoE 模块实现 48 V 以太网远程供电,如图 3-1-9 所示。

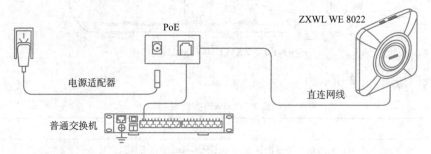

图 3-1-9　ZXWL WE 8022 加配 PoE 供电模块

(3)通过支持标准 PoE 供电的交换机直接供电,如图 3-1-10 所示。

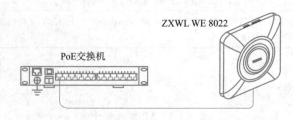

图 3-1-10　ZXWL WE 8022 PoE 供电

(三)安装注意事项

确保 AP 四周至少 2 ~ 3 m 内没有无绳电话、变压器等干扰源。确保设计单位和建设单位已经确定设备安装位置,如有 AP 位置变更,需要办理 AP 设计变更手续。确保以太网交换机与 AP 之间距离小于 100 m。确保室内放装型 AP 周围 1 m 以内不能有金属板、金属网遮挡,禁止装在金属或金属网吊顶内。若 AP 安装在天花板内,确保放在检修口附近,以便于维护;暂未安装大花板的,不允许放在吊顶上方,防止以后业主安装吊顶造成 AP 封死。可支持桌面放置、挂墙安装和吸顶安装模式。

任务小结

本任务通过对 AP 的分类,胖 AP 和瘦 AP 网管模式、AP 组网方式和工作模式,以及不同使用方法等知识点的学习,来完成 AP 基本工作模式的学习及网管操作。

任务二　掌握 AP 开通及认证加密

任务描述

本任务学习 WLAN 认证及加密,以及胖 AP 和瘦 AP 的开通及认证方法。再通过完成 AP 基本配置的学习,来掌握 ZXWL WE 8022 设备产品认证加密方式。

任务目标

- 掌握 WLAN 认证及加密,胖 AP 和瘦 AP 的开通及认证方法。
- 完成 AP 基本配置,掌握 ZXWL WE 8022 设备产品认证加密方式。

任务实施

一、学习 AP 开通准备工作

执行以下步骤,对 ZXWL WE 8022 设备进行连接。

(1)根据现场上电条件,对 ZXWL WE 8022 设备上电。

(2)通过网线将 ZXWL WE 8022 与调试计算机连接,启动调试计算机。

(3)配置调试计算机的 IP 地址,保证和 ZXWL WE 8022 设备处于同一网段。具体配置方法如下:

①单击"开始|设置|控制面板|网络连接",在弹出的本地连接图标中右击"属性",在弹出的快捷菜单中选择相关命令进入网络配置界面。

②双击"Internet 协议(TCP/IP)"选项添加固定 IP 地址,设置调试计算机的 IP 地址为192.168.0.×网段,子网掩码为 255.255.255.0。若×设定为 56,配置界面如图 3-2-1 所示。ZXWL WE 8022 出厂默认 IP 地址为 192.168.0.228,子网掩码为 255.255.255.0。

二、理解 AP 开通设置步骤

(一)登录 AP

在调测计算机上打开 IE 浏览器,输入 192.168.0.228,登录到 ZXWL WE 8022 初始界面,如图 3-2-2 所示,输入出厂默认管理员用户名/密码(admin/admin)登录。

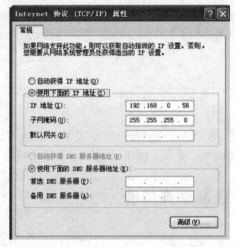

图 3-2-1　ZXWL WE 8022 配置界面

单击"登录"按钮,进入 ZXWL WE 8022 软件配置界面。

1. 设置 ZXWL WE 8022 接入点模式为胖模式

单击"管理 | 接入点管理 | 接入点模式",在该界面下将接入点模式改为胖模式,如图 3-2-3 所示。

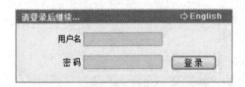

图 3-2-2　ZXWL WE 8022 登录界面

图 3-2-3　ZXWL WE 8022 接入点模式

单击"确定"按钮,设备将自动重启,接入点模式更改成功。

ZXWL WE 8022 出厂默认配置为瘦 AP 模式,检查时若为胖模式,无须修改。

2. 设置 WAN 口信息

单击"网络 | 宽带设置 | 宽带连接设置",弹出图 3-2-4 所示页面。

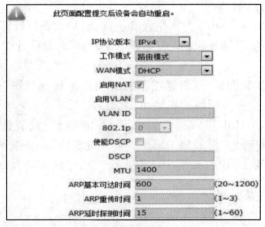

图 3-2-4　ZXWL WE 8022 WAN 口设置

WAN 模式选择时,需要根据 WAN 模式的特性对应配置:

- WAN 工作模式为 DHCP，AP 将动态获取 IP 地址。
- WAN 工作模式为 static，输入确切的 IP 地址、掩码、默认网关和 DNS 地址。
- WAN 工作模式为 PPPOE，输入相应的用户名和密码。
- 胖 AP 工作模式有路由模式和桥模式，根据组网选择合适的工作模式。

知识链接

PPPOE 协议简介

PPPOE 是 Point-to-Point Protocol Over Ethernet 的简称，可以使以太网的主机通过一个简单的桥接设备连到一个远端的接入集中器上。通过 PPPOE 协议，远端接入设备能够实现对每个接入用户的控制和计费。

1. NAT

NAT（Network Address Translation，网络地址转换）是 1994 年提出的。当在专用网内部的一些主机本来已经分配到了本地 IP 地址（即仅在本专用网内使用的专用地址），但现在又想和因特网上的主机通信（并不需要加密）时，可使用 NAT 方法。这种方法需要在专用网连接到因特网的路由器上安装 NAT 软件。装有 NAT 软件的路由器称为 NAT 路由器，它至少有一个有效的外部全球 IP 地址。这样，所有使用本地地址的主机在和外界通信时，都要在 NAT 路由器上将其本地地址转换成全球 IP 地址，才能和因特网连接。另外，这种通过使用少量的公有 IP 地址代表较多的私有 IP 地址的方式，将有助于减缓可用的 IP 地址空间的枯竭。

2. VLAN

VLAN（Virtual Local Area Network，虚拟局域网）是一组逻辑上的设备和用户，这些设备和用户并不受物理位置的限制，可以根据功能、部门及应用等因素将它们组织起来，相互之间的通信就好像它们在同一个网段中一样，由此得名虚拟局域网。VLAN 是一种比较新的技术，工作在 OSI 参考模型的第 2 层和第 3 层，一个 VLAN 就是一个广播域，VLAN 之间的通信是通过第 3 层的路由器来完成的。与传统的局域网技术相比较，VLAN 技术更加灵活，它具有以下优点：网络设备的移动、添加和修改的管理开销减少；可以控制广播活动；可提高网络的安全性。

3. DSCP

DSCP（Differentiated Services Code Point，差分服务代码点），是 IETF 于 1998 年 12 月发布的 Diff－Serv（Differentiated Service）的 QoS 分类标准。它在每个数据包 IP 头部的服务类别 TOS 标识字节中，利用已使用的 6 bit 和未使用的 2 bit，通过编码值来区分优先级。

4. MTU

MTU（Maximum Transmission Unit，最大传输单元）是指一种通信协议的某一层上面所能通过的最大数据包大小（以字节为单位）。这个参数通常与通信接口有关（网络接口卡、串口等）。在常用的以太网中，MTU 是 1 500 字节。

5. ARP

ARP（Address Resolution Protocol，地址解析协议），是根据 IP 地址获取物理地址的一个 TCP/IP 协议。主机发送信息时将包含目标 IP 地址的 ARP 请求广播到网络上的所有主机，并接收返回消息，以此确定目标的物理地址；收到返回消息后将该 IP 地址和物理地址存入本机 ARP 缓存中并保留一定时间，下次请求时直接查询 ARP 缓存以节约资源。

(二)瘦 AP 开通

1. 设置 LAN 口信息

单击"网络|地址管理|地址管理",进入图 3-2-5 所示的地址管理页面。

图 3-2-5　ZXWL WE 8022 LAN 口设置

┄◆ 知识链接 ┄┄┄┄┄┄┄┄┄┄┄┄┄┄┄┄┄┄┄┄┄┄┄┄┄┄┄┄┄┄

STP

　　STP(Spanning Tree Protocol,生成树协议)可应用于在网络中建立树状拓扑,消除网络中的环路,并且可以通过一定的方法实现路径冗余,但不是一定可以实现路径冗余。生成树协议适合所有厂商的网络设备,在配置上和体现功能强度上有所差别,但是在原理和应用效果上是一致的。

AP 关键参数说明如表 3-2-1 所示。

表 3-2-1　AP 关键参数说明

参 数 名 称	参 数 说 明
IP 地址	AP 的 LAN 侧管理地址
子网掩码	AP 的 LAN 侧子网掩码
DHCP 服务	选择 DHCP Server,给 LAN 的 STA 分配地址
DHCP 开始 IP 地址	给终端分配的起始地址
DHCP 结束 IP 地址	给终端分配的结束地址
DNS1	输入主用 DNS 地址
缺省网关	AP 的 LAN 侧 IP 地址

2. 设置无线网络信息

单击"网络|WLAN 设置|基本信息",进入 WLAN 基本信息页面。

针对终端无线特性(如仅支持 2.4 GHz 模式或者 5 GHz 模式)以及抗干扰的需要,需要对

ZXWL WE 8022 基本信息进行选择,关键特性配置参见表 3-2-2。

表 3-2-2　AP 关键特性配置参数

参 数 名 称	参 数 说 明
网卡	采用 2.4 GHz 模式时选择网卡 1,采用 5 GHz 模式时选择网卡 2
工作模式	2.4 GHz 模式和 5 GHz 模式均支持多种 IEEE802.11 工作模式选择; 2.4 GHz 模式时建议选择 Mixed(802.11b + 802.11g + 802.11n)混合工作模式; 5 GHz 模式时建议选择 Mixed(802.11a + 802.11n)混合工作模式
无线信道(2.4 GHz 模式)	根据管理环境以及抗干扰要求对每台 AP 进行合适的信道选择,可选择自动或 1～13,默认值为自动
无线信道(5 GHz 模式)	可选择信道编号 149、153、157、161 和 165,多个 AP 配置时,为避免同频干扰,建议交替使用
仅选择 1、6、11 信道	勾选复选框时仅选择 1、6、11 信道,具有较强的频率正交抗干扰特性

3. 设置 SSID

单击"网络 | WLAN 设置 | SSID 设置",进入图 3-2-6 所示的 SSID 设置页面。

图 3-2-6　SSID 设置

4. 设置加密信息

单击"网络 | WLAN 设置 | 安全设置",进入图 3-2-7 所示的加密设置界面。

ZXWL WE 8022 支持多种认证方式,采用 WPA-PSK 加密认证时,认证方式选择 WPA-PSK,软件界面如图 3-2-8 所示。

图 3-2-7　设置加密信息　　　　　图 3-2-8　WPA-PSK 认证

在 WPA 预共享密钥参数中输入密钥的字符,字符长度在 8~63,单击"确定"按钮完成加密配置。

5.(可选)设置常见附加信息

若需要进行常见附加信息设置,可在以下菜单中进行操作:

在"应用丨时间管理"中设置时间参数。

在"安全丨防火墙"中设置防火墙参数。

在"管理丨设备管理丨系统管理"中选择执行设备重启或恢复出厂配置。

知识链接

瘦 AP 开通指导

ZXWL WE 8022 出厂默认接入点模式为瘦 AP 模式。

瘦 AP 模式下,仅需要保证 AP 与 AC 可进行数据连接,其他配置通过 AC 进行管理。

瘦 AP 无须配置,若无法连接,参见操作步骤确认 AP 配置是否更改。

参见 AP 开通指导进行 AP 登录。

单击"管理丨接入点管理丨接入点模式",查看接入点模式,默认工作在瘦 AP 模式。

单击"网络丨宽带设置丨宽带连接设置",查看 AC 发现方式,默认工作在 DHCP 发现方式。

BSS(Basic Service Set,基本服务集):是 802.11 网络的基本组件,由一组相互通信的工作站所构成。工作站之间的通信在某个模糊地带进行着,称为基本服务区域(Basic Service area),此区域受限于所使用的无线媒介的传播特性。只要位于基本服务区域,工作站就可以跟同一个 BSS 的其他成员通信。

ESS(Extended Service Set,扩展服务集):采用相同的 SSID 的多个 BSS 形成的更大规模的虚拟 BSS。

SSID(Service Set Identifier,服务集标识)技术可以将一个无线局域网分为几个需要不同身份验证的子网络,每一个子网络都需要独立的身份验证,只有通过身份验证的用户才可以进入相应的子网络,防止未被授权的用户进入本网络。

BSSID 实际上就是 AP 的 MAC 地址,用来标识 AP 管理的 BSS,在同一个 AP 内 BSSID 和 SSID 一一映射。在一个 ESS 内 SSID 是相同的,但对于 ESS 内的每个 AP 与之对应的 BSSID 是不相同的。如果一个 AP 可以同时支持多个 SSID,则 AP 会分配不同的 BSSID 来对应这些 SSID。

802.1p:802.1p 规范使第 2 层交换具有以优先级区分信息流的能力,完成动态多波过滤。

(三)认证

用户或客户机,又称为端点(End Station)。它在连接到接入点(AP)或宽带无线路由器和访问无线局域网(WLAN)之前,需要先经过认证。IEEE 802.11 标准定义了两种链路层认证:开放系统型和共享密钥型。

1. 开放系统型认证

开放系统型认证只包含两次通信。第一次通信是客户机发出认证请求,请求中包含客户端 ID(通常为 MAC 地址)。第二次通信是接入点/路由器发出认证响应,响应中包含表明认证是成功还是失败的消息。认证可能失败的一个例子是:接入点/路由器的配置中肯定不包含客户机的 MAC 地址。

2. 共享密钥型认证

共享密钥型认证要求参与认证过程的两端具有相同的"共享"密钥或密码。共享密钥型认证手动设置客户端和接入点/路由器。共享密钥认证的三种类型现在都可应用于家庭或小型办公室无线局域网环境。

3. 有线等价私密算法（WEP）

由于 WEP 具有先天性缺陷，因此建议不要将其用于安全无线局域网。它的一个主要安全风险是黑客可以使用唾手可得的应用软件捕获经过加密的认证响应帧，并可使用这些信息破解WEP 加密。这个过程的步骤包括：客户机发送认证请求，接入点/路由器以明文形式发出盘问文本，客户机对盘问文本进行加密，然后接入点/路由器做出认证响应。WEP 密钥/密码的两个级别：

- 64 位：40 位专门用于加密，24 位于分配给初始化向量（IV）。它还被称为 40 位 WEP。
- 128 位：104 位专门用于加密，24 位于分配给初始化向量（IV）。它还被称为 104 位 WEP。

4. WPA（Wi-Fi 保护接入）

WPA 由 Wi-Fi 联盟（WFA）开发，早于 IEEE 802.11i 的正式批准时间，但它符合无线安全标准。它在安全性方面进行了加强，极大地提高了无线网络的数据保护和访问控制（认证）能力。WPA 执行 802.1x 认证和密钥交换，只适用于动态加密密钥。在家庭或小型办公室环境中，用户可能会看到不同的 WPA 命名规则。例如，WPA-Personal、WPA-PSK 和 WPA-Home 等。在任何情况下，都必须在客户机和接入点/路由器上手动配置一个通用的预共享密钥（PSK）。

5. WPA2（Wi-Fi 保护接入）

WPA2 在 WPA 的基础上增强了安全性。这两者不可互操作，所以用户必须确保客户端和接入点/路由器配置为使用相同的 WPA 版本和预共享密钥（PSK）。

（四）加密

加密是实施认证的 WLAN 安全组件。IEEE 802.11 提供三种加密算法：有线等效加密（WEP）、暂时密钥集成协议（TKIP）和高级加密标准 Counter-Mode/CBC-MAC 协议（AES-CCMP）。

1. WEP

WEP 是原始 IEEE 802.11 标准中指定的加密算法。它既可部署用于认证，也可以用于加密。从加密角度严格来讲，WEP 是一种使用纯文本数据创建加密数据的 RC4 封装算法。此加密过程需要将初始向量（IV）和专用加密密钥（口令）串接在一起组成每包密钥（种子）。需要为每个数据包选择一个新的 IV，但是加密密钥保持不变。

WEP 拥有多个广为人知的缺点。首先是必须在 WEP 中回收 IV 少，虽然 24 位（1 670 万）IV 好像已足够，但是这个数量在忙碌的网络中会很快耗尽。40 位的短密钥也有同样的问题，甚至 104 位的密钥也是如此，会被黑客使用数据捕获软件攻破。

2. TKIP

TKIP 是作为 IEEE 802.11i 的一部分，为加强无线安全性而创建的。它也是基于 RC4 封装算法的。TKIP 通过动态密钥管理增强了加密功能，这种管理要求每个传输的数据包有一个与众不同的密钥。必须认识到，加密是实现网络安全的必需手段，但加密只能提供数据私密功能。

TKIP 在此基础上更进一步,通过 64 位消息完整性检查(MIC)来提供数据修改保护。它可以有效防止黑客截获消息、修改数据片断、修改完整性检查值(ICV)片断进行匹配、重新创建循环冗余检查(CRC)并将数据包转发到目的地。上述过程就是 TKIP 的重发保护措施。MIC 故障首次出现时,端点需要断开与 AP 路由器的连接并重新接入。对于在 60 s 内检测到两次 MIC 故障的端点,IEEE 802.11i 要求其停止所有通信 60 s。

3. AES-CCMP

AES-CCMP 是面向大众的最高级无线安全协议。IEEE 802.11i 要求使用 CCMP 来提供全部四种安全服务:认证、机密性、完整性和重发保护。CCMP 使用 128 位 AES 加密算法实现机密性,使用其他 CCMP 协议组件实现其余三种服务。

任务小结

本任务主要是掌握胖 AP 和瘦 AP 的开通、AP 链接方式,胖 AP 和瘦 AP 的开通及认证方法,WLAN 认证及加密;学会胖 AP 和瘦 AP 的组网及不同使用方法;完成 AP 基本配置的学习;掌握 ZXWL WE 8022 设备产品认证加密方式;学习掌握 ZXWL WE 8022 设备产品性能与技术指标。

项目四

学会 AC 设备调测

任务一　理解 AP 基础管理

📋 任务描述

本任务介绍 AP 基础管理、Web 管理、AP 管理、业务管理、AC 基本信息配置、服务器配置、业务管理、认证授权计费等管理、用户安全策略配置,以及 AP 产品各种调测、网络管理、时钟同步、用户管理业务配置等知识点。

✋ 任务目标

- 学会 AC 基本信息配置、服务器配置、业务管理、认证授权计费等管理。
- 掌握 AP 产品各种调测、网络管理、时钟同步、用户管理业务配置。

📝 任务实施

一、学习调测参数设置

(一)登录 Web 网管

打开浏览器(推荐 IE 8),输入 https://10.62.101.121(系统"默认管理地址"可在"系统管理|设备管理|基本配置|OMC 网口设置"中修改登录 IP 地址),弹出登录对话框,输入用户名和密码(user/password:root/root)完成登录,如图 4-1-1 所示。

图 4-1-1　登录

登录成功,Web 界面如图 4-1-2 所示。

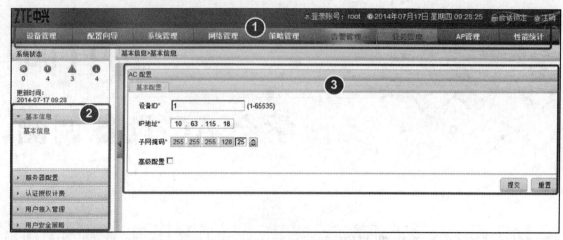

图 4-1-2　Web 界面

图 4-1-2 中:

(1)主菜单栏:Web 网管提供的主要功能。

(2)导航栏:以导航树的形式组织设备的 Web 网管菜单功能。用户在导航栏中可以方便地选择菜单功能,选择结果显示在配置区中。

(3)配置区:用户进行配置和查看的区域。

系统状态分别显示了严重告警、重要告警、一般告警、轻微告警的数量。

(二)Web 网管用户级别

Web 网管用户的级别由低到高分三级:查看员、操作员和管理员。高级别用户具有低级别用户的所有操作权限。

● 查看员:不能对设备进行任何设置。

● 操作员:可以对设备进行配置,但是不能对设备进行软件升级、添加/ 删除/修改用户、备份/恢复配置文件等操作。

● 管理员:可以对设备进行任何操作。

二、熟知 AP 管理配置步骤

(一)AP 管理

可以在"AP 管理|信息概览"中进行 AP 信息、WLAN 信息、STA 信息、Model 信息查询。

1. 无线服务

选择"AP 管理|AP 配置|无线服务",弹出界面如图 4-1-3 所示。

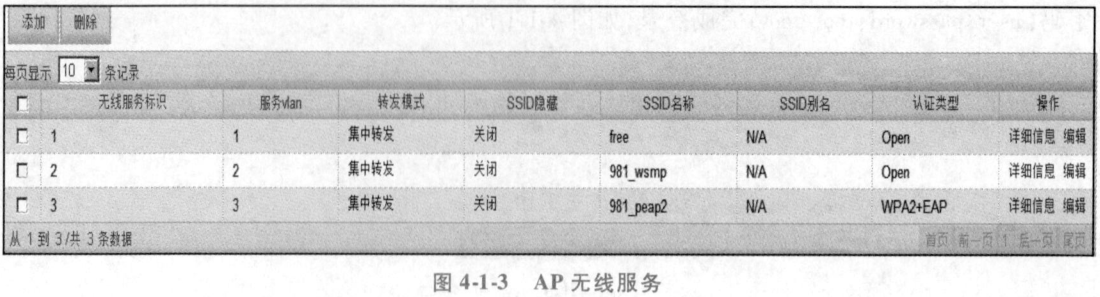

	无线服务标识	服务vlan	转发模式	SSID隐藏	SSID名称	SSID别名	认证类型	操作
☐	1	1	集中转发	关闭	free	N/A	Open	详细信息 编辑
☐	2	2	集中转发	关闭	981_wsmp	N/A	Open	详细信息 编辑
☐	3	3	集中转发	关闭	981_peap2	N/A	WPA2+EAP	详细信息 编辑

图 4-1-3　AP 无线服务

单击"添加"按钮,弹出"新增 无线服务"对话框,新增无线服务,如图 4-1-4 所示,其参数说明如表 4-1-1 所示。

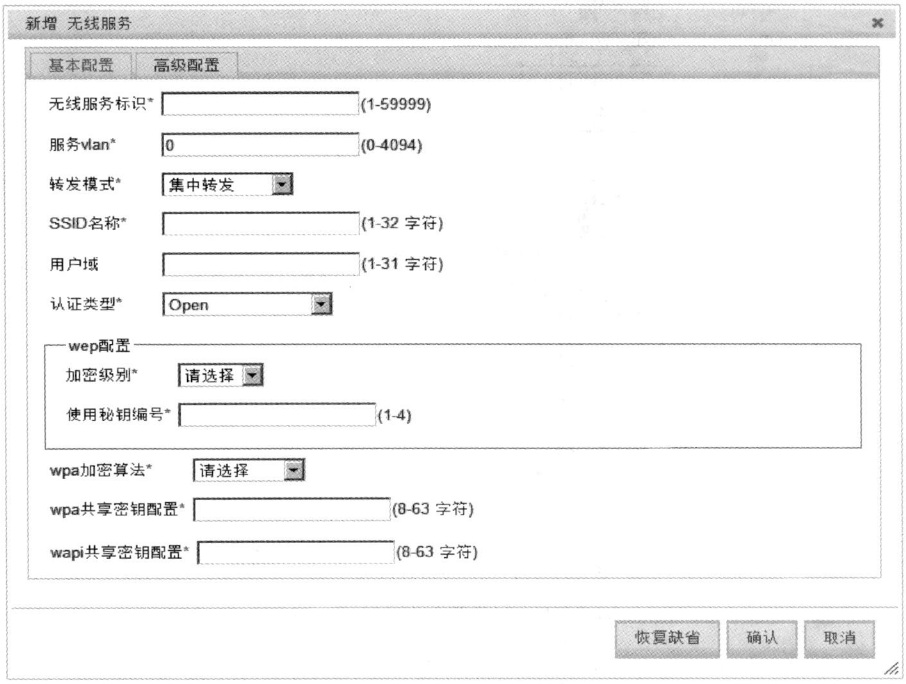

图 4-1-4　"新增 无线服务"对话框

表 4-1-1　参 数 说 明

参 数 名 称	参 数 说 明
无线服务标识	用户自定义(取值范围 1 ~ 59 999)
服务 vlan	用户自定义(取值范围 1-4 094)
转发模式	包括本地转发、集中转发、本地职业转发
SSID 名称	用户自定义(取值范围 1 ~ 32 字符)
用户域	用户自定义(取值范围 1 ~ 31 字符)
认证类型	包括 Open、WPA + PSK、WPA2 + PSK、WPA/WPA2 + PSK、WPA + EAP、WPA2 + EAP、WPA/WPA2 + EAP、WAPI + PSK、WAPI + 2CERT、WAPI + 3CERT
加密级别	包括 bits 64、bits 128
使用密钥编号	取值范围 1 ~ 4
wpa 加密算法	包括 TKIP、AES、TKIP + AES
wpa 共享密钥配置	用户自定义(取值范围为 8 ~ 63 字符)
wapi 共享密钥配置	用户自定义(取值范围为 8 ~ 63 字符)

选择"高级配置"会出现图 4-1-5 ~ 图 4-1-7 所示界面。

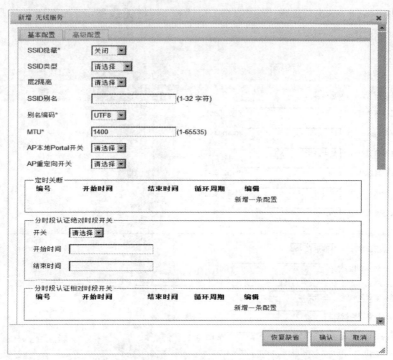

图 4-1-5　无线服务高级配置图 1

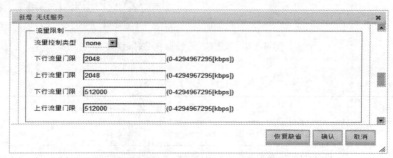

图 4-1-6　无线服务高级配置图 2

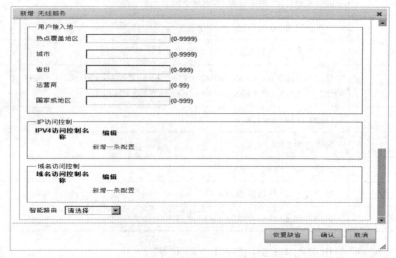

图 4-1-7　无线服务高级配置图 3

配置完毕,单击"确认"按钮。

2. 有线服务

选择"AP 管理|AP 配置|有线服务",弹出界面如图 4-1-8 所示。

图 4-1-8　有线服务

单击"添加"按钮,弹出"新增 有线服务信息"对话框,如图 4-1-9 所示。其参数说明如表 4-1-2 所示。

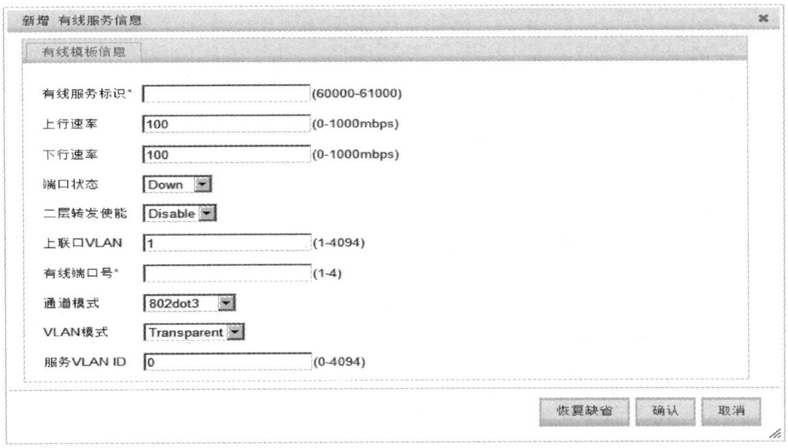

图 4-1-9　"新增 有线服务信息"对话框

表 4-1-2　参　数　说　明

参 数 名 称	参 数 说 明
有线服务标识	取值范围为 60 000 ~ 61 000,用户自定义
上行速率	取值范围为 0 ~ 1 000 Mbit/s,默认值为 100
下行速率	取值范围为 0 ~ 1 000 Mbit/s,默认值为 100
端口状态	包括 Down 和 Up
二层转发使能	包括 Disable、Enable
上联口 VLAN	取值范围为 1 ~ 4 094,默认值为 1
有线端口号	取值范围 1 ~ 4
通道模式	包括 Local2、802dot3、Localroute
VLAN 模式	包括 Access、Transparent
服务 VLAN ID	取值范围为 0 ~ 4 094,默认值为 0

配置完毕,单击"确认"按钮。

3. AP 分组

选择"AP 管理|AP 配置|AP 分组",弹出界面如图 4-1-10 所示。

添加 删除

每页显示 10 条记录

	AP分组标识	所属分组名称	保活时长	绑定域别名	操作
□	1	1	30	domain1	详细信息|编辑

从 1 到 1 /共 1 条数据　首页 前一页 1 后一页 尾页

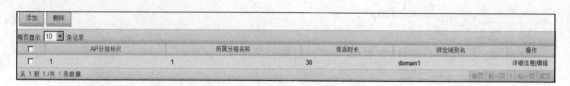

图 4-1-10　AP 分组

4. AP 参数

选择“AP 管理|AP 配置|AP 参数”,弹出界面如图 4-1-11 所示。

全部　查询 添加 删除 导入 导出

每页显示 10 条记录

	AP标识	AP名称	MAC地址	所属分组	所属分组名称	操作
□	1	ap1	38-46-08-c9-95-ab	1	1	详细信息 编辑
□	2	2	84-74-2a-b3-ca-7b	1	1	详细信息 编辑
□	3	3	84-74-2a-ac-b4-e5	1	1	详细信息 编辑
□	4	4	38-46-08-c4-db-fd	1	1	详细信息 编辑

从 1 到 4 /共 4 条数据　首页 前一页 1 后一页 尾页

图 4-1-11　AP 参数

批量导入功能介绍:

单击图 4-1-11“导入”按钮,弹出“AP 配置导入”对话框,如图 4-1-12 所示。

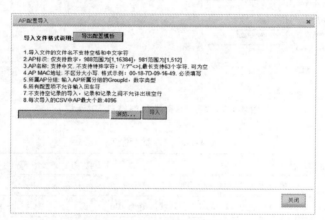

图 4-1-12　AP 配置批量导入

单击图 4-1-12 中的“导出配置模板”按钮,导出配置模板。在导出的配置模板中填写 AP 相关参数:单击“选择文件”按钮,选择需要导入的配置文件,单击“导入”按钮,导入配置文件。

5. 射频配置

选择“AP 管理|AP 配置|射频配置”,弹出界面,如图 4-1-13 所示。

每页显示 10 条记录

AP标识	Radio ID	频率	信道	发射功率	无线模式	射频状态	操作
1	1	2.4g	auto	10	dot11bgn	开启	详细信息 编辑
2	1	2.4g	auto	15	dot11bgn	开启	详细信息 编辑
2	2	5g	auto	15	dot11n5	开启	详细信息 编辑

从 1 到 3 /共 3 条数据　首页 前一页 1 后一页 尾页

图 4-1-13　射频配置

单击"编辑"按钮,弹出"修改 射频配置"对话框,如图 4-1-14 所示,其参数说明如表 4-1-3 所示。

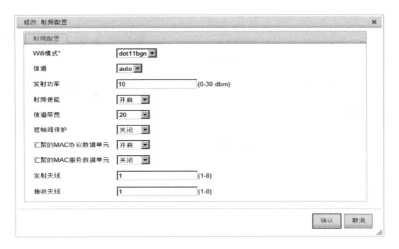

图 4-1-14 "修改 射频配置"对话框

表 4-1-3 参 数 说 明

参 数 名 称	参 数 说 明
Wifi 模式	包括 dot11bgn、dot11gn、dot11b、dot11n、dot11b
信道	包括 auto 和自选信道
发射功率	发射功率,取值范围 0~30 dbm
射频使能	选择开启或者关闭
信道带宽	包括 20、40
短帧间保护	选择开启或者关闭
汇聚的 MAC 协议数据单元	选择开启或者关闭
汇聚的 MAC 服务数据单元	选择开启或者关闭
发射天线	取值范围 1~8
接收天线	取值范围 1~8

配置完毕,单击"确认"按钮。

(二)AP 安全管理

1. IPv4 ACL 策略

选择"AP 管理|AP 安全管理|IPv4 ACL 策略",弹出界面如图 4-1-15 所示。

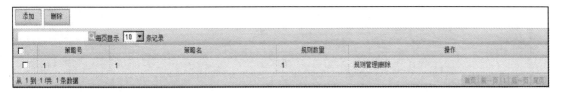

图 4-1-15 IPv4 ACL 策略

单击"规则管理"按钮,弹出界面,如图 4-1-16 所示。

图 4-1-16　规则管理

单击"添加"按钮,添加 IPv4 ACL 规则,如图 4-1-17 所示,其参数说明如表 4-1-4 所示。

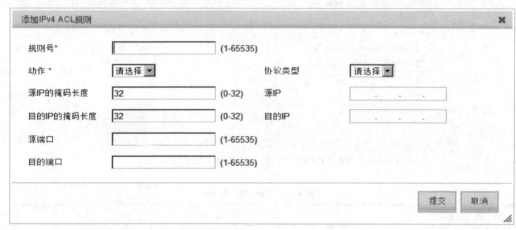

图 4-1-17　添加 IPv4 ACL 规则

表 4-1-4　参数说明

参数名称	参数说明
规则号	规则号,用户自定义(取值范围 1~65 535)
动作	包括:Drop、Tunnel、Route
源 IP 的掩码长度	源 IP 的掩码长度(取值范围 0~32)
目的 IP 的掩码长度	目的 IP 的掩码长度(取值范围 0~32)
源端口	源端口(取值范围 1~65 535)
目的端口	目的端口(取值范围 1~65 535)
协议类型	包括:Tcp、Udp
源 IP	源头 IP 地址
目的 IP	目的 IP 地址

配置完毕,单击"提交"按钮。

2. Domain ACL 策略

选择"AP 管理 | AP 安全管理 | Domain ACL 策略",弹出界面,如图 4-1-18 所示。

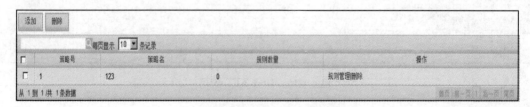

图 4-1-18　Domain ACL 策略

单击"规则管理"按钮,弹出界面如图 4-1-19 所示。

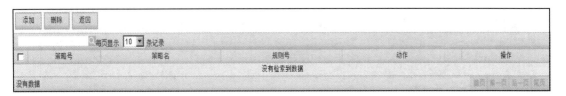

图 4-1-19　规则管理

单击"添加"按钮,弹出界面如图 4-1-20 所示,其参数说明如表 4-1-5 所示。

图 4-1-20　添加 Domain ACL 策略

表 4-1-5　参　数　说　明

参　数　名　称	参　数　说　明
规则号	规则号,用户自定义(取值范围 1~65 535)
域名	域名,用户自定义(取值 1~100 字符)
动作	包括:拒绝、允许

配置完毕,单击"提交"按钮。

3. 非法设备信息

选择"AP 管理|AP 安全管理|非法设备信息",弹出界面如图 4-1-21 所示。

图 4-1-21　非法设备信息

(三)应用服务器配置

选择"AP 管理|应用服务器配置|网络日志服务器",弹出界面如图 4-1-22 所示。

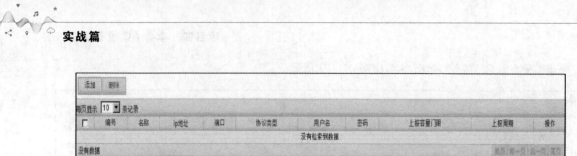

图 4-1-22　网络日志服务器

单击"添加"按钮,弹出"新增 网络日志服务器"对话框,如图 4-1-23 所示,其参数说明如表 4-1-6 所示。

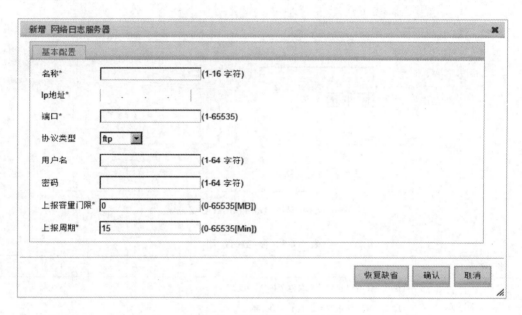

图 4-1-23　新增网络日志服务器

表 4-1-6　参 数 说 明

参 数 名 称	参 数 说 明
名称	网络服务器名称(1~16 字符)
IP 地址	网络服务器的 IP 地址
端口	网络服务器的端口
协议类型	包括:ftp、http、syslog
用户名	登录服务器的用户名(1~64 字符)
密码	登录服务器的密码(1~64 字符)
上报容量门限	上报服务器的容量是多大(0~65 535 MB)
上报周期	上报服务器的周期是多久(单位为 min)

配置完毕后,单击"确认"按钮。

任务小结

本任务主要是介绍 AP 管理与 AP 安全配置,应用服务器配置,AP 产品各种调试,网络管理,时钟同步,用户管理业务配置等等内容,通过学习掌握 AP 配置要点及配置方法与参数,为下一个任务 AC 配置做铺垫。

任务二 掌握 AC 配置

任务描述

本任务介绍 AC 基本信息配置、服务器配置、认证授权计费及用户安全策略,以及 AP 设备参数配置的各项性能指标等。

任务目标

● 学习 AC 基本信息配置,以及服务器配置、认证授权计费及用户安全策略。
● 掌握 AP 设备参数配置及性能指标。

任务实施

一、了解基本配置管理参数

选择"业务管理|基本信息|基本信息",配置 AC 基本信息,如图 4-2-1 所示,其参数说明如表 4-2-1 所示。

图 4-2-1 AC 配置基本信息

表 4-2-1 参 数 说 明

参 数 名 称	参 数 说 明
设备 ID	设备的 ID 号,取值范围:1 ~ 65 535,用户自定义
IP 地址	设备的 IP 地址
子网掩码	取值范围 1 ~ 32
高级配置	用户选择是否进行高级配置,一般不做配置

选择"高级配置"其界面如图4-2-2所示,其参数说明如表4-2-2所示。

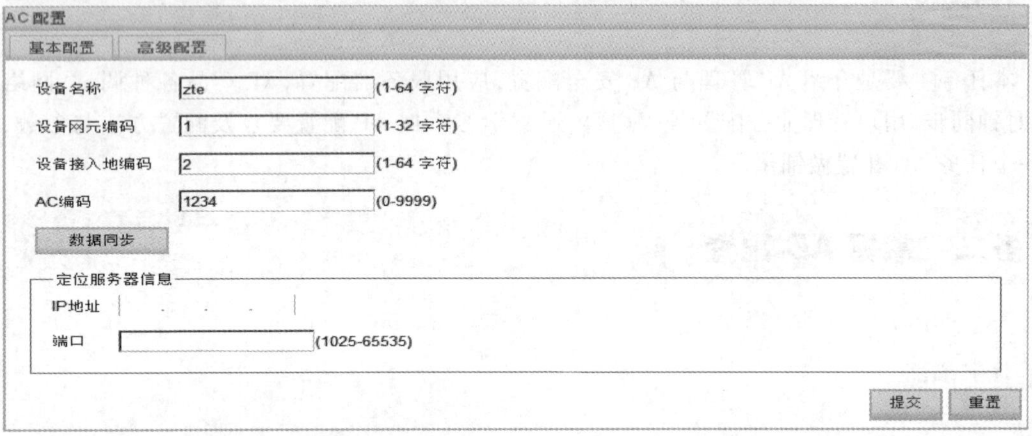

图 4-2-2 AC 高级配置

表 4-2-2 参 数 说 明

参 数 名 称	参 数 说 明	参 数 名 称	参 数 说 明
设备名称	设备的名称	AC 编码	AC 设备的编码
设备网元编码	设备的网元编码	定位服务器 IP 地址	定位服务器的 IP 地址
设备接入地编码	设备接入地的编码	定位服务器端口	定位服务器的接入端口

配置完毕,单击"提交"按钮,弹出提示信息提示框,单击"确认"按钮。

二、掌握各项服务器配置

（一）服务器配置

1. RADIUS 服务器概述

RADIUS(Remote Authentication Dial-In User Service,远程认证拨号用户服务)是一种用于实现 AAA(Authentication, Authorization and Accounting,认证、授权和计费)的协议。RADIUS 是一种分布式的、客户端/服务器结构的信息交互协议,能保护网络不受未授权访问的干扰,常应用在既要求较高安全性,又允许远程用户访问的各种网络环境中。RADIUS 最初仅是针对拨号用户的 AAA 协议,后来随着用户接入方式的多样化发展,RADIUS 也适应多种用户接入方式,如以太网接入、ADSL 接入。通过认证授权来提供接入服务,通过计费来收集、记录用户对网络资源的使用。

RADIUS 是客户端/服务器模式

（1）客户端:RADIUS 客户端一般位于 NAS 设备上,可以遍布整个网络,负责传输用户信息到指定的 RADIUS 服务器,根据从服务器返回的信息进行相应处理(如接受/拒绝用户接入)。

（2）服务器:RADIUS 服务器运行在中心计算机或工作站上,维护相关的用户认证和网络服务访问信息,负责接收用户连接请求并认证用户,给客户端返回所有需要的信息(如接受/拒绝认证请求)。

2. Radius 认证服务器

选择"业务管理|服务器配置|Radius 认证服务器",配置 Radius 认证服务器,如图 4-2-3 所示。

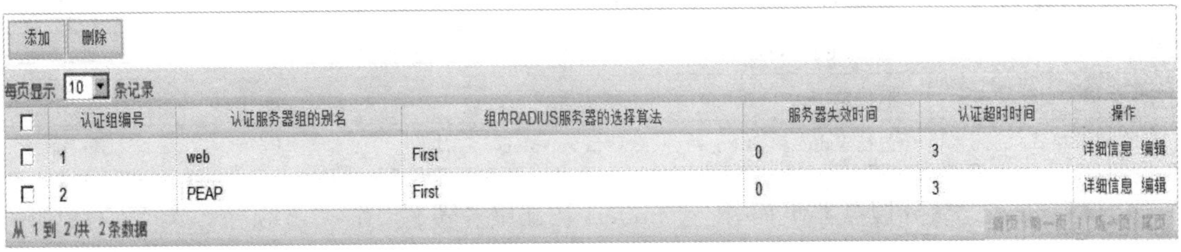

添加	删除					
每页显示 10 条记录						
□	认证组编号	认证服务器组的别名	组内RADIUS服务器的选择算法	服务器失效时间	认证超时时间	操作
□	1	web	First	0	3	详细信息 编辑
□	2	PEAP	First	0	3	详细信息 编辑
从 1 到 2 共 2 条数据						首页 第一页 1 下一页 尾页

图 4-2-3　Radius 认证服务器

单击"添加"按钮,弹出"新增 Radius 认证服务器"对话框,新增 Radius 认证服务器,如图 4-2-4 所示,其参数说明如表 4-2-3 所示。

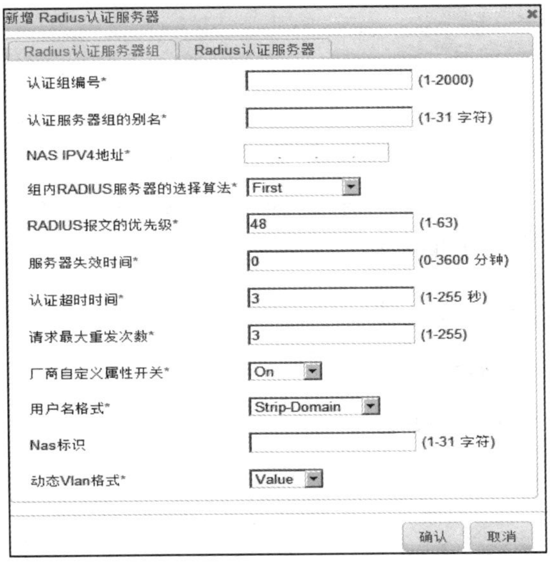

图 4-2-4　Radius 认证服务器组

表 4-2-3　参 数 说 明

参 数 名 称	参 数 说 明
认证组编号	Radius 认证服务器组编号,取值范围为 1~2 000,用户自定义
认证服务器组的别名	Radius 认证服务器组的别名,取值范围为 1~31 个字符,用户自定义
NAS IPv4 地址	设备向 RADIUS 服务器发送 RADIUS 报文时使用的源 IP 地址
组内 RADIUS 服务器的选择算法	包括 First 和 Round-Robin 两种,默认值为 First
RADIUS 报文的优先级	取值范围为 1~63,默认值为 48
服务器失效时间	取值范围为 0~3 600,默认值为 0,单位为分钟
认证超时时间	取值范围为 1~255,默认值为 3,单位为秒

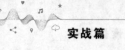

续表

参 数 名 称	参 数 说 明
请求最大重发次数	取值范围为 1 ~ 255，默认值为 3
厂商自定义属性开关	包括 Off 和 On 两种，默认值为 On
用户名格式	包括 Strip-Domain、Include-Domain 和 Only-Domain 三种，默认值为 Strip-Domain
Nas 标识	取值范围为 1 ~ 31 个字符，用户自定义
动态 Vlan 格式	包括 Value 和 String 两种，默认值为 Value

切换到 Radius 认证服务器页面，配置 Radius 认证服务器，如图 4-2-5 所示。

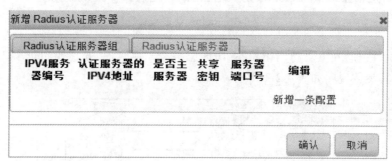

图 4-2-5 Radius 认证服务器

单击"新增一条配置"按钮，弹出"新增 Radius 认证服务器"对话框，新增 Radius 认证服务器，如图 4-2-6 所示，其参数说明如表 4-2-4 所示。

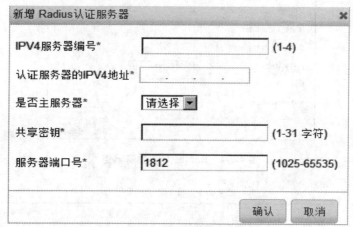

图 4-2-6 新增 Radius 认证服务器

表 4-2-4 参 数 说 明

参 数 名 称	参 数 说 明
IPv4 服务器编号	取值范围为 1 ~ 4，用户自定义
认证服务器的 IPv4 地址	认证服务器的 IPv4 地址
是否主服务器	选择是否为主服务器
共享密钥	取值范围为 1 ~ 31 字符，用户自定义
服务器端口号	取值范围为 1 025 ~ 65 535，默认值为 1 812

配置完毕,单击"确认"按钮。

3. Radius 计费服务器

选择"业务管理|服务器配置|Radius 计费服务器",配置 Radius 计费服务器,如图 4-2-7 所示。

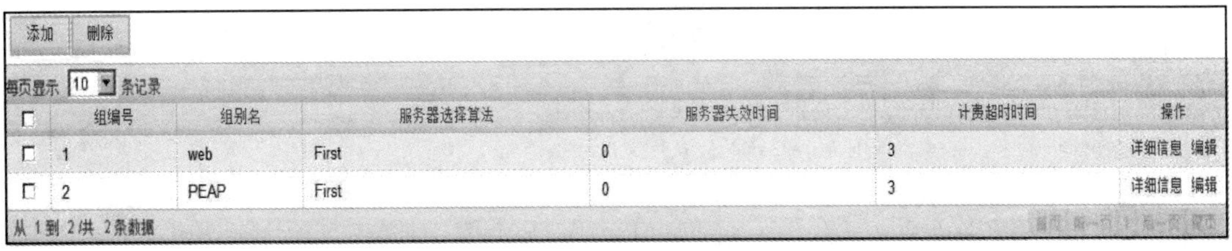

图 4-2-7 Radius 计费服务器

单击"添加"按钮,弹出"新增 Radius 计费服务器"对话框,如图 4-2-8 所示,其参数说明如表 4-2-5 所示。

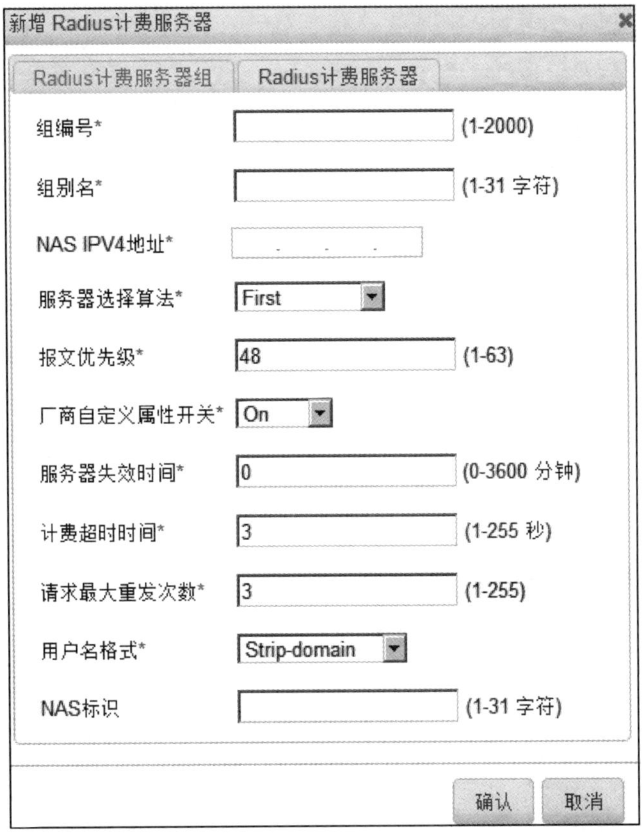

图 4-2-8 "新增 Radius 计费服务器"对话框

表 4-2-5 参 数 说 明

参 数 名 称	参 数 说 明
组编号	Radius 计费服务器组编号,取值范围为 1~2 000,用户自定义

续表

参 数 名 称	参 数 说 明
组别名	Radius 计费服务器组的别名,取值范围为 1~31 个字符,用户自定义
NAS IPv4 地址	设备向 RADIUS 服务器发送 RADIUS 报文时使用的源 IP 地址
服务器选择算法	包括 First 和 Round-Robin 两种,默认值为 First
报文优先级	取值范围为 1~63,默认值为 48
厂商自定义属性开关	包括 Off 和 On 两种,默认值为 On
服务器失效时间	取值范围为 0~3 600,默认值为 0,单位为 min
计费超时时间	取值范围为 1~255,默认值为 3,单位为 s
请求最大重发次数	取值范围为 1~255,默认值为 3
用户名格式	包括 Strip-Domain、Include-Domain 和 Only-Domain 三种,默认值为 Strip-Domain
Nas 标识	取值范围为 1~31 个字符,用户自定义

切换到"Radius 计费服务器"界面,配置 Radius 计费服务器,如图 4-2-9 所示。

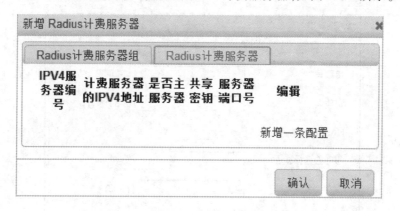

图 4-2-9　"Radius 计费服务器"界面

单击"新增一条配置"按钮,弹出"新增 Radius 计费服务器"对话框,如图 4-2-10 所示,其参数说明如表 4-2-6 所示。

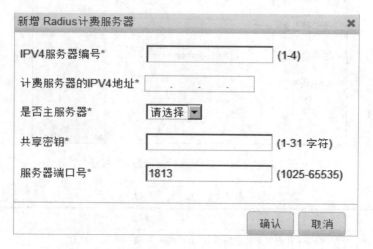

图 4-2-10　新增 Radius 计费服务器

表 4-2-6 参数说明

参数名称	参数说明
IPv4 服务器编号	取值范围为 1 ~ 4，用户自定义
计费服务器的 IPv4 地址	计费服务器的 IP 地址
是否主服务器	选择是否为主服务器
共享密钥	取值范围为 1 ~ 31 字符，用户自定义
服务器端口号	取值范围为 1 025 ~ 65 535，默认值为 1 813

4. Portal 服务器概述

Portal 是入口的意思。Portal 认证通常也称为 Web 认证，一般将 Portal 认证网站称为门户网站。

未认证用户上网时，设备强制用户登录到特定站点，用户可以免费访问其中的服务。当用户需要使用互联网中的其他信息时，必须在门户网站进行认证，只有认证通过后才可以使用互联网资源。用户可以主动访问已知的 Portal 认证网站，输入用户名和密码进行认证，这种开始 Portal 认证的方式称作主动认证；反之，如果用户试图通过 HTTP 访问其他外网，将被强制访问 Portal 认证网站，从而开始 Portal 认证过程，这种方式称作强制认证。Portal 业务可以为运营商提供方便的管理功能，门户网站可以开展广告、社区服务、个性化的业务等，使宽带运营商、设备提供商和内容服务提供商形成一个产业生态系统。

Portal 的扩展功能主要是指通过强制接入终端实施补丁和防病毒策略，加强网络终端对病毒攻击的主动防御能力。具体扩展功能如下：

- 在 Portal 身份认证的基础上增加了安全认证机制，可以检测接入终端上是否安装防病毒软件、是否更新病毒库、是否安装了非法软件、是否更新操作系统补丁等。
- 用户通过身份认证后仅仅获得访问部分互联网资源（受限资源）的权限，如病毒服务器、操作系统补丁更新服务器等；当用户通过安全认证后便可以访问更多的互联网资源（非受限资源）。

5. 外置 Portal 服务器

选择“业务管理 | 服务器配置 | 外置 Portal 服务”，配置外置 Portal 服务器，如图 4-2-11 所示。

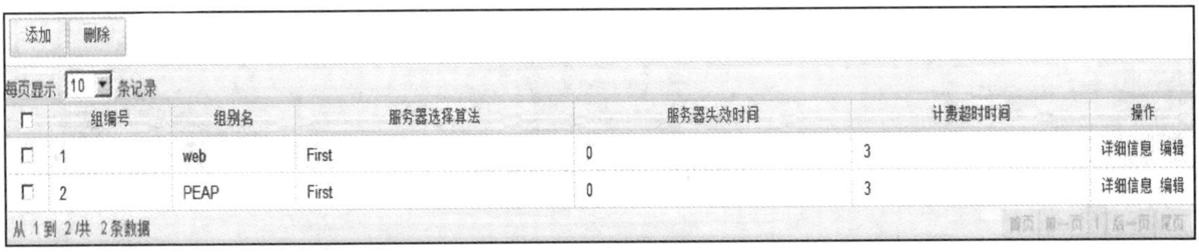
添加
删除
每页显示 10 条记录
组编号
组别名
服务器选择算法
服务器失效时间
计费超时时间
操作
1
web
First
0
3
详细信息 编辑
2
PEAP
First
0
3
详细信息 编辑
从 1 到 2 /共 2 条数据

图 4-2-11 外置 Portal 服务

6. 内置服务器

选择“业务管理 | 服务器配置 | 内置 Portal 服务器”，配置内置 Portal 服务器，如图 4-2-12 所示。

单击“确认”按钮，弹出“配置内置 Portal 服务器”对话框，如图 4-2-13 所示，其参数说明如表 4-2-7 所示。

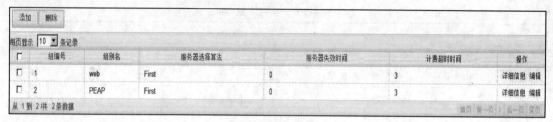

图 4-2-12　内置 Portal 服务

基本配置

服务器编号*　　　[　　　　　　]　(1-16)

重定向URL*　　　[　　　　　　]　(1-254字符)

服务器IP地址*　　[　.　.　.　]

提交　重置

图 4-2-13　内置 Portal 服务器

表 4-2-7　参 数 说 明

参 数 名 称	参 数 说 明
服务器编号	取值范围 1～16
重定向 URL	内置 Portal 服务器的 URL 地址,取值范围 1～254 字符
服务器 IP 地址	内置 Portal 服务器的 IP 地址

配置完毕,单击"提交"按钮。

7. 七彩服务器

选择"业务管理|服务器配置|七彩服务器",配置七彩服务器,如图 4-2-14 所示。

七彩服务器配置

loading...

提交

图 4-2-14　七彩服务器

单击"提交"按钮,操作成功。

(二)认证授权计费

AAA 是网络安全的一种管理机制,提供了认证、授权、计费三种安全功能。

这三种安全服务功能的具体作用如下:

● 认证:确认远端访问用户的身份,判断访问者是否为合法的网络用户。

● 授权:对不同用户赋予不同的权限,限制用户可以使用的服务。例如用户成功登录服务器后,管理员可以授权用户对服务器中的文件进行访问和打印操作。

70

● 计费：记录用户使用网络服务中的所有操作，包括使用的服务类型、起始时间、数据流量等，不仅是一种计费手段，也对网络安全起到了监视作用。

1. 认证模板

选择"业务管理|认证授权计费|认证模板"，配置认证模板，如图 4-2-15 所示。

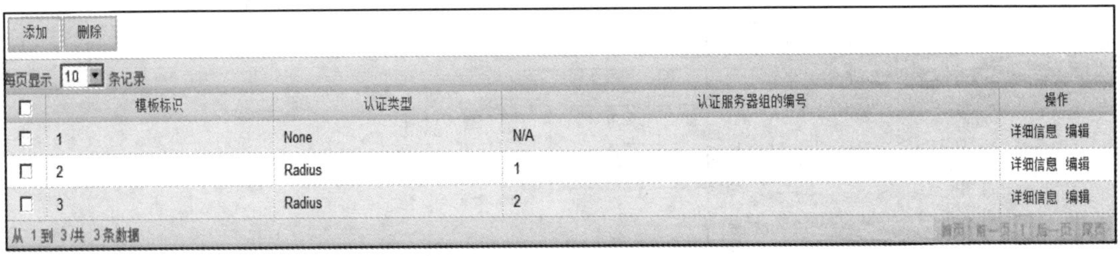

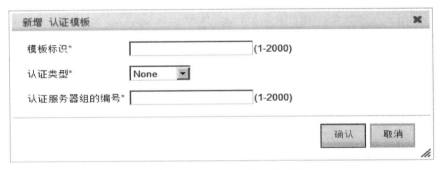

	模板标识	认证类型	认证服务器组的编号	操作
□	1	None	N/A	详细信息 编辑
□	2	Radius	1	详细信息 编辑
□	3	Radius	2	详细信息 编辑

图 4-2-15　认证模板

单击"添加"按钮，弹出"新增 认证模板"对话框，新增认证模板，如图 4-2-16 所示，其参数说明如表 4-2-8 所示。

图 4-2-16　"新增 认证模板"对话框

表 4-2-8　参 数 说 明

参 数 名 称	参 数 说 明
模板标识	取值范围为 1～2 000，用户自定义
认证类型	包括 None、Local 和 RADIUS 三种，默认值为 None。 · None：不认证，即对用户非常信任，不进行合法性检查，一般情况下不采用此方法。 · Local：本地认证。 · RADIUS：RADIUS 认证，此时需要设置具体选用的 RADIUS 方案
认证服务器组的编号	认证服务器的编号，取值范围 1～2 000

2. 授权模板

选择"业务管理|认证授权计费|授权模板"，配置授权模板，如图 4-2-17 所示。

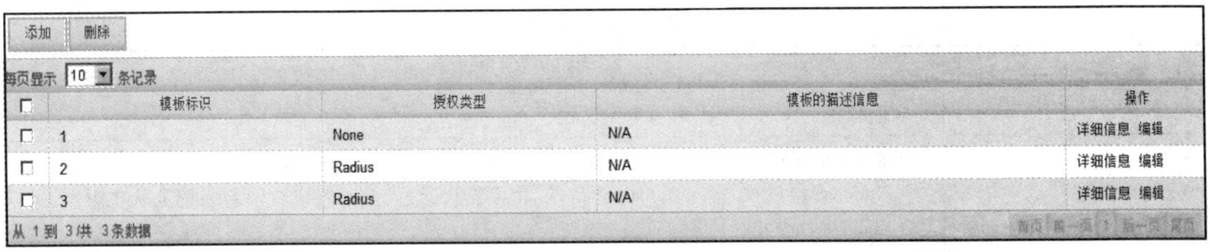

	模板标识	授权类型	模板的描述信息	操作
□	1	None	N/A	详细信息 编辑
□	2	Radius	N/A	详细信息 编辑
□	3	Radius	N/A	详细信息 编辑

图 4-2-17　配置授权模板

单击"添加"按钮,弹出"新增 授权模板"对话框,如图 4-2-18 和图 4-2-19 所示,其参数说明如表 4-2-9 所示。

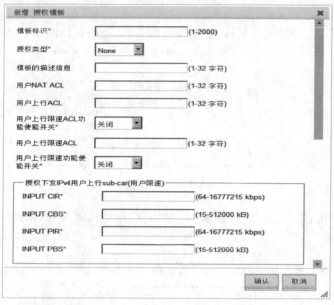

图 4-2-18　授权模板 1

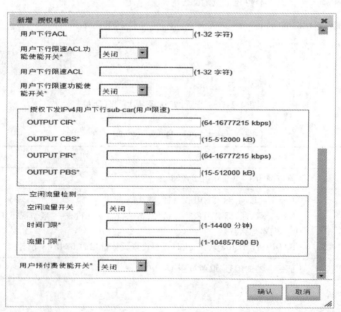

图 4-2-19　授权模板 2

表 4-2-9　参 数 说 明

参 数 名 称	参 数 说 明
模板标识	取值范围为 1 ~ 2 000,用户自定义
授权类型	包括 None、Local 和 RADIUS 三种 ·None:直接授权,即对用户非常信任,直接授权通过,此时用户权限为系统默认权限。 ·Local:本地授权。 ·RADIUS:RADIUS 授权,此时需要设置具体选用的 RADIUS 方案

续表

参 数 名 称	参 数 说 明
模板的描述信息	取值范围为 1～32 字符,用户自定义
用户 NAT ACL	取值范围为 1～32 字符,用户自定义
用户上行 ACL	取值范围为 1～32 字符,用户自定义
用户上行限速 ACL 功能使能开关	开启/关闭用户上行限速 ACL 功能使能开关,默认值为关闭
用户上行限速 ACL	取值范围为 1～32 字符,用户自定义
用户上行限速功能使能开关	开启/关闭用户上行限速功能使能开关,默认值为关闭
授权下发 IPv4 用户上行 sub-car(用户限速)	INPUT CIR(取值范围 64～16 777 215 kbit/s),用户自定义
	INPUT CBS(取值范围 15～512 000 KB),用户自定义
	INPUT PIR(取值范围 64～16 777 215 kbit/s),用户自定义
	INPUT PBS(取值范围 15～512 000 KB),用户自定义
用户下行 ACL	取值范围为 1～32 字符,用户自定义
用户下行限速 ACL 功能使能开关	开启/关闭用户下行限速 ACL 功能使能开关,默认值为关闭
用户下行限速 ACL	取值范围为 1～32 字符,用户自定义
用户下行限速功能使能开关	开启/关闭下行限速功能使能开关,默认值为关闭
授权下发 IPv4 用户下行 sub-car(用户限速)	OUTPUT CIR(取值范围 64～16 777 215 kbit/s),用户自定义
	OUTPUT CBS(取值范围 15～512 000 KB),用户自定义
	OUTPUT PIR(取值范围 64～16 777 215 kbit/s),用户自定义
	OUTPUT PBS(取值范围 15～512 000 KB),用户自定义
空闲流量检测	空闲流量开关,开启/关闭空闲流量
	时间门限,(取值范围 1～14 400 分钟),用户自定义
	流量门线,(取值范围(1～104 857 600 B)),用户自定义
用户预付费使能开关	开启/关闭用户预付费使能开关,默认值为关闭

3. 计费模板

选择"业务管理|认证授权计费|计费模板",配置计费模板,如图 4-2-20 所示。

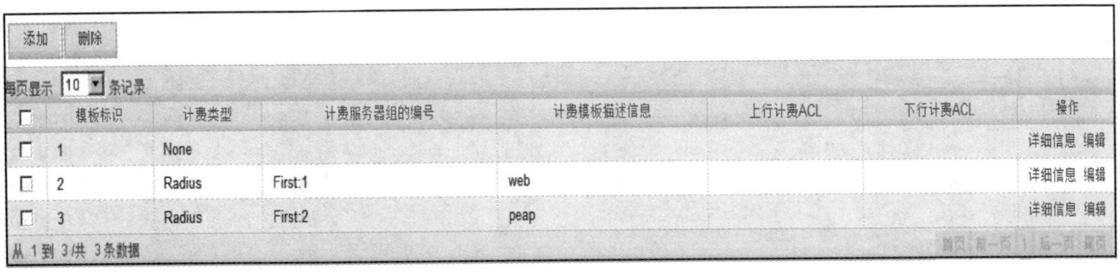

	模板标识	计费类型	计费服务器组的编号	计费模板描述信息	上行计费ACL	下行计费ACL	操作
□	1	None					详细信息 编辑
□	2	Radius	First:1	web			详细信息 编辑
□	3	Radius	First:2	peap			详细信息 编辑

图 4-2-20　计费模板

单击"添加"按钮,弹出"新增 计费模板"对话框,如图 4-2-21 所示,其参数说明如表 4-2-10 所示。

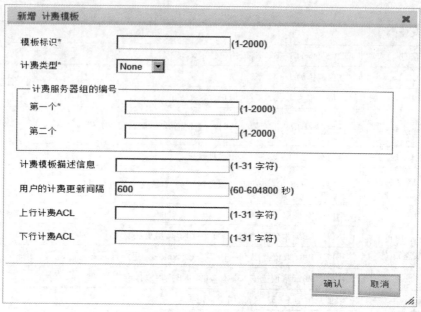

图 4-2-21　"新增 计费模板"对话框

表 4-2-10　参 数 说 明

参 数 名 称	参 数 说 明
模板标识	取值范围为 1～2 000，用户自定义
计费类型	包括 None 和 RADIUS 两种 ·None：不计费 ·RADIUS：RADIUS 计费，此时需要设置具体选用的 RADIUS 方案
计费服务器组的编号	第一个，取值范围（1～2 000），用户自定义
	第二个，取值范围（1～2 000），用户自定义
计费模板描述信息	取值范围为 1～31 字符，用户自定义
用户的计费更新间隔	取值范围为 60～604 800 秒，默认值为 600
上行计费 ACL	取值范围为 1～31 字符，用户自定义
下行计费 ACL	取值范围为 1～31 字符，用户自定义

4. 用户接入管理

（1）用户域。选择"业务管理|用户接入管理|用户域"，配置用户域，如图 4-2-22 所示。

图 4-2-22　用户域

单击"添加"按钮,弹出"增加用户域"对话框,如图 4-2-23 所示,其参数说明如表 4-2-11 所示。

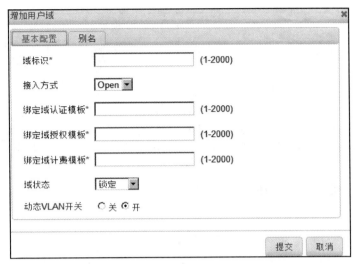

图 4-2-23　"增加用户域"对话框

表 4-2-11　参　数　说　明

参　数　名　称	参　数　说　明
域标识	取值范围为 1 ~ 2 000,用户自定义
接入方式	包括 Open、EAP 和 Web 三种,默认值为 Open
绑定域认证模板	关联预设的认证模板,取值范围为 1 ~ 2 000
绑定域授权模板	关联预设的授权模板,取值范围为 1 ~ 2 000
绑定域计费模板	关联预设的计费模板,取值范围为 1 ~ 2 000
域状态	包括锁定、未锁定和使能三种,默认值为锁定
动态 VLAN 开关	打开/关闭动态 VLAN 开关

切换到别名界面,配置别名,如图 4-2-24 所示,其参数说明如表 4-2-12 所示。

图 4-2-24　别名

表 4-2-12　参　数　说　明

参　数　名　称	参　数　说　明
别名	用户域别名,用户自定义
IPv4 DHCP 服务器模式	包括 Server 和 Relay 两种,默认值为 Server

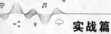

配置完毕,单击“提交”按钮,弹出提示信息提示框,单击“确认”按钮。

(2)地址池。选择“业务管理|用户接入管理|地址池”,配置地址池,如图 4-2-25 所示。

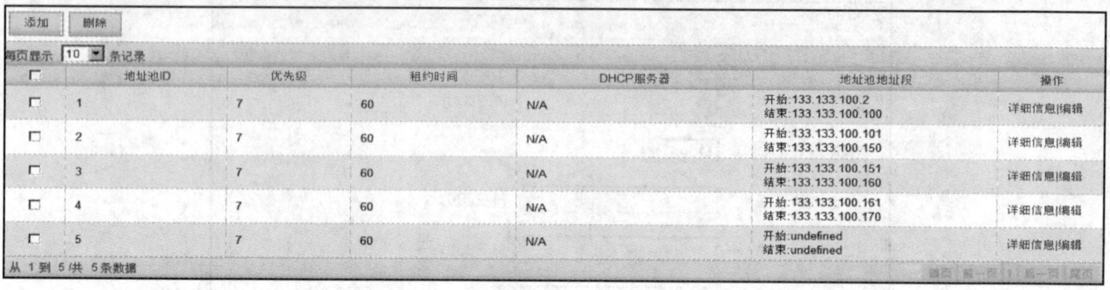

添加
删除
每页显示 10 条记录
地址池ID
优先级
租约时间
DHCP服务器
地址池地址段
操作
1 7 60 N/A 开始:133.133.100.2 结束:133.133.100.100 详细信息|编辑
2 7 60 N/A 开始:133.133.100.101 结束:133.133.100.150 详细信息|编辑
3 7 60 N/A 开始:133.133.100.151 结束:133.133.100.160 详细信息|编辑
4 7 60 N/A 开始:133.133.100.161 结束:133.133.100.170 详细信息|编辑
5 7 60 N/A 开始:undefined 结束:undefined 详细信息|编辑
从 1 到 5 /共 5条数据

图 4-2-25　地址池

单击“添加”按钮,弹出“增加地址池”对话框,如图 4-2-26 所示,其参数说明如表 4-2-13 所示。

增加地址池
基本配置
地址段配置
域配置
RELAY配置
地址池ID*
(1-1024)
分配模式
循环分配
优先级
7
(0~7, low->high)
租约时间
60
(1-10000分钟)
DHCP OPTION
option类型
数据格式
数值
操作
新增
告警门限
上限
70
(70-90%)
下限
10
(10-60%)
提交
取消

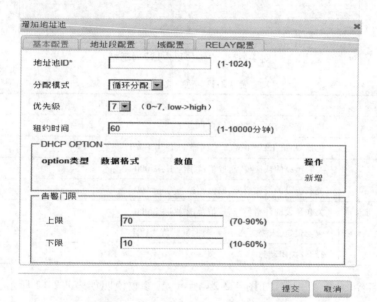

图 4-2-26　“增加地址池”对话框

表 4-2-13　参 数 说 明

参 数 名 称	参 数 说 明
地址池 ID	取值范围为 1 ~ 1 024,关联策略管理→地址池→地址池中的设置
分配模式	包括向前分配、向后分配和循环分配三种,默认值为循环分配
优先级	取值范围为 0 ~ 7,表示优先级从低到高
租约时间	取值范围为 1 ~ 10 000,默认值为 60,单位为分钟
option 类型	option 的类型选择
数据格式	包括 Ascii、Hex 和 Ip 三种
上限	告警门限上限值,取值范围为 70% ~ 90%,默认值为 70%
下限	告警门限下限值,取值范围为 10% ~ 60%,默认值为 10%

切换到"地址段配置"页面,配置地址段,如图 4-2-27 所示,其参数说明如表 4-2-14 所示。

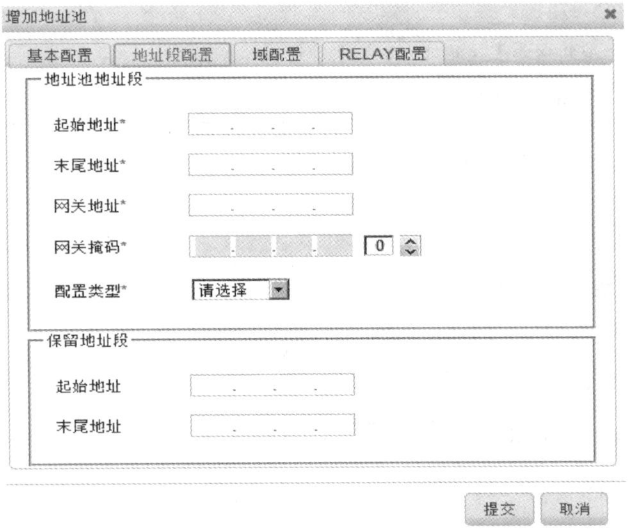

图 4-2-27　地址段配置

表 4-2-14　参　数　说　明

参　数　名　称	参　数　说　明
起始地址	地址池起始地址
末尾地址	地址池末尾地址
网关地址	地址池网关地址
网关掩码	地址池网关掩码,取值范围为 0~32,默认值为 0
配置类型	包括 AP、STA 和 AP&STA 三种
起始地址	保留地址段起始地址
末尾地址	保留地址段末尾地址

切换到"域配置"页面,配置归属域,如图 4-2-28 所示,其参数说明如表 4-2-15 所示。

图 4-2-28　域配置

表 4-2-15　参　数　说　明

参　数　名　称	参　数　说　明
归属域	DNS 服务器和备用 DNS 服务器属于哪个域

续表

参 数 名 称	参 数 说 明
DNS 服务器	DNS 服务器 IP 地址
备用 DNS 服务器	备用 DNS 服务器 IP 地址

切换到"RELAY 配置"页面,配置 RELAY,如图 4-2-29 所示,其参数说明如表 4-2-16 所示。

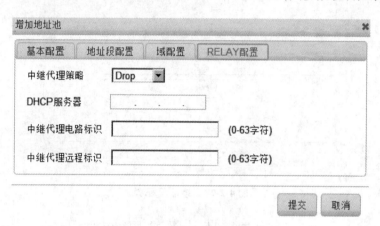

图 4-2-29　RELAY 配置

表 4-2-16　参 数 说 明

参 数 名 称	参 数 说 明
中继代理策略	包括 Invalid、Drop、Keep、Replace 和 Add 五种,默认值为 Drop
DHCP 服务器	DHCP 服务器 IP 地址
中继代理电路标识	取值范围为 0~63 字符
中继代理远程标识	取值范围为 0~63 字符

配置完毕,单击"提交"按钮,弹出提示信息提示框,单击"确认"按钮。

(3)本地用户。选择"业务管理|用户接入管理|本地用户",配置本地用户,如图 4-2-30 所示。

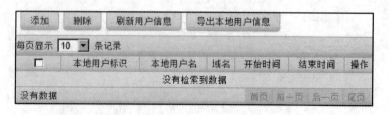

图 4-2-30　本地用户

单击"添加"按钮,弹出"增加本地用户"对话框,如图 4-2-31 所示,其参数说明如表 4-2-17 所示。

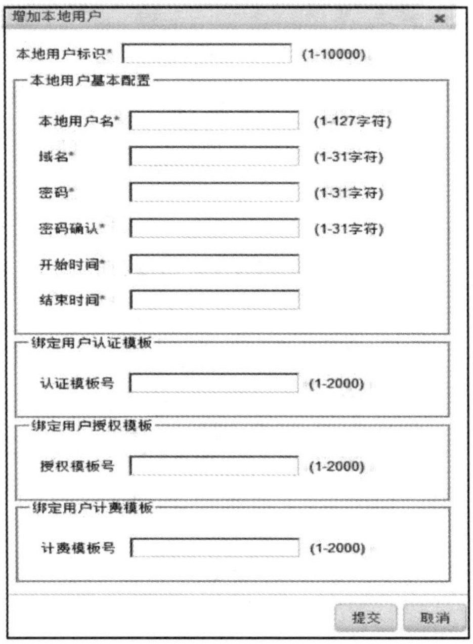

图 4-2-31 增加本地用户

表 4-2-17 参数说明

参 数 名 称	参 数 说 明
本地用户标识	取值范围为 1～10 000
本地用户名	取值范围为 1～127 字符
域名	取值范围为 1～31 字符
密码	取值范围为 1～31 字符
密码确认	取值范围为 1～31 字符
开始时间	格式为年-月-日-时-分-秒
结束时间	格式为年-月-日-时-分-秒
认证模板号	取值范围为 1～2 000
授权模板号	取值范围为 1～2 000
计费模板号	取值范围为 1～2 000

配置完毕,单击"提交"按钮,弹出提示信息提示框,单击"确认"按钮。

(三)用户安全策略

1. STA 关联黑白名单

选择"业务管理|用户安全策略|STA 关联黑白名单",配置 STA 关联黑白名单,如图 4-2-32
所示,其参数说明如表 4-2-18 所示。

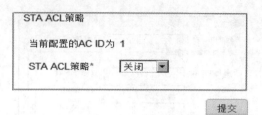

图 4-2-32   STA 关联黑白名单

表 4-2-18   参 数 说 明

参 数 名 称	参 数 说 明
STA ACL 策略	包括关闭、黑名单和白名单三种,默认值为关闭

配置完毕,单击"提交"按钮,弹出提示信息提示框,单击"确认"按钮。

2. EAP 认证黑名单

选择"业务管理|用户安全策略|EAP 认证黑名单",配置 EAP 认证黑名单,如图 4-2-33 所示。

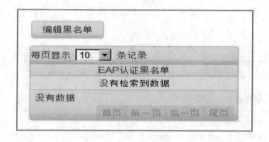

图 4-2-33   EAP 认证黑名单

单击"编辑黑名单"按钮,弹出"编辑 EAP 认证黑名单"对话框,如图 4-2-34 所示,其参数说明如表 4-2-19 所示。

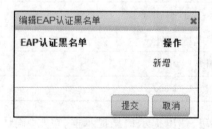

图 4-2-34   编辑 EAP 认证黑名单

表 4-2-19   参 数 说 明

参 数 名 称	参 数 说 明
EAP 认证黑名单	填写黑名单,不允许其通过

任务小结

通过本任务学习掌握设备参数配置及性能指标,AC 基本信息配置,服务器配置、认证授权计费及用户安全策略,为下一个任务网络管理奠定坚实的学习基础。

任务三 概述网络管理

任务描述

本任务主要配置网络管理,通过接口管理、对端查询、ARP 概述、ARP 表、POE 路由、DNS、BFD、DHCP、LDAP 协议管理等对 AP/AC 进行网络配置与管理。通过本任务的学习,可以更深层次掌握网络组网管理及数据配置要求,为策略管理奠定基础。

任务目标

● 配置网络管理,通过接口管理、对端查询、ARP 概述、ARP 表、POE 路由、DNS、BFD、DHCP、LDAP 协议管理等对 AP/AC 进行网络配置与管理。

● 通过学习,更深层次掌握网络组网管理及数据配置要求。

任务实施

一、介绍网络接口等知识

接口是设备与设备之间交换数据并相互作用的部分,其功能就是完成设备之间的数据交换。物理接口是真实存在、有对应器件支持的接口,如以太网接口。逻辑接口是指能够实现数据交换功能但物理上不存在、需要通过配置建立的接口。

接口管理特性用于在 Web 网管上管理设备所有的物理接口(如光口,以太网口)和以下几种逻辑接口:

(1)loopback 接口(环回接口):可以用来接收所有发送给本机的数据包。

(2)port-channel 接口(聚合口):配置一个物理端口组为 port group,配置到 port group 里面的物理端口才可以参与链路汇聚,成为 port channel 里的某个成员端口。加入 port group 中的物理端口满足某种条件时进行端口汇聚(端口汇聚是一种逻辑上的抽象过程,将一组具备相同属性的端口,抽象成一个逻辑端口),形成一个 port channel,这个 port channel 具备了逻辑端口的属性,才真正成为一个独立的逻辑端口。port channel 是一组物理端口的集合体,在逻辑上被当作一个物理端口。对用户来讲,完全可以将这个 port channel 当作一个端口使用,因此不仅能增加网络的宽带,还能提供链路的备份功能,聚合口成员模式分为四种。

● ON 模式:对应的聚合口模式为 ON 模式,成员加入聚合口后即聚合成功,只关心成员口的物理状态,物理 UP 即为可用,不需要和对端动态协商;主要用于负荷分担情况。

- backup 模式:对应于聚合口模式为 backup 模式,备份模式相当于端口主备,两个成员,只有一个为主端口能工作,主端口 down 则切为备端口;主要用于端口主备情况。

- active 模式:对应于 802.3ad 聚合口模式,对于其中成员模式配置为 active 模式的成员端口,本成员端口在聚合组初始化完毕或者状态不确定时会主动发送 LACP PDU,进行协商。

- passive 模式:对应于 802.3ad 聚合口模式,对于其中成员模式配置为 passive 模式的成员端口,在聚合组初始化完毕或者状态不确定时不会主动发送 LACP PDU,而是等待对方主动发送 LACP PDU 进行协商。802.3ad 动态协商组网下,需要至少有一端是 active 模式,另一端可以是 passive 也可以是 active。

(3)VLAN 接口:一种三层模式下的虚拟接口,主要用于实现 VLAN 间的三层互通。每个 VLAN 对应一个 VLAN 接口,在为 VLAN 接口配置了 IP 地址后,该接口即可作为本 VLAN 内网络设备的网关,对需要跨网段的报文进行基于 IP 地址的三层转发。

(4)supervlan 接口:supervlan 又称为 VLAN 聚合(VLAN Aggregation),其原理是一个 supervlan 包含多个 VLAN,每个 VLAN 是一个广播域,不同 VLAN 之间二层相互隔离。supervlan 可以配置三层接口,VLAN 不能配置三层接口。当 VLAN 内的用户需要进行三层通信时,将使用 supervlan 三层接口的 IP 地址作为网关地址,这样多个 VLAN 共用一个 IP 网段,从而节省了 IP 地址资源。

二、了解网络接口配置的步骤及方法

1. 接口

选择"网络管理|接口|接口",配置接口信息,如图 4-3-1 所示,其参数说明如表 4-3-1 所示。

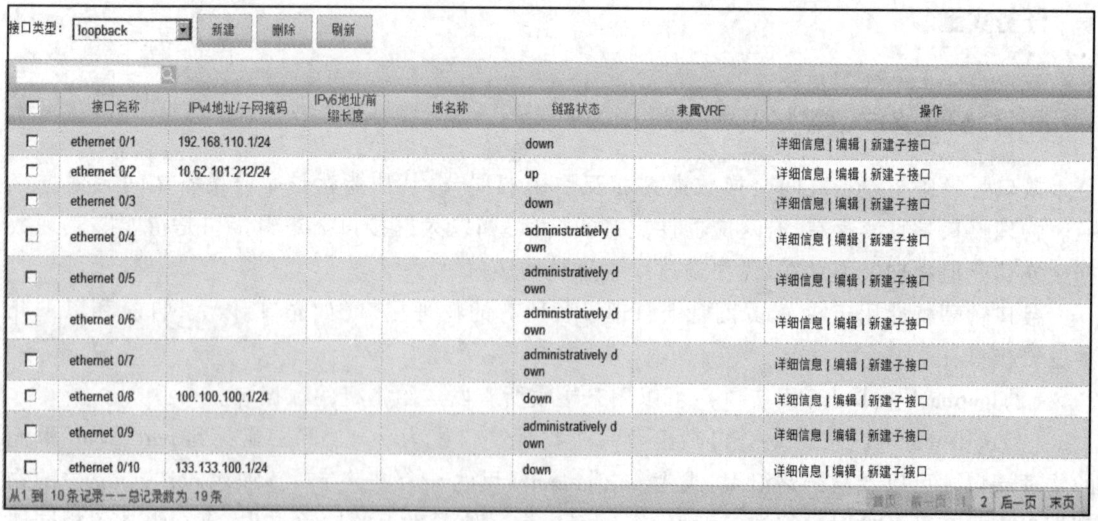

	接口名称	IPv4地址/子网掩码	IPv6地址/前缀长度	域名称	链路状态	隶属VRF	操作
☐	ethernet 0/1	192.168.110.1/24			down		详细信息|编辑|新建子接口
☐	ethernet 0/2	10.62.101.212/24			up		详细信息|编辑|新建子接口
☐	ethernet 0/3				down		详细信息|编辑|新建子接口
☐	ethernet 0/4				administratively down		详细信息|编辑|新建子接口
☐	ethernet 0/5				administratively down		详细信息|编辑|新建子接口
☐	ethernet 0/6				administratively down		详细信息|编辑|新建子接口
☐	ethernet 0/7				administratively down		详细信息|编辑|新建子接口
☐	ethernet 0/8	100.100.100.1/24			down		详细信息|编辑|新建子接口
☐	ethernet 0/9				administratively down		详细信息|编辑|新建子接口
☐	ethernet 0/10	133.133.100.1/24			down		详细信息|编辑|新建子接口

接口类型:loopback 新建 删除 刷新

从1到 10 条记录——总记录数为 19 条   首页 前一页 1 2 后一页 末页

图 4-3-1 接口

表 4-3-1 参数说明

参数名称	参数说明
接口类型	包括 loopbach、port-channd、superlan 和 vlan 四种

选择接口类型(以 vlan 为例),单击"新建"按钮,弹出"新建接口信息"对话框,如图 4-3-2 所示,其参数说明如表 4-3-2 所示。

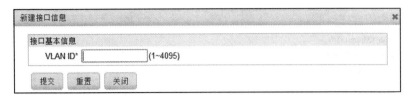

图 4-3-2　新建接口信息

表 4-3-2　参　数　说　明

参 数 名 称	参 数 说 明
VLAN ID	取值范围为 1～4 096,用户自定义

填写 VLAN ID,单击"提交"按钮,弹出"配置接口信息"对话框,如图 4-3-3 和图 4-3-4 所示,其参数说明如表 4-3-3 所示。

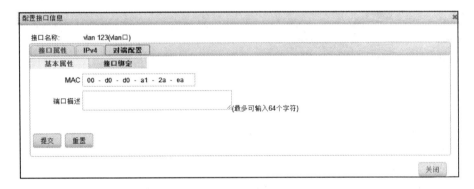

图 4-3-3　基本属性

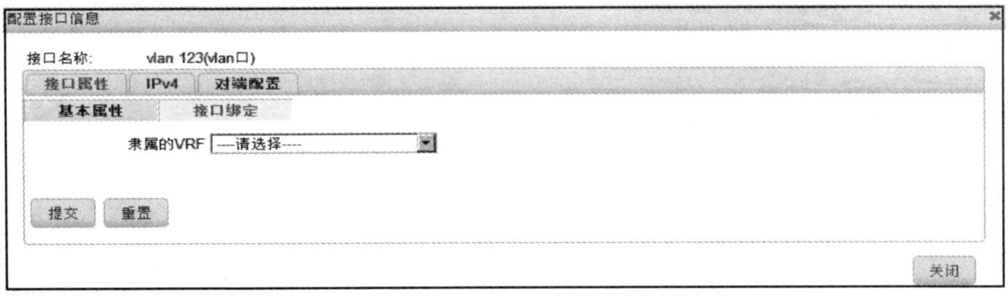

图 4-3-4　接口绑定

表 4-3-3　参　数　说　明

参 数 名 称	参 数 说 明
MAC	设置 VLAN 端口的 MAC 地址
端口描述	对端口内容的文字描述
隶属的 VRF	在网络管理→VRF→VRF 中关联设置

配置完毕,切换到 IPv4 页面,配置接口 IP 地址,如图 4-3-5 ~ 图 4-3-7 所示,其参数说明如表 4-3-4 所示。

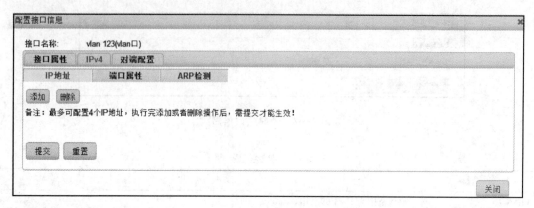

图 4-3-5　IP 地址

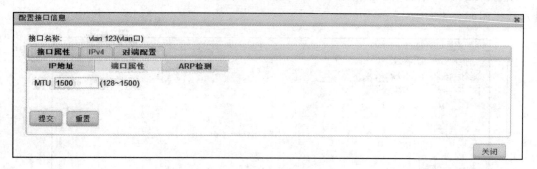

图 4-3-6　端口属性

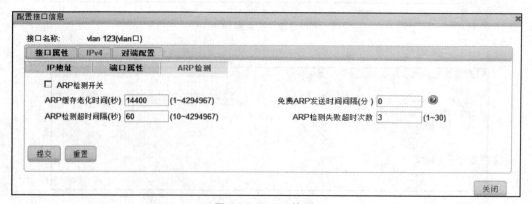

图 4-3-7　ARP 检测

表 4-3-4　参 数 说 明

参 数 名 称	参 数 说 明
IP 地址	设置绑定 VLAN 口的 IP 地址
MTU	设置最大传输单元,取值范围为 128 ~ 1 500,默认值为 1 500
ARP 检测开关	开启/关闭 ARP 检测开关

参　数　名　称	参　数　说　明
ARP 缓存老化时间（秒）	取值范围为 1～4 294 967，默认值为 14 400，单位为秒，用户自定义
免费 ARP 发送时间间隔（分）	取值范围为 0～255，0 表示关闭免费 ARP 发送，用户自定义
ARP 检测超时间隔（秒）	取值范围为 10～4 294 967，默认值为 60，单位为秒，用户定义
ARP 检测失败超时次数	取值范围为 1～30，默认值为 3，用户自定义

配置完毕，切换到对端配置页面，配置对端 MAC 地址和对端 IP 地址，如图 4-3-8 和图 4-3-9 所示，其参数说明如表 4-3-5 所示。

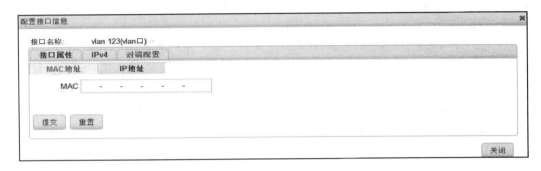

图 4-3-8　MAC 地址

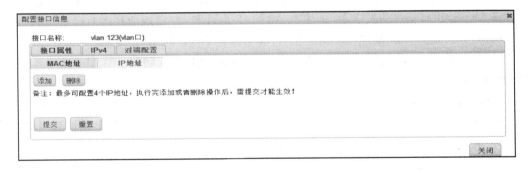

图 4-3-9　IP 地址

表 4-3-5　参　数　说　明

参　数　名　称	参　数　说　明
MAC	对端 MAC 地址
IP 地址	对端 IP 地址

配置完毕，单击提交按钮。

2. 对端查询

选择"网络管理 | 接口 | 对端查询"，查询对端的接口名、MAC 地址、IP 地址和子网掩码等信息。

三、相关知识概述

（一）ARP 概述

ARP（Address Resolution Protocol，地址解析协议）是将 IP 地址解析为以太网 MAC 地址（或称物理地址）的协议。

在局域网中，当主机或其他网络设备有数据要发送给另一个主机或设备时，主机或其他网络设备必须知道对方的网络层地址（即 IP 地址）。但是仅仅有 IP 地址是不够的，因为 IP 数据报文必须封装成帧才能通过物理网络发送，因此发送站还必须有接收站的物理地址，所以需要一个从 IP 地址到物理地址的映射。APR 就是实现这个功能的协议。

ARP 地址解析过程：假设主机 A 和 B 在同一个网段，主机 A 要向主机 B 发送信息。具体的地址解析过程如下：

（1）主机 A 先查看自己的 ARP 表，确定其中是否包含有主机 B 对应的 ARP 表项。如果找到了对应的 MAC 地址，则主机 A 直接利用 ARP 表中的 MAC 地址，对 IP 数据包进行帧封装，并将数据包发送给主机 B。

（2）如果主机 A 在 ARP 表中找不到对应的 MAC 地址，则将缓存该数据报文，以广播方式发送一个 ARP 请求报文。ARP 请求报文中的发送端 IP 地址和发送端 MAC 地址为主机 A 的 IP 地址和 MAC 地址，目标 IP 地址和目标 MAC 地址为主机 B 的 IP 地址和 MAC 地址。由于 ARP 请求报文以广播方式发送，该网段上的所有主机都可以接收到该请求，但只有被请求的主机（即主机 B）会对该请求进行处理。

（3）主机 B 比较自己的 IP 地址和 ARP 请求报文中的目标 IP 地址，当两者相同时进行如下处理：将 ARP 请求报文中的发送端（即主机 A）的 IP 地址和 MAC 地址存入自己的 ARP 表中。之后以单播方式发送 ARP 响应报文给主机 A，其中包含了自己的 MAC 地址。

（4）主机 A 收到 ARP 响应报文后，将主机 B 的 MAC 地址加入到自己的 ARP 表中以用于后续报文的转发，同时将 IP 数据包进行封装后发送出去。

1. ARP 表

设备通过 ARP 解析到目的 MAC 地址后，将会在自己的 ARP 表中增加 IP 地址到 MAC 地址的映射表项，以用于后续到同一目的地报文的转发。

ARP 表项分为动态 ARP 表项和静态 ARP 表项。

（1）动态 ARP 表项。动态 ARP 表项由 ARP 协议通过 ARP 报文自动生成和维护，可以被老化，可以被新的 ARP 报文更新，可以被静态 ARP 表项覆盖。当到达老化时间、接口 down 时会删除相应的动态 ARP 表项。

（2）静态 ARP 表项。静态 ARP 表项通过手工配置和维护，不会被老化，不会被动态 ARP 表项覆盖。配置静态 ARP 表项可以增加通信的安全性。静态 ARP 表项可以限制和指定 IP 地址的设备通信时只使用指定的 MAC 地址，此时攻击报文无法修改此表项的 IP 地址和 MAC 地址的映射关系，从而保护了本设备和指定设备间的正常通信。

2. POE

选择"网络管理 | 接口 | POE"，查看 POE，如图 4-3-10 所示。

3. ARP

选择"网络管理 | 接口 | ARP"，查看 ARP 表和配置静态 ARP，如图 4-3-11 所示。

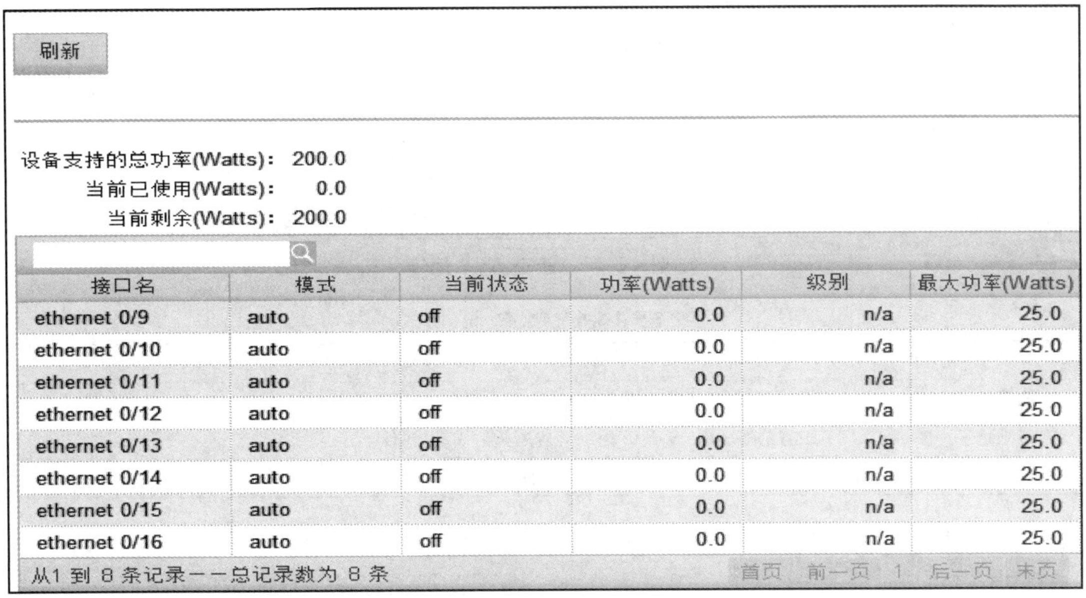

刷新

设备支持的总功率(Watts)： 200.0
当前已使用(Watts)： 0.0
当前剩余(Watts)： 200.0

接口名	模式	当前状态	功率(Watts)	级别	最大功率(Watts)
ethernet 0/9	auto	off	0.0	n/a	25.0
ethernet 0/10	auto	off	0.0	n/a	25.0
ethernet 0/11	auto	off	0.0	n/a	25.0
ethernet 0/12	auto	off	0.0	n/a	25.0
ethernet 0/13	auto	off	0.0	n/a	25.0
ethernet 0/14	auto	off	0.0	n/a	25.0
ethernet 0/15	auto	off	0.0	n/a	25.0
ethernet 0/16	auto	off	0.0	n/a	25.0

从 1 到 8 条记录——总记录数为 8 条　　　首页　前一页　1　后一页　末页

图 4-3-10　查看 POE

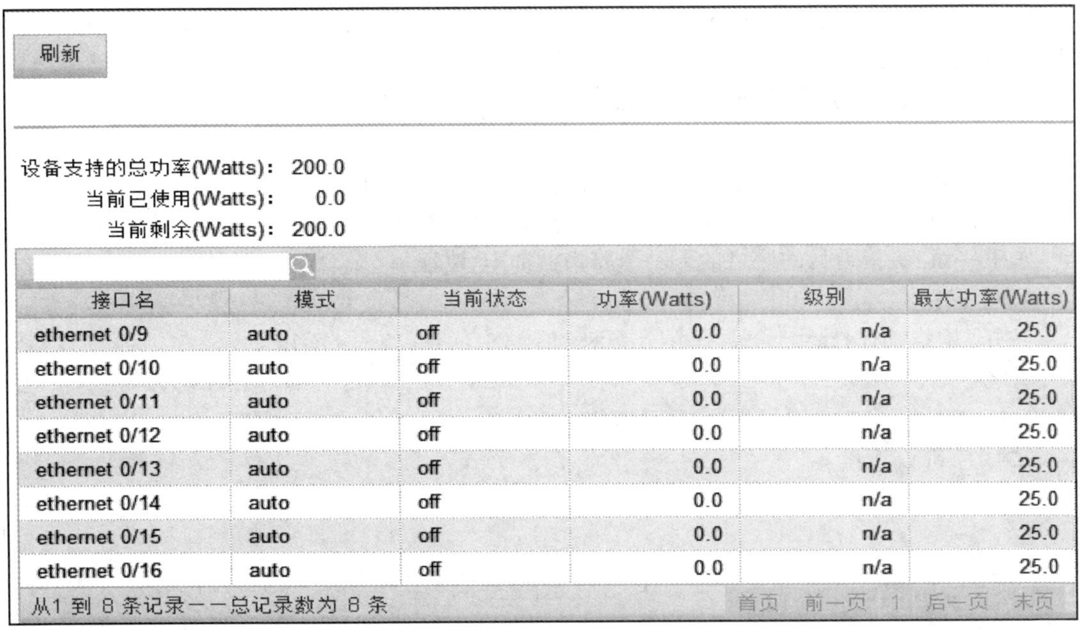

刷新

设备支持的总功率(Watts)： 200.0
当前已使用(Watts)： 0.0
当前剩余(Watts)： 200.0

接口名	模式	当前状态	功率(Watts)	级别	最大功率(Watts)
ethernet 0/9	auto	off	0.0	n/a	25.0
ethernet 0/10	auto	off	0.0	n/a	25.0
ethernet 0/11	auto	off	0.0	n/a	25.0
ethernet 0/12	auto	off	0.0	n/a	25.0
ethernet 0/13	auto	off	0.0	n/a	25.0
ethernet 0/14	auto	off	0.0	n/a	25.0
ethernet 0/15	auto	off	0.0	n/a	25.0
ethernet 0/16	auto	off	0.0	n/a	25.0

从 1 到 8 条记录——总记录数为 8 条　　　首页　前一页　1　后一页　末页

图 4-3-11　查看 ARP 表

切换到静态 ARP 页面,配置静态 ARP。

单击"新建"按钮,弹出"静态 ARP 配置"对话框,可配置静态 ARP 的 IP 地址和 MAC 地址等,如图 4-3-12 所示,其参数说明如表 4-3-6 所示。

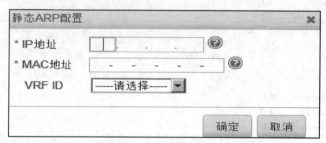

图 4-3-12　静态 ARP 配置

表 4-3-6　参 数 说 明

参 数 名 称	参 数 说 明
IP 地址	设置静态 ARP 表项的 IP 地址
MAC 地址	设置静态 ARP 表项 IP 地址对应解析的 MAC 地址
VRF ID	关联"网络管理|VRF|VRF"中设置的 ID

配置完毕,单击"确定"按钮。

(二)路由概述

路由是指在因特网中使用路由器选择路由的过程,路由器根据所收到的报文的目的地址选择一条合适的路由(通过某一网络),并将报文传送到下一个路由器。路径中最后的路由器负责将报文送交目的主机。

路由器转发报文的关键是路由表。每个路由器中都保存着一张路由表,表中每条路由项都指明了要到达某子网或某主机的报文应通过路由器的哪个接口发送,可到达该路径的下一跳,或者不需再经过别的路由器便可传送到直接相连的网络中的目的主机。

路由表中包含了下列关键项:

- 目的地址:用来标识 IP 数据报的目的主机地址或目的网络。
- 子网掩码(IPv4)/前缀长度(IPv6):与目的地址一起来标识目的主机或路由器所在网段。
- 下一跳:更接近目的网络的下一个路由器的 IP 地址。

1. 全局路由

选择"网络管理\|路由\|全局路由",查询全局路由信息,如图 4-3-13 所示。

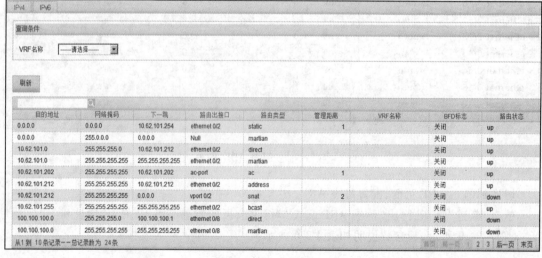

图 4-3-13　全局路由

在 IPv4 页面的查询条件区域框中,选择 VRF 名称,查询全局路由信息。

2. 静态路由概述

静态路由是由管理员手工配置的路由。在组网结构比较简单网络中,只需配置静态路由就可以了。恰当地设置和使用静态路由可以改善网络的性能,并可为重要的网络应用保证带宽。静态路由的缺点在于:不能自动适应网络拓扑结构的变化,当网络发生故障或者拓扑发生变化后,可能会出现路由不可达,导致网络中断,此时必须由网络管理员手工修改静态路由的配置。配置静态路由时,可指定出接口,也可指定下一跳。指定出接口还是指定下一跳要视具体情况而定,下一跳不能为本地接口 IP 地址,否则路由不会生效。

3. 静态路由

选择"网络管理|路由|静态路由",配置静态路由信息,如图 4-3-14 所示。

图 4-3-14 IPv4 静态路由

单击"新建"按钮,弹出 IPv4 路由配置对话框,配置 IPv4 路由,如图 4-3-15 所示,其参数说明如表 4-3-7 所示。

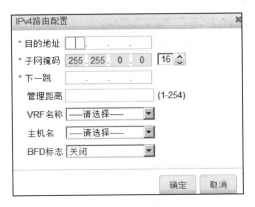

图 4-3-15 IPv4 路由配置

表 4-3-7 参 数 说 明

参 数 名 称	参 数 说 明
目的地址	设置 IPv4 数据报文的目的主机或目的网段,格式要求为点分十进制
子网掩码	设置目的主机或目的网段的掩码
下一跳	设置 IPv4 数据报文要经过的下一个设备的 IP 地址,格式要求为点分十进制
管理距离	取值范围为 1 ~ 254
VRF 名称	在"网络管理|VRF|VRF"中关联设置
主机名	选择主机名
BFD 标志	选择开启或者关闭 BFD 标志

配置完毕,单击"确定"按钮。

4. 路由重分配

选择"网络管理|路由|路由重分配",配置路由重分配信息,如图 4-3-16 所示。

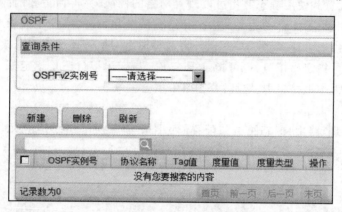

图 4-3-16 路由重分配

在"查询条件"区域框中选择 OSPFv2 实例号,查询 OSPF 信息。

单击"新建"按钮,弹出"OSPF 路由重分配配置"对话框,如图 4-3-17 所示,其参数说明如表 4-3-8 所示。

图 4-3-17 OSPF 路由重分配配置

表 4-3-8 参 数 说 明

参 数 名 称	参 数 说 明
OSPF 实例号	OSPF 的一个编号
协议名称	包括 Connected 和 Static 两种,默认值为 Connected
Tag 值	取值范围为 0 ~ 4 294 967 295,用户自定义
度量值	取值范围为 0 ~ 16 777 214,用户自定义
度量类型	包括 Ext-2 和 Ext-1,默认值为 Ext-2

配置完毕,单击"确定"按钮。

(三)OSPF 概述

OSPF(Open Shortest Path First,开放式最短路径优先)是一个内部网关协议(Interior Gateway Protocol,IGP),用于在单一自治系统(Autonomous System,AS)内决策路由。是对链路状

态路由协议的一种实现,隶属内部网关协议(IGP),故运作于自治系统内部。

OSPF 分为 OSPFv2 和 OSPFv3 两个版本,其中 OSPFv2 用在 IPv4 网络,OSPFv3 用在 IPv6 网络。

1. OSPFv2

选择"网络管理|路由|OSPFv2",配置 OSPFv2 实例,如图 4-3-18 所示。

图 4-3-18　配置 OSPFv2 实例

单击"新建"按钮,弹出"创建 OSPF 配置"对话框,如图 4-3-19 所示,其参数说明如表 4-3-9 所示。

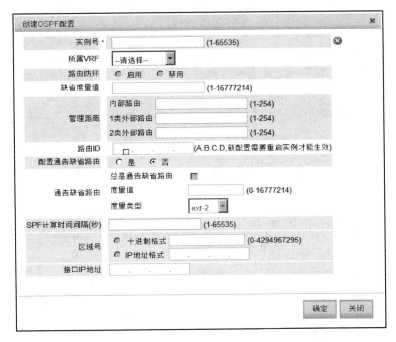

图 4-3-19　创建 OSPF 配置

表 4-3-9　参 数 说 明

参 数 名 称	参 数 说 明
实例号	取值范围为 1 ~ 65 535,用户自定义
所属 VRF	在"网络管理|VRF|VRF"中设置
路由防环	启用/禁用路由防环
缺省度量值	取值范围为 1 ~ 16 777 214,用户自定义
管理距离	取值范围为 1 ~ 254,用户自定义

续表

参 数 名 称	参 数 说 明
路由 ID	路由编号 ID
配置通告缺省路由	是否配置通告缺省路由
通告缺省路由	是否通告缺省路由
SPF 计算时间间隔(秒)	取值范围为 1 ~ 65 535 单位为 s,用户自定义
区域号	十进制格式,用户自定义
	IP 地址格式,用户自字义
接口 IP 地址	OSPF 接口的 IP 地址,用户自定义

- 选择列表中的记录,单击"重启实例",重启所选实例。
- 选择列表中的记录,单击"启用实例",启用所选实例。
- 选择列表中的记录,单击"禁用实例",禁用所选实例。

2. OSPFv3

选择"网络管理|路由|OSPFv3",配置 OSPFv3 实例,如图 4-3-20 所示。

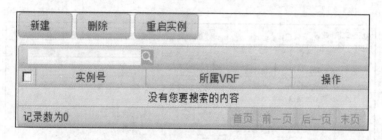

图 4-3-20　配置 OSPFv3 实例

单击"新建"按钮,弹出"新增 OSPFv3 实例"对话框,如图 4-3-21 所示,其参数说明如表 4-3-10 所示。

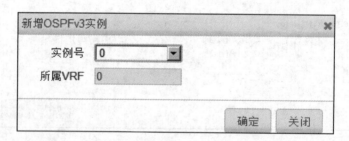

图 4-3-21　新增 OSPFv3 实例

表 4-3-10　参 数 说 明

参 数 名 称	参 数 说 明
实例号	OSPFv3 的标号
所属 VRF	在"网络管理|VRF|VRF"中关联设置

选择列表中的记录,单击"重启实例",重启所选实例。

(四)DNS 概述

域名系统(Domain Name System,DNS)是一种用于 TCP/IP 应用程序的分布式数据库,提供域名与 IP 地址之间的转换。通过域名系统,用户进行某些应用时,可以直接使用便于记忆的、有意义的域名,而由网络中的域名解析服务器将域名解析为正确的 IP 地址。域名解析分为静态域名解析和动态域名解析,二者可以配合使用。在解析域名时,先采用静态域名解析(查找静态域名解析表),如果静态域名解析不成功,再采用动态域名解析。由于动态域名解析可能会花费一定的时间,且需要域名服务器的配合,因而可以将一些常用的域名放入静态域名解析表中,这样可以大大提高域名解析效率。

静态域名解析就是手工建立域名和 IP 地址之间的对应关系。当用户使用域名进行某些应用(如 Telnet 应用)时,系统查找静态域名解析表,从中获取指定域名对应的 IP 地址。

动态域名解析分为以下 4 个步骤。

(1)当用户使用域名进行某些应用时,用户程序先向 DNS 客户端中的解析器发出请求。

(2)DNS 客户端收到请求后,先查询本地的域名缓存。如果存在已解析成功的映射项,就将域名对应的 IP 地址返回给用户程序;如果没有发现所要查找的映射项,就向域名服务器(DNS Server)发送查询请求。

(3)域名服务器先从自己的数据库中查找域名对应的 IP 地址。如果判断该域名不属于本域范围之内,就将请求交给上一级的域名解析服务器处理,直到完成解析,并将解析的结果返回给 DNS 客户端。

(4)DNS 客户端收到域名服务器的响应报文后,将解析结果返回给应用程序。

DNS 主机配置。选择"网络管理|DNS|DNS 主机配置",配置 DNS 主机,如图 4-3-22 所示,其参数说明如表 4-3-11 所示。

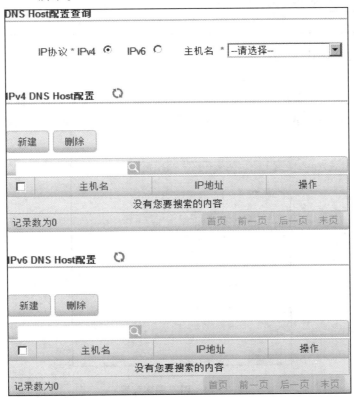

图 4-3-22 DNS 主机配置

表 4-3-11　参　数　说　明

参 数 名 称	参 数 说 明
IP 协议	包括 IPv4 和 IPv6 两种
主机名	主机名称

在"DNS Host 配置查询"区域框中,选择 IP 协议和主机名,查询 DNS Host 配置。

单击"新建"按钮,弹出"配置"对话框,配置 DNS Host(以 IPv4 DNS Host 配置为例),如图 4-3-23 所示,其参数说明如表 4-3-12 所示。

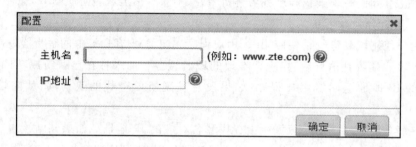

图 4-3-23　IPv4 DNS Host 配置

表 4-3-12　参　数　说　明

参 数 名 称	参 数 说 明
主机名	设置静态域名解析表中主机名和主机 IP 地址的对应关系,每个主机名只能对应一个 IP 地址,当对同一主机名进行多次配置时,最后配置的 IP 地址有效
IP 地址	

配置完毕,单击"确认"按钮。

(五)BFD 概述

BFD 协议提供了一个通用的、标准化的、和介质无关、和协议无关的快速故障检测机制。

选择"网络管理|BFD|BFD",配置 BFD 相关信息,如图 4-3-24 所示,其参数说明如表 4-3-13 所示。

图 4-3-24　BFD 基本配置

表 4-3-13　参　数　说　明

参 数 名 称	参 数 说 明
全局配置	包括主动和被动两种模式,默认值为主动 ·主动模式:在会话建立前不管有没有收到对端发来的 BFD 控制报文,都会主动发送 BFD 控制报文 ·被动模式:在会话建立前就不会主动发送 BFD 控制报文,直到收到对端发来的 BFD 控制报文才发送
BFD 使能模式	开启/关闭 BFD 使能模式,默认值为开启
会话抑制时间（分钟）	取值范围为 1～30,默认值为 5,单位为分钟
惩罚值门限	取值范围为 1～20,默认值为 4
抑制惩罚值	取值范围为 1～10,默认值为 1

切换到认证配置页面,配置认证信息,如图 4-3-25 所示。

图 4-3-25　认证配置

单击"新建"按钮,弹出"BFD 认证配置"对话框,如图 4-3-26 所示,其参数说明如表 4-3-14 所示。

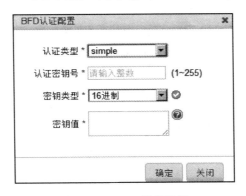

图 4-3-26　BFD 认证配置

表 4-3-14　参　数　说　明

参 数 名 称	参 数 说 明
认证类型	包括 simple、md5、metimdS、shal 和 metishal 五种,默认值为 simple
认证密钥号	取值范围为 1～255
密钥类型	包括 16 进制和 ASCII 两种
密钥值	密钥数值

切换到"IPv4 会话管理"页面,如图 4-3-27 所示。

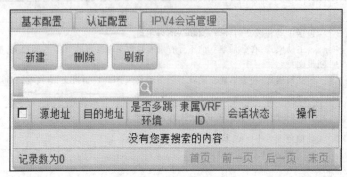

图 4-3-27　IPv4 会话管理

单击"新建"按钮,弹出"BFD 会话配置"对话框,如图 4-3-28 所示,其参数说明如表 4-3-15 所示。

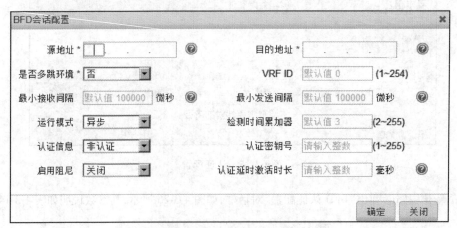

图 4-3-28　BFD 会话配置

表 4-3-15　参 数 说 明

参 数 名 称	参 数 说 明
源地址	检测开始的 IP 地址
目的地址	检测目的的 IP 地址
是否多跳环境	是/否多跳环境,默认值为否
VRF ID	取值范围为 1～254,默认值为 0
最小接收间隔	取值范围为 100 000～1 000 000,默认值为 100 000,单位为 μs
最小发送间隔	取值范围为 100 000～1 000 000,默认值为 100 000,单位为 μs
运行模式	包括异步和查询两种,默认值为异步
检测时间累加器	取值范围为 2～255,默认值为 3
认证信息	包括非认证、simple、md5、metimd5、shal 和 metishal 六种,默认值为非认证
认证密钥号	取值范围为 1～255
启用阻尼	关闭/开启阻尼,默认值为关闭
认证延时激活时长	取值范围为 0～4 294 967 295,单位为 ms

配置完毕,单击"确认"按钮。

（六）VRF

VPN 路由转发表也称 VPN-instance（VPN 实例）,是 PE（运营商边缘路由器）为相连的 STA 建立并维护的一个专门实体,每个 STA 在 PE 上都有自己的 VPN-instance,每个 VPN-instance 包含一个或多个与该 PE 直接相连的 CE（用户边缘路由器）的路由和转发表,如果要实现同一 VPN 各个 STA 间的互通,该 VPN-instance 还应该包含连接在其他 PE 上的发出该 VPN 的 Site 的路由信息。

VRF 配置步骤如下:

选择"网络管理|VRF|VRF",弹出界面如图 4-3-29 所示。

图 4-3-29　VRF 界面

单击"新建"按钮,配置 VRF 相关信息,如图 4-3-30 所示,其参数说明如表 4-3-16 所示。

图 4-3-30　VRF 配置

表 4-3-16　参　数　说　明

参　数　名　称	参　数　说　明
VRF ID	取值范围为 1 ~ 254,用户自定义
VRF 名称	用户自定义 VRF 的名称
RD 标识类型	包括"ASN：mn"和"IP：nn"两种,默认值为"ASN：nn"
RD 标识	一种路由标识,将不唯一的 IPv4 地址转化为唯一的 IPVPNv4 地址
VRF 描述	描述 VRF

配置完毕,单击"确认"按钮。

（七）DHCP 概述

随着网络规模的不断扩大和网络复杂度的提高，计算机的数量经常超过可供分配的 IP 地址数量。同时随着便携机及无线网络的广泛使用，计算机的位置也经常变化，相应的 IP 地址也必须经常更新，从而导致网络配置越来越复杂。DHCP（Dynamic Host Configuration Protocol，动态主机配置协议）就是为满足这些需求而发展起来的。

DHCP 采用客户端/服务器通信模式，由客户端向服务器提出配置申请，服务器返回为客户端分配的 IP 地址等相应的配置信息，以实现 IP 地址等信息的动态配置。

针对客户端的不同需求，DHCP 提供三种 IP 地址分配策略：

• 手工分配地址：由管理员为少数特定客户端（如 WWW 服务器等）静态绑定固定的 IP 地址。可以通过将客户端的 MAC 地址与 IP 地址绑定的方式实现。当具有此 MAC 地址的客户端申请 IP 地址时，DHCP 服务器将根据客户端的 MAC 地址查找到对应的 IP 地址，并分配给客户端。

• 自动分配地址：DHCP 为客户端分配租期为无限长的 IP 地址。

• 动态分配地址：DHCP 为客户端分配具有一定有效期限的 IP 地址，到达使用期限后，客户端需要重新申请地址。绝大多数客户端得到的都是这种动态分配的地址。

1. DHCPv4

选择"网络管理|DHCP|DHCPv4"，配置 DHCPv4，如图 4-3-31 所示，其参数说明如表 4-3-17 所示。

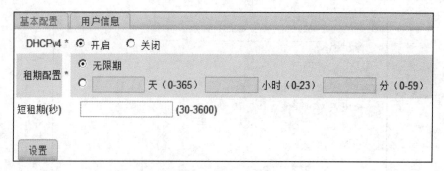

图 4-3-31　配置 DHCPv4

表 4-3-17　参 数 说 明

参 数 名 称	参 数 说 明
DHCPv4	开启/关闭 DHCPv4 功能
租期配置	无限期或者具体租期
短租期（秒）	取值范围为 30～3 600，单位为 s，用户自定义

切换到用户信息页面，查询槽位号和用户详情，如图 4-3-32 和图 4-3-33 所示。

图 4-3-32　槽位号查询

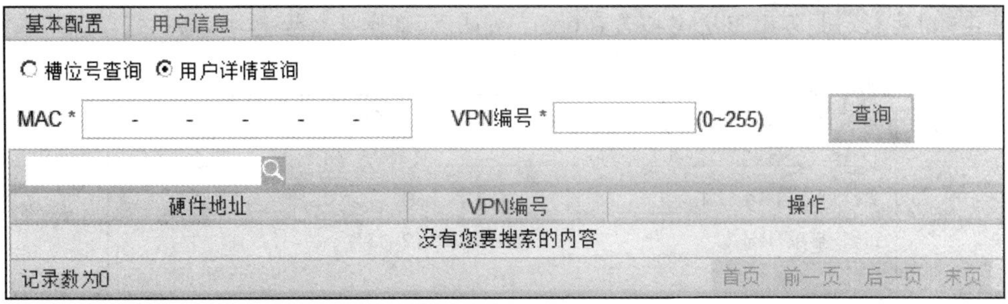

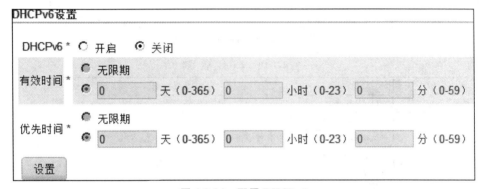

图 4-3-33　用户详情查询

单击"查询"按钮,查询具体的用户信息。

2. DHCPv6

选择"网络管理|DHCP|DHCPv6",配置 DHCPv6,如图 4-3-34 所示,其参数说明如表 4-3-18 所示。

图 4-3-34　配置 DHCPv6

表 4-3-18　参　数　说　明

参　数　名　称	参　数　说　明
DHCPv6	开启/关闭 DHCPv6 功能
有效时间	无限期或者具体时间,用户自定义
优先时间	无限期或者具体时间,用户自定义

配置完毕,单击"设置"按钮,弹出提示信息提示框,单击"确认"按钮。

（八）LDAP

LDAP 是一个用来发布目录信息到许多不同资源的协议。通常都作为一个集中的地址本使用,简单来说,LDAP 是一种得到关于人或者资源的集中、静态数据的快速方式。LDAP 服务器如图 4-3-35 所示。

图 4-3-35　LDAP 服务器

单击"新建"按钮,弹出"LDAP 服务器配置"对话框,如图 4-3-36 所示,其参数说明如表 4-3-19 所示。

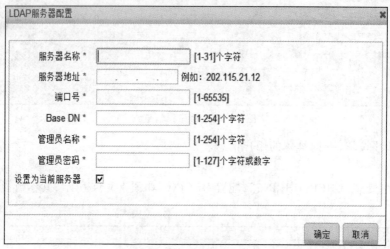

图 4-3-36　LDAP 服务器配置

表 4-3-19　参 数 说 明

参 数 名 称	参 数 说 明
服务器名称	LDAP 服务器名称,取值范围为 1~31 个字符
服务器地址	LDAP 服务器 IP 地址
端口号	由服务器给出,LDAP 服务器端口号,取值范围为 1~65 535
Base DN	设置从哪个 DN 下开始搜索,取值范围为 1~254 个字符
管理员名称	取值范围为 1~254 个字符,用户自定义
管理员密码	取值范围为 1~127 个字符或数字,用户自定义
设置为当前服务器	是否设置为当前服务器,默认勾选,设置为当前服务器

配置完毕,单击"确认"按钮。

全局配置。选择"网络管理|协议管理|全局配置",配置标签协议标识等信息,如图 4-3-37 所示,其参数说明如表 4-3-20 所示。

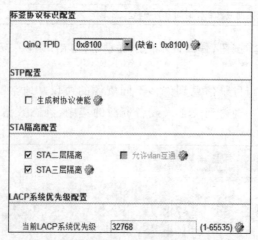

图 4-3-37　全局配置

表 4-3-20 参数说明

参 数 名 称	参 数 说 明
QinQ TPID	包括 0x8100、0x9100、0x9200 和 0x88a8 四种,缺省值为 0x8100
生成树协议使能	是否使能生成树协议
STA 二层隔离	实现报文之间的二层隔离
允许 vlan 互通	是否允许各 VLAN 之间互相通信
STA 三层隔离	实现报文之间的三层隔离
当前 LACP 系统优先级	取值范围为 1 ~ 65 535,默认值为 32 768

配置完毕,单击 按钮,弹出提示信息提示框,单击"确认"按钮。

任务小结

本任务主要考核配置网络管理,通过接口管理、对端查询、ARP 概述、ARP 表、POE 路由、DNS、BFD、DHCP、LDAP 协议管理等对 AP/AC 网络配置与管理,更深层次掌握网络组网管理及数据配置要求。

任务四 学习策略管理

任务描述

学习策略管理相关内容,如时间段管理、AC 管理、QoS 管理、地址池管理,NAT、ZCME 等相关策略管理工具与方法。

通过本任务学习,学生能更深层次学习策略管理的内容,为系统管理、告警管理等奠定良好的基础。

任务目标

掌握策略管理相关内容,以及时间段管理、AC 管理 QoS 管理地址池管理,NAT、ZCME 等相关策略管理工具与方法。

任务实施

一、掌握策略管理的基本配置

这里主要介绍时间段配置,步骤如下:

选择"策略管理|时间段|时间段",弹出界面如图 4-4-1 所示。

图 4-4-1 时间段

单击"新建"按钮,弹出"时间段配置"对话框,如图 4-4-2 所示,其参数说明如表 4-4-1 所示。

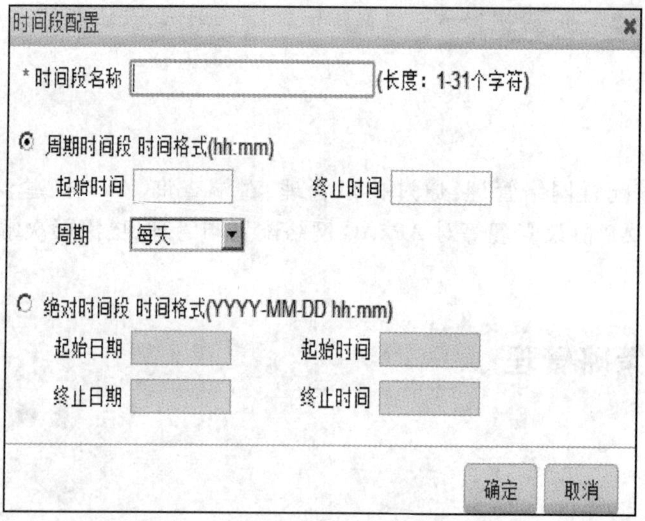

图 4-4-2 时间段配置

表 4-4-1 参数说明

参 数 名 称	参 数 说 明
时间段名称	填写时间段名称,取值范围为 1~31 个字符
周期时间段	设置周期时间段的起始时间、终止时间和周期
绝对时间段	设置绝对时间段的起始日期、起始时间、终止日期和终止时间

配置完毕,单击"确认"按钮。

二、阐述 ACL 策略配置的步骤及方法

(一) ACL 概述

随着网络规模的扩大和流量的增加,对网络安全的控制和对带宽的分配成为网络管理的重要内容。通过对报文进行过滤,可以有效防止非法用户对网络的访问,同时也可以控制流量,节约网络资源。ACL(Access Control List,访问控制列表)即是通过配置报文的匹配规则和处理操作来实现包过滤的功能。

当设备的端口接收到报文后,即根据当前端口上应用的 ACL 规则对报文的字段进行分析,在识别出特定的报文之后,根据预先设定的策略允许或禁止该报文通过。

1. 基本 ACL4 策略

选择"策略管理|ACL 策略|基本 ACL4 策略",配置基本 ACL4 策略,如图 4-4-3 所示。

图 4-4-3 基本 ACL4 策略

单击"新建"按钮,弹出"基本策略配置"对话框,如图 4-4-4 所示,其参数说明如表 4-4-2 所示。

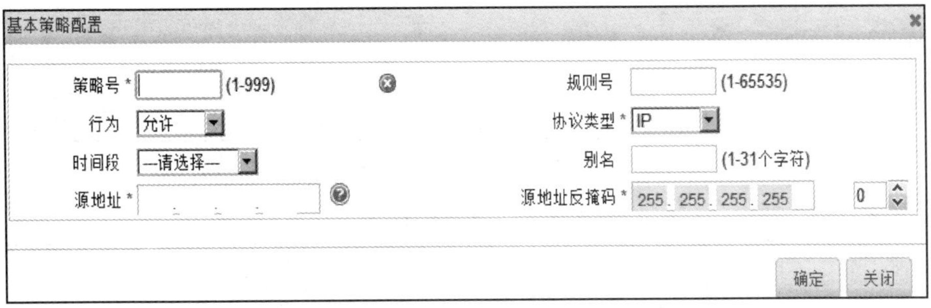

图 4-4-4 基本策略配置

表 4-4-2 参 数 说 明

参 数 名 称	参 数 说 明
策略号	取值范围为 1 ~ 999,用户自定义
规则号	取值范围为 1 ~ 65 535,用户自定义
行为	设置对匹配该规则的 IPv4 报文所进行的操作,包括允许和禁止两种,默认值为允许 ·允许:表示允许匹配该规则的 IPv4 报文通过 ·禁止:表示禁止匹配该规则的 IPv4 报文通过
协议类型	包括 IP、TCP、UDP、ICMP 和协议号五种,默认值为 IP
时间段	选择已配置的时间,在"策略管理|时间段|时间段"中设置
别名	取值范围为 1 ~ 31 个字符,用户自定义
源地址	设置 IPv4 报文的源 IP 地址,要求为点分十进制格式
源地址反掩码	设置源地址的反掩码

配置完毕,单击"确定"按钮。

2. 扩展 ACL4 策略

选择"策略管理→ ACL 策略→扩展 ACL4 策略",弹出界面,如图 4-4-5 所示。

单击"新建"按钮,弹出"扩展策略配置"对话框,如图 4-4-6 所示,其参数说明如表 4-4-3 所示。

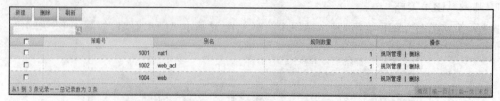

图 4-4-5　扩展 ACL4 策略

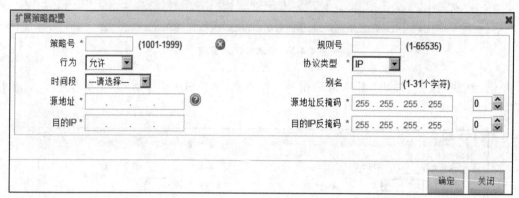

图 4-4-6　扩展策略配置

表 4-4-3　参数说明

参数名称	参数说明
策略号	取值范围为 1 001～1 999，用户自定义
规则号	取值范围为 1～65 535，用户自定义
行为	包括允许和拒绝，默认值为允许
协议类型	包括 IP、TCP、UDP、ICMP 和协议号五种，默认值为 IP
时间段	选择已配置的时间段，在"策略管理|时间段|时间段"中设置
别名	取值范围为 1～31 个字符，用户自定义
源地址	报文的源 IP 地址
源地址反掩码	报文源地址反掩码
目的 IP	报文的目的 IP 地址
目的 IP 反掩码	报文目的 IP 反掩码

配置完毕，单击"确定"按钮。

3. 二层 ACL 策略

选择"策略管理\|ACL 策略\|二层 ACL 策略"，弹出界面如图 4-4-7 所示。

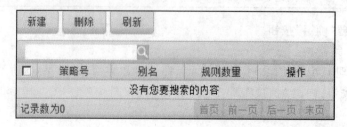

图 4-4-7　二层 ACL 策略

单击"新建"按钮,弹出"二层策略配置"对话框,如图 4-4-8 所示,其参数说明如表 4-4-4 所示。

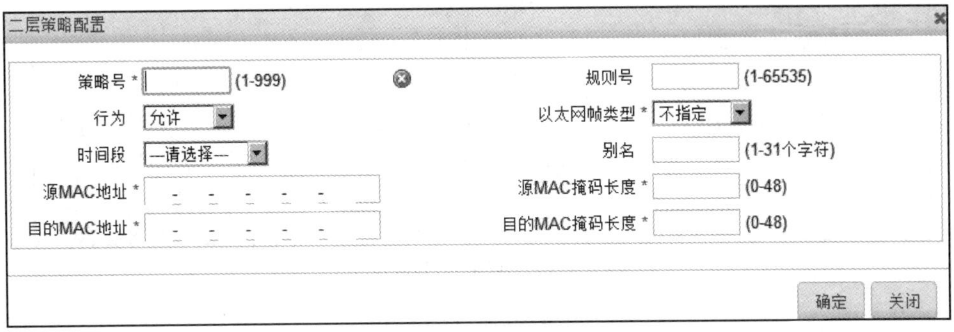

图 4-4-8　二层策略配置

表 4-4-4　参　数　说　明

参　数　名　称	参　数　说　明
策略号	取值范围为 1 ~ 999,用户自定义
规则号	取值范围为 1 ~ 65535,用户自定义
行为	设置对匹配该规则的 IPv4 报文所进行的操作,包括允许和禁止,默认值为允许 ·允许:表示允许匹配该规则的 IPv4 报文通过 ·禁止:表示禁止匹配该规则的 IPv4 报文通过
以太网帧类型	包括不指定、IPv4、IPv6、ARP、RARP 和指定六种,默认值为不指定
时间段	选择已配置的时间段时间段在"策略管理→时间段→时间段中"设置
别名	取值范围为 1 ~ 31 个字符,用户自定义
源 MAC 地址	设置 IPv4 报文的源 MAC 地址
源 MAC 掩码长度	取值范围为 0 ~ 48
目的 MAC 地址	设置 IPv4 报文的目的 MAC 地址
目的 MAC 掩码长度	取值范围为 0 ~ 48

配置完毕,单击"确定"按钮。

4. 基本 ACL6 策略

选择"策略管理|ACL 策略|基本 ACL6 策略",弹出界面,如图 4-4-9 所示。

图 4-4-9　基本 ACL6 策略

单击"新建"按钮,弹出"ACLv6 策略配置"对话框,如图 4-4-10 所示,其参数说明如表 4-4-5 所示。

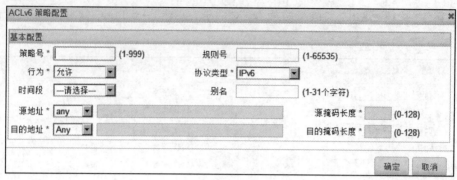

图 4-4-10　ACLv6 策略配置

表 4-4-5　参 数 说 明

参 数 名 称	参 数 说 明
策略号	取值范围为 1～999,用户自定义
规则号	取值范围为 1～65 535,用户自定义
行为	设置对匹配该规则的 IPv4 报文所进行的操作,包括允许和禁止,默认值为允许 ·允许:表示允许匹配该规则的 IPv6 报文通过 ·禁止:表示禁止匹配该规则的 IPv6 报文通过
协议类型	包括 IPv6、TCP、UDP、ICMPv6 和自定义五种,默认值为 IPv6
时间段	选择已配置的时间段,在"策略管理|时间段|时间段"中设置
别名	取值范围为 1～31 个字符,用户自定义
源地址	包括 any 和指定 IP,默认值为 any
源掩码长度	取值范围为 0～128
目的地址	包括 Any 和分配 IP,默认值为 Any
目的掩码长度	取值范围为 0～128

配置完毕,单击"确定"按钮。

(二)QoS 概述

QoS(Quality of Service,服务质量)指一个网络能够利用各种基础技术,为指定的网络通信提供更好的服务能力,是网络的一种安全机制,是用来解决网络延迟和阻塞等问题的一种技术。在正常情况下,如果网络只用于特定的无时间限制的应用系统,并不需要 QoS,比如 Web 应用或 E-mail 设置等。但是对关键应用和多媒体应用就十分必要。当网络过载或拥塞时,QoS 能确保重要业务量不受延迟或丢弃,同时保证网络的高效运行。

下面介绍 802.1p 策略表的配置

选择"策略管理\|QoS\|802.1p 策略表",弹出界面如图 4-4-11 所示。

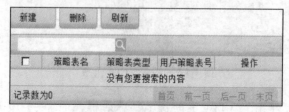

图 4-4-11　802.1p 策略表

单击"新建"按钮,弹出"策略表配置"对话框,如图 4-4-12 所示,其参数说明如表 4-4-6 所示。

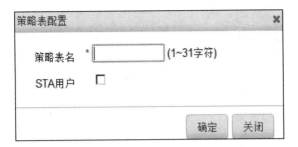

图 4-4-12　策略表配置

表 4-4-6　参 数 说 明

参 数 名 称	参 数 说 明
策略表名	策略表的名称
STA 用户	策略表是否适用于 STA 用户

配置完毕,单击"确认"按钮。

(三)地址池

配置地址池的步骤如下:

选择"策略管理丨地址池丨地址池",弹出界面如图 4-4-13 所示。

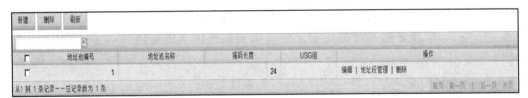

图 4-4-13　地址池

单击"新建"按钮,弹出"地址池配置"对话框,如图 4-4-14 所示,其参数说明如表 4-4-7 所示。

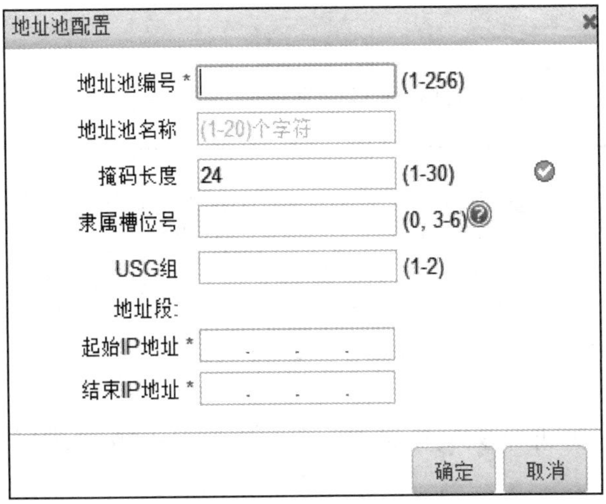

图 4-4-14　地址池配置

表4-4-7　参数说明

参 数 名 称	参 数 说 明
地址池编号	取值范围为 1～256,用户自定义
地址池名称	取值范围为 1～20 个字符,用户自定义
掩码长度	取值范围为 1～30,默认值为 24
隶属槽位号	取值范围为 0,3～6。槽位为 0 表示地址池里的 IP 均匀的按端口分配到各槽位,不配表示此地址池不归属于任何槽位
USG 组	取值范围为 1～2
起始 IP 地址	地址池的起始 IP 地址
结束 IP 地址	地址池的结束 IP 地址

配置完毕,单击"确认"按钮。

（四）NAT

当在专用网内部的一些主机本来已经分配到了本地 IP 地址（即仅在本专用网内使用的专用地址）,但现在又想和因特网上的主机通信（并不需要加密）时,可使用 NAT 方法（Network Address Translation,网络地址转换）。

这种方法需要在专用网连接到因特网的路由器上安装 NAT 软件。装有 NAT 软件的路由器称为 NAT 路由器,至少有一个有效的外部全球 IP 地址。这样,所有使用本地地址的主机在和外界通信时,都要在 NAT 路由器上将其本地地址转换成全球 IP 地址,才能和因特网连接。

NAT 分为 SNAT（源地址转换）和 DNAT（目的地址转换）。

• SNAT 是源地址转换,其作用是将 IP 数据包的源地址转换成另外一个地址,使专用内网 IP 伪装成一个全球 IP 地址,实现与因特网的互联。

• DNAT 是目的地址转换,作用是将一组本地内部的地址映射到一组全球地址,实现与因特网的互联。

1. 配置 SNAT

选择"策略管理 | NAT | SNAT",弹出界面如图 4-4-15 所示。

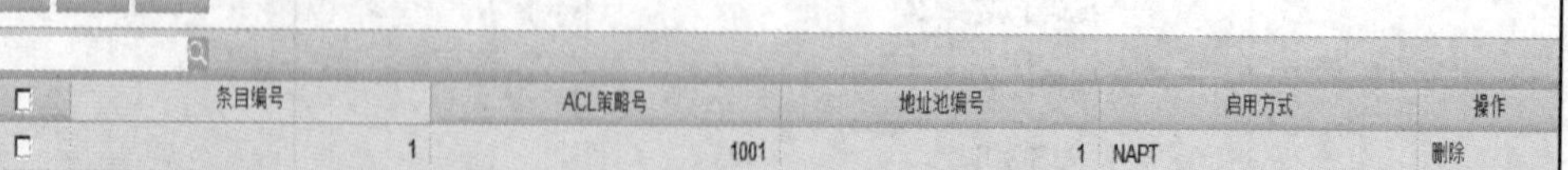

	新建　删除　刷新				
	条目编号	ACL策略号	地址池编号	启用方式	操作
□	1	1001	1	NAPT	删除

从1 到 1 条记录--总记录数为 1 条　　　首页 前一页 1 后一页 末页

图 4-4-15　SNAT 界面

单击"新建"按钮,弹出"SNAT 配置"对话框,如图 4-4-16 所示,其参数说明如表 4-4-8 所示。

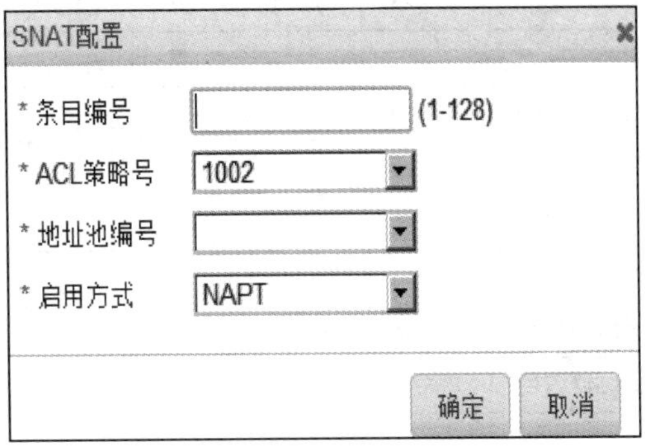

图 4-4-16　SNAT 配置

表 4-4-8　参　数　说　明

参 数 名 称	参 数 说 明
条目编号	取值范围为 1～128,用户自定义
ACL 策略号	包括 1002 和 1070 两种,默认值为 1002
地址池编号	对应"策略管理丨地址池丨地址池"中的设置
启用方式	包括 NAPT 和 NO-NAPT 两种,默认值为 NAPT

配置完毕,单击"确认"按钮。

2. 配置 DNAT

选择"策略管理丨NAT丨DNAT",弹出界面如图 4-4-17 所示。

图 4-4-17　DNAT 界面

单击"新建"按钮,弹出"DNAT 配置"对话框,如图 4-4-18 所示,其参数说明如表 4-4-9 所示。

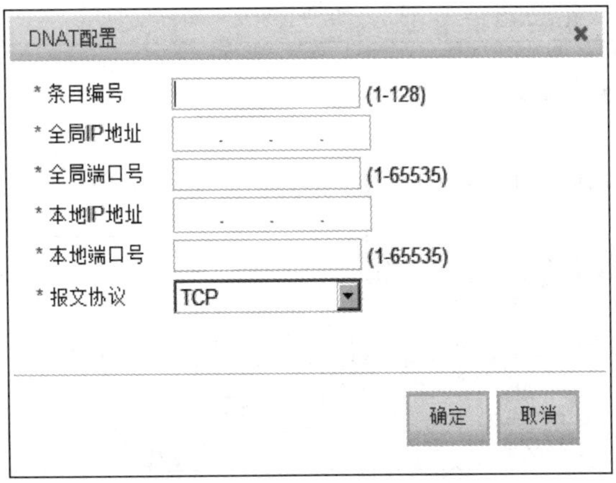

图 4-4-18　DNAT 配置

表 4-4-9　参数说明

参数名称	参数说明
条目编号	条目编号（取值范围 1～128）
全局 IP 地址	全局的 IP 地址
全局端口号	全局的端口号（取值范围 1～65 535）
本地 IP 地址	本地的 IP 地址
本地端口号	本地的端口号（取值范围 1～65 535）
报文协议	报文协议：TCP、UDP

配置完毕，单击"确认"按钮。

（五）ZONE

1. Zone 配置

选择"策略管理|ZONE|Zone 配置"，如图 4-4-19 所示。

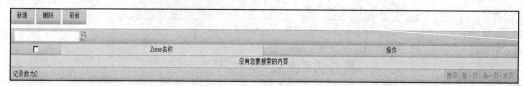

图 4-4-19　Zone 配置界面

单击"新建"按钮，弹出"ZONE 配置"对话框，如图 4-4-20 所示，其参数说明如表 4-4-10 所示。

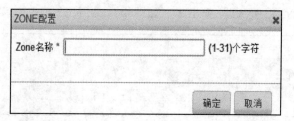

图 4-4-20　ZONE 配置

表 4-4-10　参数说明

参数名称	参数说明
Zone 名称	取值范围为 1～31 个字符，用户自定义

配置完毕，单击"确认"按钮。

2. 域间策略

选择"策略管理|ZONE|域间策略"，弹出界面如图 4-4-21 所示。

图 4-4-21　域间策略界面

单击"新建"按钮,弹出"域间策略配置"对话框,如图 4-4-22 所示,其参数说明如表 4-4-11 所示。

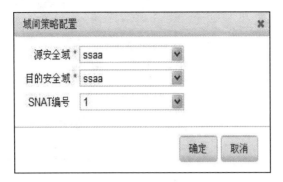

图 4-4-22　域间策略配置

表 4-4-11　参 数 说 明

参 数 名 称	参 数 说 明
源安全域	用户选择事先设置好的源安全域名称
目的安全域	用户选择事先设置好的目的安全域名称
SNAT 编号	SNAT 的编号

配置完毕,单击"确认"按钮。

任务小结

本任务是通过策略管理内容学习,同时参照参数说明等文件,学生能更深层次学习策略管理的内容,为后面的系统管理和告警管理等内容学习奠定良好的基础。

任务五　探究系统管理

任务描述

学习系统管理相关内容,包括账户管理、登录会话设置、OMC 接入配置、时间配置、SNTP 配置等,以及版本管理、License 管理、HTTPS 证书管理等。

通过本任务学习,学生能更深层次学习系统管理 OMC、版本管理的内容,为告警管理等打下坚实的基础。

任务目标

掌握系统管理相关内容,账户管理、登录会话设置,OMC 接入配置,时间配置,SNTP 配置等等,以及版本管理、License 管理、HTTPS 证书管理等。

一、学习系统管理的基础参数配置

1. 我的信息

选择"系统管理|账号管理|我的信息",弹出界面如图 4-5-1 所示,其部分参数说明如表 4-5-1 所示。

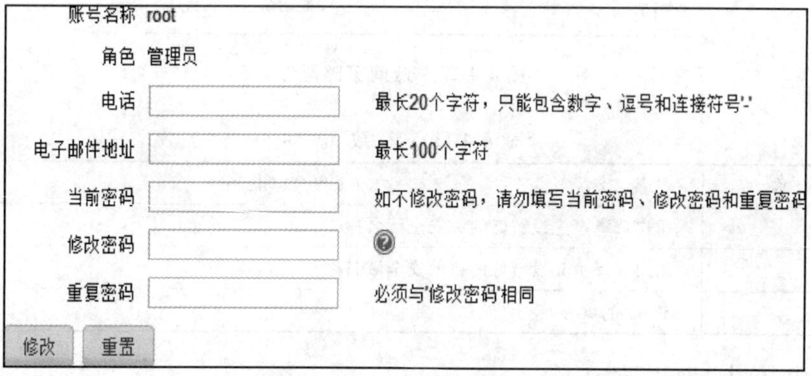

账号名称	root	
角色	管理员	
电话		最长20个字符,只能包含数字、逗号和连接符号'-'
电子邮件地址		最长100个字符
当前密码		如不修改密码,请勿填写当前密码、修改密码和重复密码
修改密码		❓
重复密码		必须与'修改密码'相同

修改　重置

图 4-5-1　我的信息

表 4-5-1　参 数 说 明

参 数 名 称	参 数 说 明
当前密码	需要修改密码时,填写当前密码;如不修改密码,请勿填写当前密码、修改密码和重复密码
修改密码	需要修改密码时,填写修改密码
重复密码	需要修改密码时,填写重复密码,重复密码必须与修改密码相同

管理"我的信息"方法如下:

单击"修改"按钮,修改我的信息。

单击"重置"按钮,重置当前输入的信息。

2. 账号创建和管理

选择"系统管理|账号管理|账号管理",弹出界面如图 4-5-2 所示。

刷新　创建账号					
账号名称	电话	电子邮件地址		角色	操作
root				管理员	修改
admin				操作员	修改 | 删除

图 4-5-2　账号管理

管理"我的账号"方法如下:

单击"刷新"按钮,刷新账号名称列表。

单击"创建账号"按钮,弹出"创建账号"对话框,如图 4-5-3 所示,其参数说明如表 4-5-2 所示。

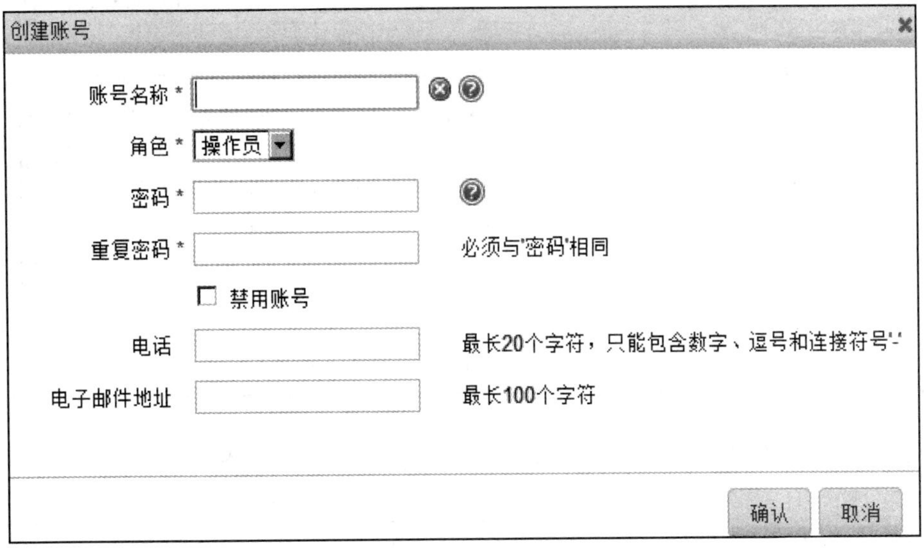

图 4-5-3　创建账号

表 4-5-2　参　数　说　明

参 数 名 称	参 数 说 明
账号名称	账号名称,不能重复,最多创建 10 个账号
角色	账号的角色,包括操作员和查看员
密码	填写账号名称对应的密码,不要求强密码时取值范围为 1～20,要求强密码时取值范围为 6～20
重复密码	重复填写密码
禁用账号	勾选禁用账号,停止使用该账号

单击"修改"按钮,修改本账号或低级别账号的相关信息。

单击"删除"按钮,删除本账号或低级别账号的相关信息。

3. 在线账号

选择"系统管理 | 账号管理 | 在线账号",弹出界面如图 4-5-4 所示。

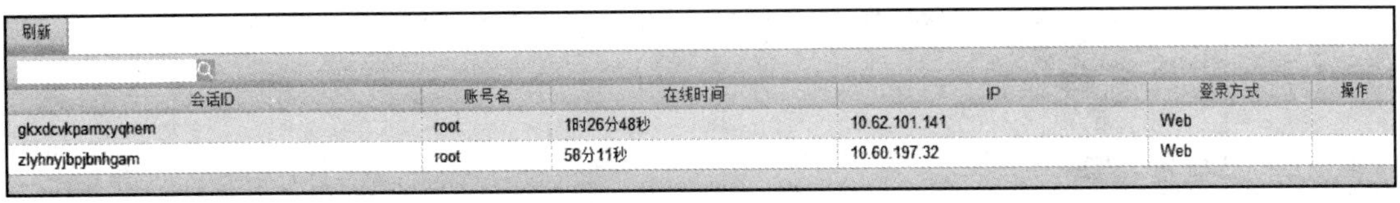

图 4-5-4　在线账号

4. 登录和会话设置

选择"系统管理 | 账号管理 | 登录和会话设置",设置最小密码长度、会话超时时间等,如图 4-5-5 所示,其参数说明如表 4-5-3 所示。

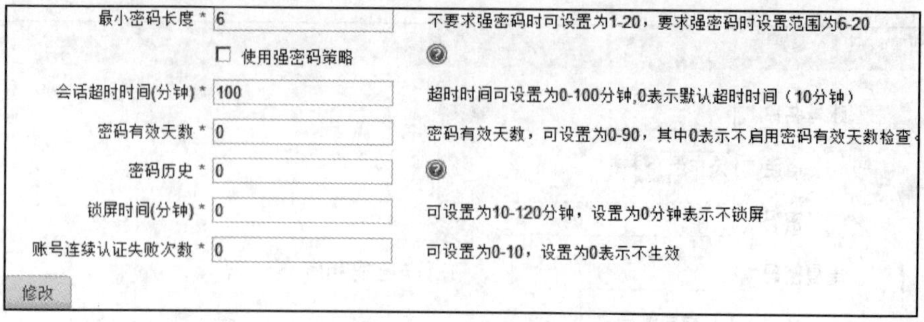

最小密码长度 *	6	不要求强密码时可设置为1-20,要求强密码时设置范围为6-20
☐ 使用强密码策略		
会话超时时间(分钟) *	100	超时时间可设置为0-100分钟,0表示默认超时时间（10分钟）
密码有效天数 *	0	密码有效天数,可设置为0-90,其中0表示不启用密码有效天数检查
密码历史 *	0	
锁屏时间(分钟) *	0	可设置为10-120分钟,设置为0分钟表示不锁屏
账号连续认证失败次数 *	0	可设置为0-10,设置为0表示不生效

修改

图 4-5-5　登录和会话设置

表 4-5-3　参 数 说 明

参 数 名 称	参 数 说 明
最小密码长度	不要求强密码时取值范围为 1 ~ 20,要求强密码时取值范围为 6 ~ 20
使用强密码策略	勾选使用强密码策略时,最小密码长度取值范围为 6 ~ 20
会话超时时间（分钟）	取值范围为 0 ~ 100 min,0 表示默认超时时间（10 分钟）
密码有效天数	密码有效天数,取值范围为 0 ~ 90,其中 0 表示不启用密码有效天数检查
密码历史	系统记录最近修改的密码次数,修改密码时不能与这些密码相同,取值范围为 0 ~ 20,0 表示该限制不生效
锁屏时间（分钟）	取值范围为 10 ~ 120 分钟,设置为 0 分钟表示不锁屏
账号连续认证 失败次数	取值范围为 0 ~ 10,设置为 0 表示不生效

配置完毕,单击“修改”按钮,弹出提示信息提示框,单击“确认”按钮。

二、了解系统管理相关参数配置等操作

1. 基本配置

选择“系统管理|设备管理|基本配置”,配置主机名和 OMC 网口信息,如图 4-5-6 所示,其参数说明如表 4-5-4 所示。

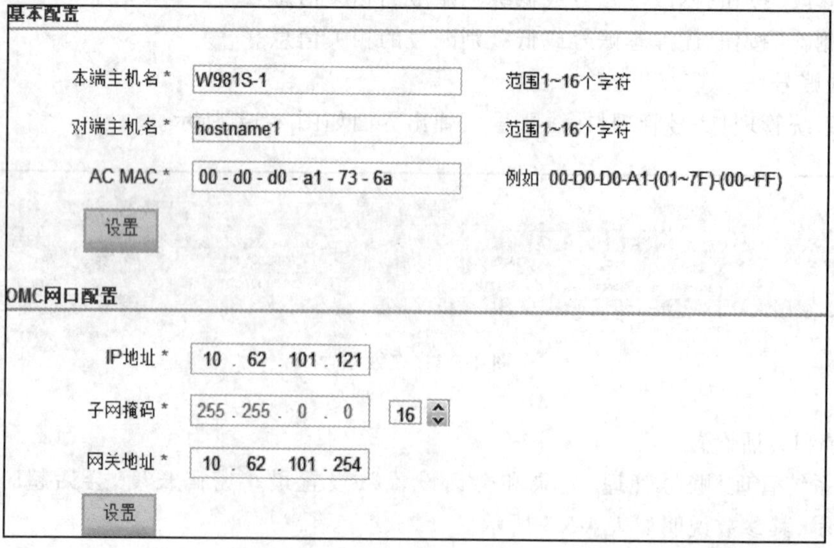

基本配置

本端主机名 *	W981S-1	范围1~16个字符
对端主机名 *	hostname1	范围1~16个字符
AC MAC *	00 - d0 - d0 - a1 - 73 - 6a	例如 00-D0-D0-A1-(01~7F)-(00~FF)

设置

OMC网口配置

IP地址 *	10 . 62 . 101 . 121	
子网掩码 *	255 . 255 . 0 . 0	16
网关地址 *	10 . 62 . 101 . 254	

设置

图 4-5-6　基本配置

表 4-5-4 参 数 说 明

参 数 名 称	参 数 说 明
本端主机名	主备切换的主机名称,取值范围为 1 ~ 16 个字符
对端主机名	主备切换的备机名称,取值范围为 1 ~ 16 个字符
AC MAC	主机 MAC 地址,取值范围为(00-D0-D0-A1-01-00)~(00-D0-D0-A1-7F-FF)
IP 地址	OMC 网口 IP 地址,可通过该 IP 地址登录设备
子网掩码	OMC 网口 IP 地址的子网掩码,取值范围为 0 ~ 32
网关地址	设置网关的 IP 地址

配置完毕,单击"设置"按钮,弹出提示信息提示框,单击"确认"按钮。

2. OMC 允许接入配置

选择"系统管理|设备管理|OMC 允许接入配置",弹出界面如图 4-5-7 所示。

图 4-5-7 OMC 允许接入配置

单击"新建"按钮,弹出"新建 OMC 允许接入配置信息"对话框,如图 4-5-8 所示,其参数说明如表 4-5-5 所示。

图 4-5-8 新建 OMC 允许接入配置信息

表 4-5-5 参 数 说 明

参 数 名 称	参 数 说 明
索引号	取值范围为 1 ~ 64,用户自定义
IP	允许连接到 OMC 口设备的 IP 地址,一般不做设置,即允许所有设备连接此 OMC 口
掩码	取值范围 0 ~ 32

续表

参 数 名 称	参 数 说 明
协议类型	包括 all、tcp、udp、icmp、igmp 和 sctp 六种，默认值为 all，通过协议来管理 AC ·all：兼容 tcp、udp、icmp、igmp、sctp 五种协议类型 ·tcp：传输控制协议，是一种面向连接的、可靠的、基于字节流的传输层通信协议 ·udp：用户数据报协议，是一种无连接的协议，在网络中与 TCP 协议一样，用于处理数据包 ·icmp：控制报文协议，是 TCP/IP 协议族的一个子协议，用于在 IP 主机、路由器之间传递控制消息。控制消息是指网络通不通、主机是否可达、路由是否可用等网络本身的消息。这些控制消息虽然并不传送用户数据，但是 对于用户数据的传递起着重要的作用 ·igmp：Internet 组管理协议称为 IGMP 协议，是因特网协议家族中的一个组播协议。该协议运行在主机和组播路由器之间 ·sctp：流控制传输协议，提供基于不可靠传输业务的协议之上的可靠的数据报传输协议。SCTP 的设计用于通过 IP 网传输 SCN（Signaling Communication Network，信令通信网）窄带信令消息
端口号	取值范围为 0 ~ 65 535，0 表示指定所有端口，tcp 和 udp 协议类型可以单独指定端口

配置完毕，单击"确定"按钮。

3. 时间配置

选择"系统管理|设备管理|时间配置"，配置日期、时间和时区，如图 4-5-9 所示，其参数说明如表 4-5-6 所示。

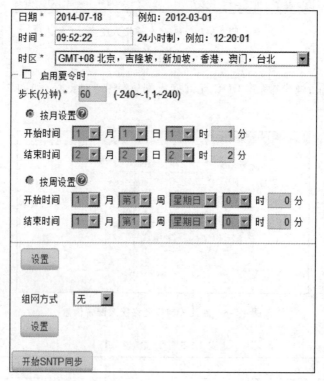

图 4-5-9　时间配置

表 4-5-6　参 数 说 明

参 数 名 称	参 数 说 明
日期	系统日期，格式如 2012-03-01

116

续表

参 数 名 称	参 数 说 明
时间	系统时间,24 小时制,格式如 12:20.01
时区	所在时区,根据实际情况选择
组网方式	取值范围:RPU、OMC 和无

组网方式选择 RPU,如图 4-5-10 所示,其参数说明如表 4-5-7 所示。

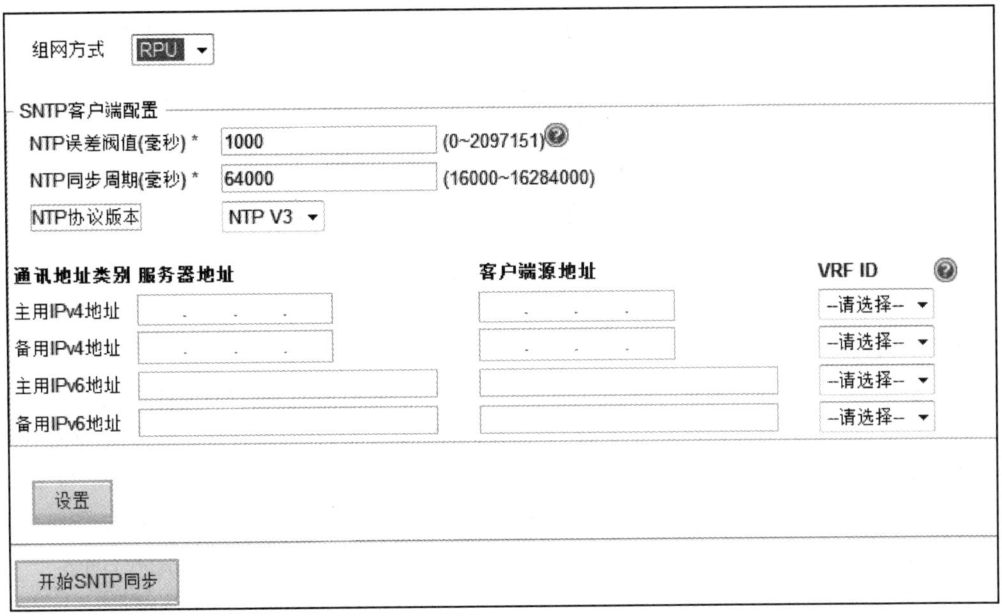

图 4-5-10　RPU 组网方式

表 4-5-7　参 数 说 明

参 数 名 称	参 数 说 明
NTP 误差阈值(毫秒)	设置 NTP 误差阈值,超过阈值将不会与服务器同步
NTP 同步周期(毫秒)	设置 NTP 同步周期,指时钟与服务器同步校准周期
主用 IPv4 地址	主用时钟同步的服务器 IPv4 地址
备用 IPv4 地址	备用时钟同步的服务器 IPv4 地址
主用 IPv6 地址	主用时钟同步的服务器 IPv6 地址
备用 IPv6 地址	备用时钟同步的服务器 IPv6 地址
客户端源地址	需要与服务器同步的设备的 IPv4/IPv6 地址
VRF ID	在"网络管理|VRI|VRF"中设置关联

配置完毕,单击"开始 SNTP 同步"按钮,弹出提示信息提示框,单击"确定"按钮,开始同步时钟组网方式,选择 OMC,如图 4-5-11 所示,其参数说明如表 4-5-8 所示。

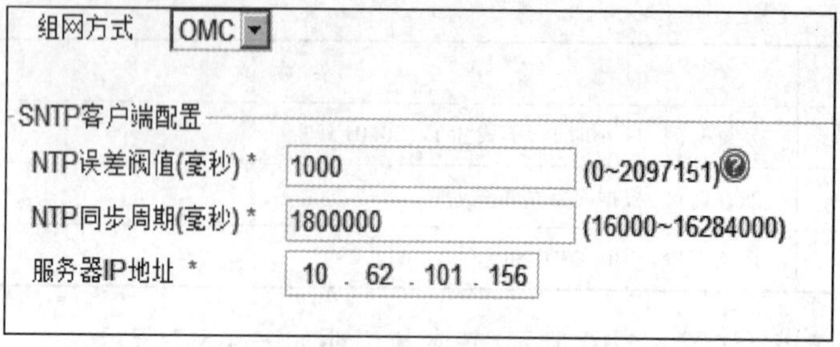

图 4-5-11　OMC 组网方式

表 4-5-8　参 数 说 明

参 数 名 称	参 数 说 明
NTP 误差阈值（毫秒）	设置 NTP 误差阈值,超过阈值将不会与服务器同步
NTP 同步周期（毫秒）	设置 NTP 同步周期,指时钟与服务器同步校准周期
服务器 IP 地址	同步时钟的服务器 IP 地址

　　配置完毕,单击"开始 SNTP 同步"按钮,弹出提示信息提示框,单击"确定"按钮,开始同步时钟配置,完毕后,单击"设置"按钮,弹出提示信息提示框,单击"确认"按钮。

　　4. SNTP 概述

　　NTP（网络时间协议）是一种在网络计算机上同步计算机时间的协议,具有高度的精确性（能精确到几十毫秒）,但是算法非常复杂。实际上,在很多应用场景中,并不需要这么高的精确度,通常只要达到秒级的精确度就足够了。于是,在 NTP 的基础上推出了 SNTP（Simple Network Time Protocol,简单网络时间协议）。SNTP 大大简化了 NTP 协议,同时也能保证时间达到一定的精确度。在实际应用中,SNTP 协议主要被用来同步因特网上计算机的时间。

　　工作原理:SNTP 协议采用客户端/服务器的工作方式,可以采用单播（点对点）或者广播（一点对多点）模式操作。SNTP 服务器通过接收 GPS 信号或自带的原子钟作为系统的时间基准。单播模式下,SNTP 客户端能够通过定期访问 SNTP 服务器获得准确的时间信息,用于调整客户端自身所在系统的时间,达到同步时间的目的。广播模式下,SNTP 服务器周期性地发送消息给指定的 IP 广播地址或者 IP 多播地址。SNTP 客户端通过监听这些地址来获得时间信息,网络中一般存在很多台 SNTP 服务器,客户端会通过一定的算法选择最好的几台服务器使用。如果一台 SNTP 服务器在工作过程中失去了外部时间源,此时 SNTP 服务器会告诉 SNTP 客户端"我失去了外部时间"。当 SNTP 客户端收到这个信息时,就会丢弃发生故障的 SNTP 服务器发给自己的时间信息,SNTP 客户端重新选择其他的 SNTP 服务器。

　　5. SNTP 服务器配置

　　选择"系统管理|设备管理|SNTP 服务器配置",配置 SNTP 服务器,如图 4-5-12 所示,其参数说明如表 4-5-9 所示。

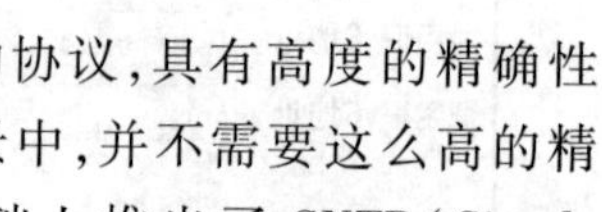

图 4-5-12　SNTP 服务器配置

表 4-5-9　参 数 说 明

参 数 名 称	参 数 说 明
打开服务器	打开服务器,同步时间
关闭服务器	关闭服务器,不同步时间

根据需要打开/关闭服务器,单击"设置"按钮,弹出提示信息提示框,单击"确认"按钮。

三、理解系统管理的 HA 通道配置等

(一)HA 通道概述

AC1 和 AC2 热备之间是由 HA 通道连接。处于主用状态的设备实时地将业务动态数据通过 HA 通道同步到处于备用地位的设备上,当主用发生故障时,迅速将业务处理切换到备用设备上。AC1 和 AC2 间的主备竞选是通过 VRRP(虚拟路由冗余协议)协议实现的,AC1 的端口和 AC2 的端口加入 USG 组,每个设备上的 USG 组的优先级、端口个数、宽带等因素决定储备选举的结果。

1. HA 通道

选择"系统管理|HA|HA 通道",配置 HA 通道,如图 4-5-13 所示,其参数说明如表 4-5-10 所示。

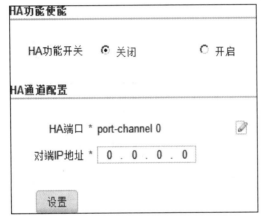

图 4-5-13 HA 通道

表 4-5-10 参 数 说 明

参 数 名 称	参 数 说 明
HA 功能开关	开启/关闭 HA 功能
HA 端口	指定某个聚合口为 HA 端口,聚合口在"网络管理|接口|接口"中配置
对端 IP 地址	主备设备中对端设备的 IP 地址

配置完毕,单击"设置"按钮,弹出提示信息提示框,单击"确认"按钮。

2. HA 统一状态管理组

选择"系统管理|HA|HA 统一状态管理组",弹出界面如图 4-5-14 所示。

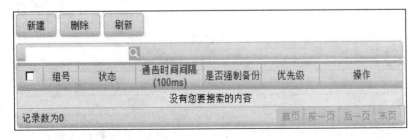

图 4-5-14 HA 统一状态管理组

单击"新建"按钮,弹出"配置"对话框,如图 4-5-15 所示,其参数说明如表 4-5-11 所示。

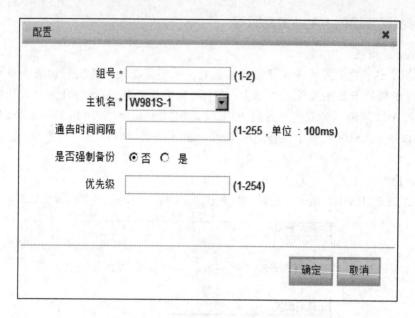

图 4-5-15　配置

表 4-5-11　参 数 说 明

参 数 名 称	参 数 说 明
组号	取值范围为 1～2
主机名	主机名称
通告时间间隔	通告主备设备各自信息的时间间隔,取值范围为 1～255,单位为 100 ms
是否强制备份	选择是否强制备份
优先级	取值范围为 1～254,数值越小,优先级越高

配置完毕,单击"确定"按钮。

3. HA 备份组

选择"系统管理|HA|HA 备份组",弹出界面如图 4-5-16 所示。

图 4-5-16　HA 备份组

单击"新建"按钮,弹出"配置"对话框,如图 4-5-17 所示,其参数说明如表 4-5-12 所示。

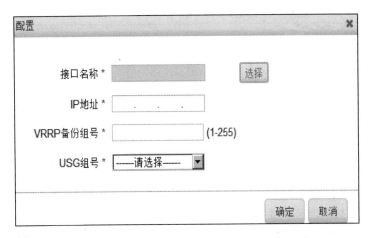

图 4-5-17　配置

表 4-5-12　参 数 说 明

参 数 名 称	参 数 说 明
接口名称	设置一个备机的接口
IP 地址	备机的 IP 地址
VRRP 备份组号	备份路由组号,取值范围为 1 ~ 255
USG 组号	单机选 0,主备选 1

配置完毕,单击"确定"按钮。

4. VRRP BFD

选择"系统管理 | HA | VRRP BFD",弹出界面如图 4-5-18 所示。

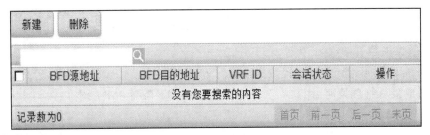

图 4-5-18　VRRP BFD

单击"新建"按钮,弹出"配置"对话框,如图 4-5-19 所示,其参数说明如表 4-5-13 所示。

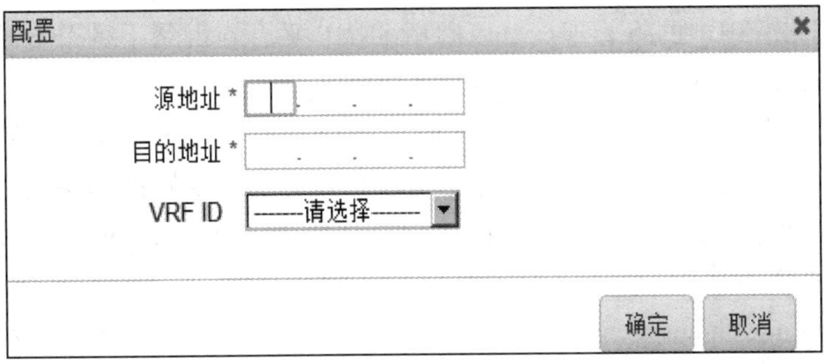

图 4-5-19　配置

表 4-5-13　参 数 说 明

参 数 名 称	参 数 说 明
源地址	本端实用 IP 地址
目的地址	对端接口的 IP 地址
VRF ID	在"网络管理|VRI|VRF"中关联设置

配置完毕,单击"确定"按钮。

(二)配置维护

1. 配置与维护

选择"系统管理\|配置维护\|配置与维护",配置主备设备数据同步权限和数据操作,如图 4-5-20 所示,其参数说明如表 4-5-14 所示。

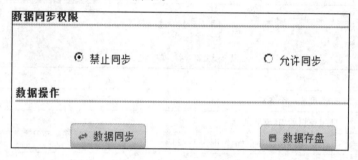

图 4-5-20　配置与维护

表 4-5-14　参 数 说 明

参 数 名 称	参 数 说 明
数据同步权限	用户自定义设备是否有数据同步的权限
数据操作	允许同步权限的设备,可以执行数据同步或者数据存盘操作

2. 配置数据下载

选择"系统管理\|配置维护\|配置数据下载",单击"导出"按钮,导出业务配置数据(包括服务器配置、用户接入管理策略、用户安全策略、AP 信息、AP 配置、AP 版本)。

(三)SNMP 概述

SNMP(Simple Network Management Protocol,简单网络管理协议)是网络中管理设备和被管理设备之间的通信规则,SNMP 定义了一系列消息。方法和语法,用于实现管理设备对被管理设备的访问和管理。SNMP 具有以下优势:

(1)自动化网络管理。网络管理员可以利用 SNMP 平台在网络上的节点检索信息、修改信息、发现故障、完成故障诊断、进行容量规划和生成报告。

(2)屏蔽不同设备的物理差异,实现对不同厂商产品的自动化管理。SNMP 只提供最基本的功能集,使得管理任务分别与被管设备的物理特性和下层的联网技术相对独立,从而实现对不同厂商设备的管理,特别适合在小型、快速和低成本的环境中使用。SNMP 网络元素分为 NMS 和 Agent 两种。

(3)NMS(Network Management Station,网络管理站)是运行 SNMP 客户端程序的工作站,能够提供非常友好的人机交互界面,方便网络管理员完成绝大多数的网络管理工作。

Agent 是驻留在设备上的一个进程,负责接收、处理来自 NMS 的请求报文。在一些紧急情况下,如接口状态发生改变等,Agent 也会主动通知 NMS。

NMS 是 SNMP 网络的管理者,Agent 是 SNMP 网络的被管理者。NMS 和 Agent 之间通过 SNMP 协议来交互管理信息。

SNMP 提供以下四种基本操作:

● Get 操作:NMS 使用该操作查询 Agent 的某个变量的值。

● Set 操作:NMS 使用该操作重新设置在 Agent 数据库(Management Information Base,MIB)中的一个或多个对象的值。

● Trap 操作:Agent 使用该操作向 NMS 发送异常报警信息。

● Inform 操作:NMS 使用该操作向其他 NMS 发送异常报警信息。

(四)SNMP 配置

选择"系统管理|SNMP|SNMP 配置",配置 SNMP,如图 4-5-21 所示,其参数说明如表 4-5-15 所示。

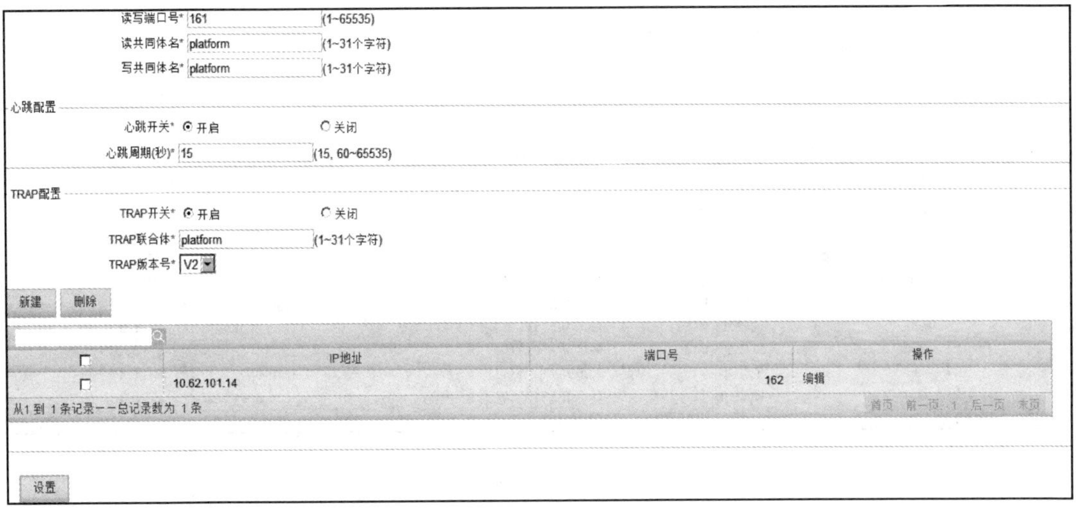

图 4-5-21　SNMP 配置

表 4-5-15　参　数　说　明

参　数　名　称	参　数　说　明
读写端口号	取值范围为 1 ~ 65 535,用户自定义
读共同体名	取值范围为 1 ~ 31 个字符,在 CLI 中查询,由初始配置人员定义
写共同体名	取值范围为 1 ~ 31 个字符,在 CLI 中查询,由初始配置人员定义
心跳开关	开启/关闭心跳开关
心跳周期(秒)	取值范围为 15 60 ~ 65 535,单位为 s,规定管理设备和被管理设备之间的通信间隔,以确保设备正常工作
TRAP 开关	开启/关闭 TRAP 开关
TRAP 联合体	取值范围为 1 ~ 31 个字符,在 CLI 中查询,由初始配置人员定义
TRAP 版本号	包括 V1 和 V2 版本
服务器 IP	SNMP 服务器 IP 地址
服务器端口号	SNMP 服务器端口号,取值范围为 1 ~ 65 535

配置完毕,单击"设置"按钮,弹出提示信息提示框,单击"确认"按钮。

(五)CLI 概述

CLI(Command Line Interface,命令行界面)在命令行下输入命令,执行想要的操作。

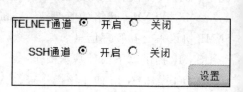

图 4-5-22　CLI 配置

CLI 配置方法如下:

选择"系统管理|CLI 配置|CLI 配置",配置 CLI,如图 4-5-22 所示。

配置完毕,单击"设置"按钮,弹出提示信息提示框,单击"确认"按钮。

(六)日志管理

1. 登录日志

选择"系统管理|日志管理|登录日志",查询登录日志,如图 4-5-23 所示。

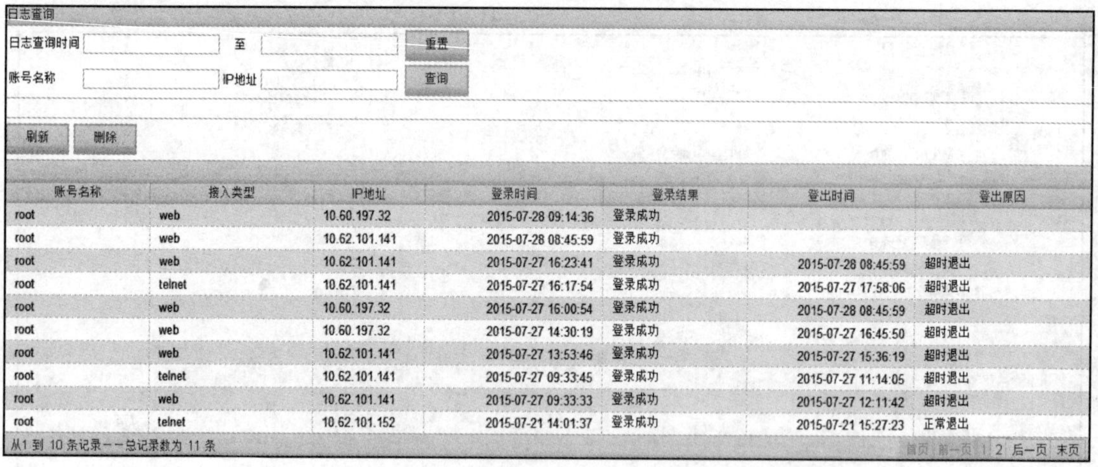

日志查询						
日志查询时间		至		重置		
账号名称		IP地址		查询		

刷新	删除					
账号名称	接入类型	IP地址	登录时间	登录结果	登出时间	登出原因
root	web	10.60.197.32	2015-07-28 09:14:36	登录成功		
root	web	10.62.101.141	2015-07-28 08:45:59	登录成功		
root	web	10.62.101.141	2015-07-27 16:23:41	登录成功	2015-07-28 08:45:59	超时退出
root	telnet	10.62.101.141	2015-07-27 16:17:54	登录成功	2015-07-27 17:58:06	超时退出
root	web	10.60.197.32	2015-07-27 16:00:54	登录成功	2015-07-28 08:45:59	超时退出
root	web	10.60.197.32	2015-07-27 14:30:19	登录成功	2015-07-27 16:45:50	超时退出
root	web	10.62.101.141	2015-07-27 13:53:46	登录成功	2015-07-27 15:36:19	超时退出
root	telnet	10.62.101.141	2015-07-27 09:33:45	登录成功	2015-07-27 11:14:05	超时退出
root	web	10.62.101.141	2015-07-27 09:33:33	登录成功	2015-07-27 12:11:42	超时退出
root	telnet	10.62.101.152	2015-07-21 14:01:37	登录成功	2015-07-21 15:27:23	正常退出

从1到10条记录--总记录数为11条　　　　　　　　　　　　　　首页 前一页 1 2 后一页 末页

图 4-5-23　登录日志

单击"日志查询时间"后的输入框,在弹出的对话框中选择查询时间,如图 4-5-24 所示。

图 4-5-24　日志查询时间

输入查询的账号名称和 IP 地址,单击"查询"按钮,下方显示查询的记录,如图 4-5-25 所示。

图 4-5-25 查询登录日志

单击"重置"按钮,可重置输入的查询信息。

单击"刷新"按钮,刷新列表中的记录信息。

2. 操作日志

选择"系统管理|日志管理|操作日志",查询操作日志,如图 4-5-26 所示。

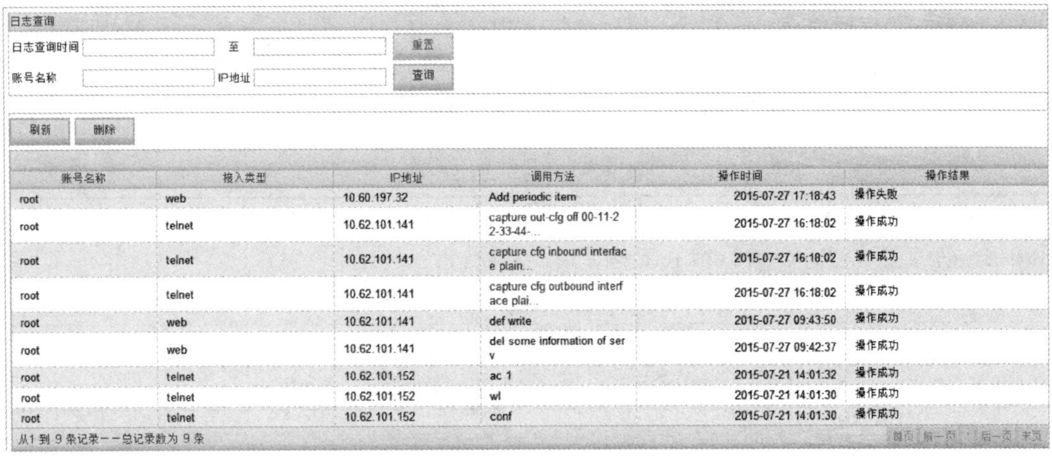

图 4-5-26 操作日志

选择 OMP 或者 CMM,单击"日志查询时间"后的输入框,在弹出的对话框中选择查询时间。

输入查询的账号名称和 IP 地址,单击"查询"按钮,下方显示查询的记录,如图 4-5-27 所示。

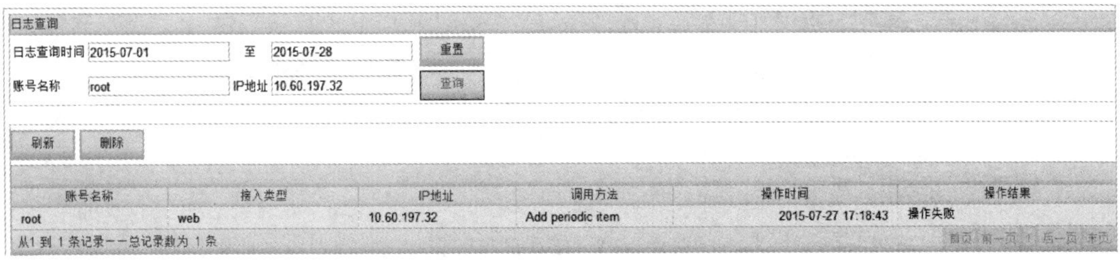

图 4-5-27 查询操作日志

单击"重置"按钮,可重置输入的查询信息。

单击"刷新"按钮,刷新列表中的记录信息。

3. 应用日志

选择"系统管理|日志管理|应用日志",配置 CDT 日志和系统日志,如图 4-5-28 所示,其参数说明如表 4-5-16 所示。

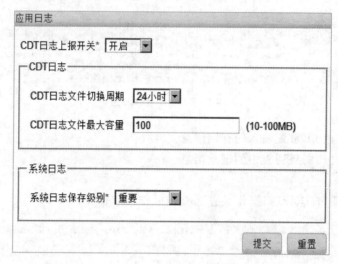

图 4-5-28　应用日志

表 4-5-16　参 数 说 明

参 数 名 称	参 数 说 明
CDT 日志上报开关	开关/关闭 CDT 日志上报开关
CDT 日志文件切换周期	包括 15 分钟、30 分钟、1 小时和 24 小时四种,由用户自定义 CDT 日志切换周期
CDT 日志文件最大容量	取值范围为 10～100,单位为 MB,由用户自定义 CDT 日志文件容量
系统日志保存级别	包括紧急、重要、出错、警告、普通但重要、通知性和调试级七种

配置完毕,单击"提交"按钮,弹出提示信息提示框,单击"确认"按钮。

4. 账号日志配置

选择"系统管理→日志管理→账号日志配置",配置账号日志,如图 4-5-29 所示,其参数说明如表 4-5-17 所示。

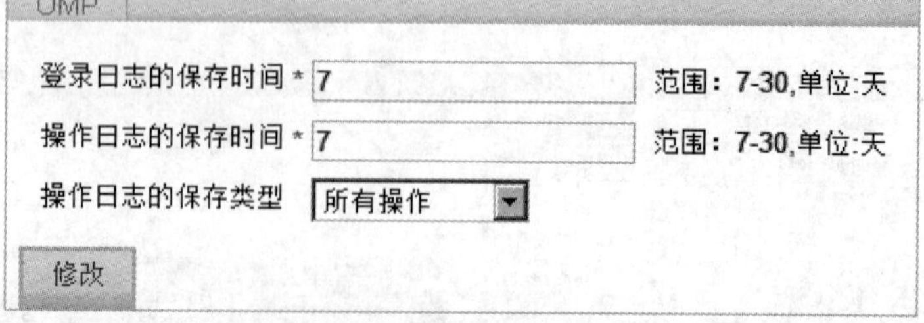

图 4-5-29　账号日志配置

表 4-5-17 参 数 说 明

参 数 名 称	参 数 说 明
登录日志的保存时间	取值范围为 7~30,单位为天,由用户自定义
操作日志的保存时间	取值范围为 7~30,单位为天,由用户自定义
操作日志的保存类型	包括所有操作和非查询类操作两种,由用户自定义

配置完毕,单击"修改"按钮,弹出提示信息提示框,单击"确认"按钮。

5. 系统日志配置

选择"系统管理 | 日志管理 | 系统日志配置",弹出界面如图 4-5-30 所示,其参数说明如表 4-5-18 所示。

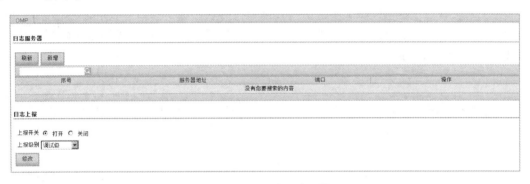

图 4-5-30 系统日志配置

表 4-5-18 参 数 说 明

参 数 名 称	参 数 说 明
上报开关	打开/关闭上报开关
上报级别	包括最紧急、紧急、重要、出错、警告、普通但重要、通知性和调试级八种

单击"新增"按钮,弹出"创建日志服务器"对话框,创建日志服务器,如图 4-5-31 所示,其参数说明如表 4-5-19 所示。

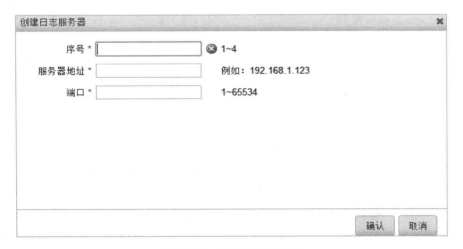

图 4-5-31 创建日志服务器

表 4-5-19　参 数 说 明

参 数 名 称	参 数 说 明
序号	取值范围为 1～4，由用户自定义
服务器地址	日志服务器的 IP 地址
端口	日志服务器的端口号，取值范围为 1～65 534，由用户自定义

创建完毕，单击"确认"按钮。

配置完毕，单击"修改"按钮，弹出提示信息提示框，单击"确认"按钮。

（七）版本管理

1. 版本信息

选择"系统管理|版本管理|版本信息"，查询单板的软件版本和固件版本信息。单击"请选择菜单槽位号"右侧的下拉按钮，选择槽位号，单击"查询"按钮，返回单板的软件版本和固件版本信息，如图 4-5-32 所示。

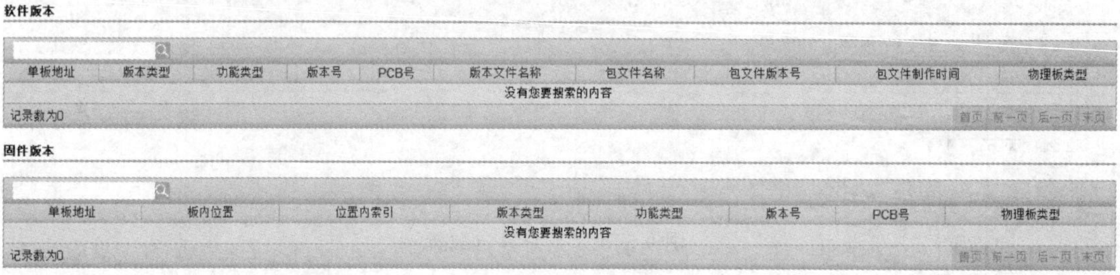

图 4-5-32　版本信息

2. 版本更新

选择"系统管理|版本管理|版本更新"，更新版本信息，如图 4-5-33 所示。

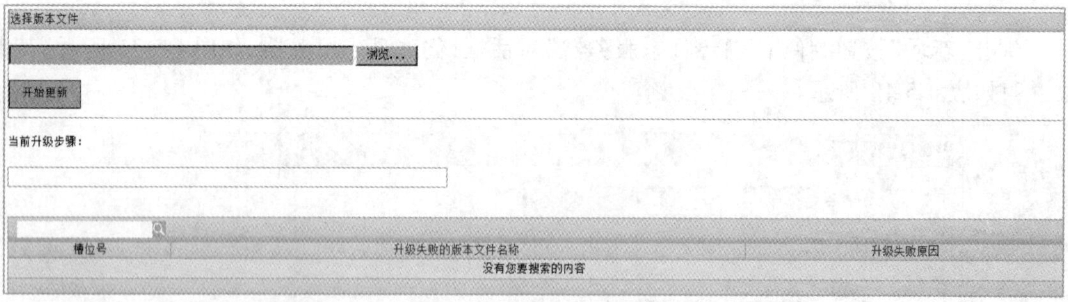

图 4-5-33　版本更新

单击"浏览"按钮，在弹出的对话框中选择版本文件，单击"打开"按钮。

单击"开始更新"按钮，更新版本信息，下方显示当前升级步骤进度条。

3. 版本本地更新

选择"系统管理|版本管理|版本本地更新"，本地更新版本信息，如图 4-5-34 所示。

在选择版本文件区域框中选择版本文件。

单击"版本更新"按钮，更新版本信息，下方显示当前升级步骤进度条。

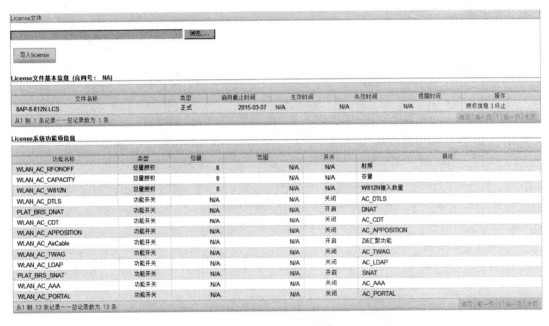

图 4-5-34　版本本地更新

（八）License 管理

选择"系统管理 | License 管理 | License 信息"，弹出界面如图 4-5-35 所示，其参数说明如表 4-5-20 所示。

功能名称	类型	总量	范围	开关	描述
WLAN_AC_RFONOFF	总量授权	8	N/A	N/A	射频
WLAN_AC_CAPACITY	总量授权	8	N/A	N/A	容量
WLAN_AC_W812N	总量授权	8	N/A	N/A	W812N接入数量
WLAN_AC_DTLS	功能开关	N/A	N/A	关闭	AC_DTLS
PLAT_BRS_DNAT	功能开关	N/A	N/A	开启	DNAT
WLAN_AC_CDT	功能开关	N/A	N/A	关闭	AC_CDT
WLAN_AC_APPOSITION	功能开关	N/A	N/A	关闭	AC_APPOSITION
WLAN_AC_AirCable	功能开关	N/A	N/A	开启	Z汇聚功能
WLAN_AC_TWAG	功能开关	N/A	N/A	关闭	AC_TWAG
WLAN_AC_LDAP	功能开关	N/A	N/A	关闭	AC_LDAP
PLAT_BRS_SNAT	功能开关	N/A	N/A	开启	SNAT
WLAN_AC_AAA	功能开关	N/A	N/A	关闭	AC_AAA
WLAN_AC_PORTAL	功能开关	N/A	N/A	关闭	AC_PORTAL

图 4-5-35　License 信息

单击"浏览"按钮，在弹出的对话框中选择 License 文件，单击"打开"按钮。

单击"导入 License"按钮，导入 License 文件，导入成功，下方显示 License 文件基本信息和 License 系统功能项信息。

表 4-5-20　参 数 说 明

参 数 名 称	参 数 说 明
WLAN_AC_RFON OFF	射频开关
WLAN_AC_CAPAC ITY	容量大小
PLAT_BRS_DNAT	地址转换控制

参 数 名 称	参 数 说 明
WLAN_AC_AirCable	zifi 汇聚功能
PLAT_BRS_SNAT	源地址转换控制
WLAN_AC_DTLS	
WLAN_AC_CDT	
WLAN_AC_APPOSI TION	
WLAN_AC_TWAG	参数为关闭状态,为扩展功能
WLAN_AC_LDAP	
WLAN_AC_AAA	
WLAN_AC_POR TAL	

（九）HTTPS 证书管理

1. 证书信息

选择"系统管理|Https 证书管理|证书信息",管理证书信息,如图 4-5-36 所示。

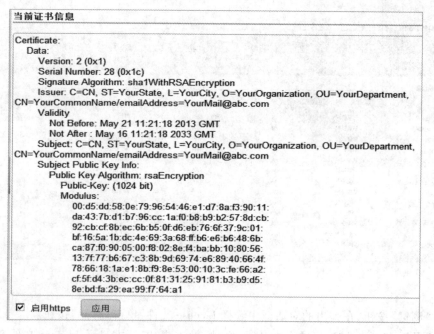

图 4-5-36　证书信息

勾选"启用 https"复选框,单击"应用"按钮,启用 https 功能,默认开启状态,由厂商自行设置完毕。

2. 生成证书

选择"系统管理|Https 证书管理|生成证书",生成证书,如图 4-5-37 所示,其参数说明如表 4-5-21 所示。

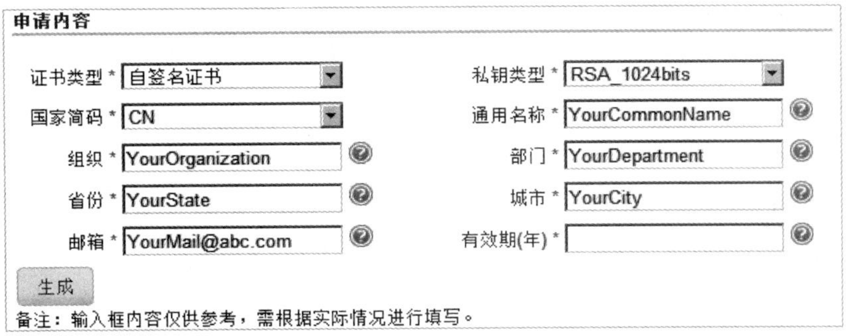

图 4-5-37　生成证书

表 4-5-21　参 数 说 明

参 数 名 称	参 数 说 明
证书类型	取值范围为自签名证书和证书签名请求
私钥类型	取值范围为 RSA_1 024 bits 和 RSA_2 048 bits
国家简码	取值范围为 CN 和 EN
通用名称	用户自定义,根据实际情况进行填写
组织	用户自定义,根据实际情况进行填写
部门	用户自定义,根据实际情况进行填写
省份	用户自定义,根据实际情况进行填写
城市	用户自定义,根据实际情况进行填写
邮箱	用户自定义,根据实际情况进行填写
有效期(年)	根据实际情况进行填写有效期,单位为年

填写完毕,单击"生成"按钮生成证书。

3. 导入证书

选择"系统管理|Https 证书管理|导入证书",导入证书,如图 4-5-38 所示。

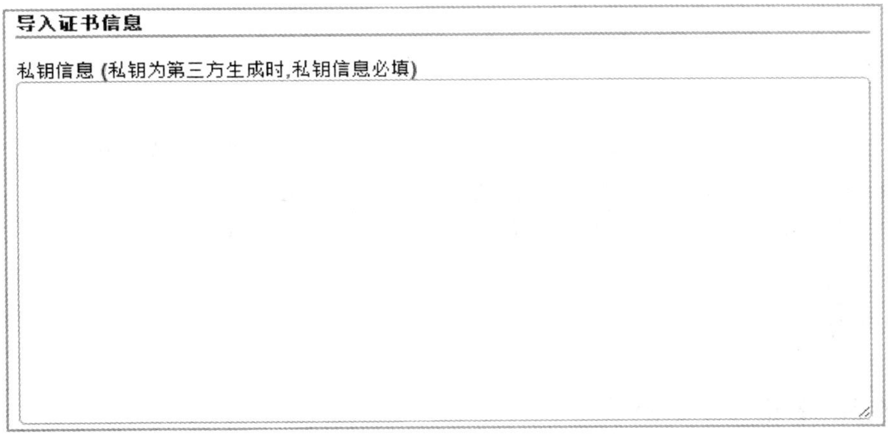

图 4-5-38　导入证书

图 4-5-38 导入证书(续)

填写私钥信息和证书信息,单击"应用"按钮,导入证书。

任务小结

本任务通过学习系统管理相关内容,包括账户管理、登录会话设置,OMC 接入配置,时间配置,SNTP 配置等,以及版本管理、License 管理、HTTPS 证书管理,为告警管理等打下坚实的基础。

任务六 掌握告警管理

任务描述

主要对告警管理进行学习,掌握告警的管理、历史告警的查询、通知性能统计等;通过本任务的学习,学生应掌握一天内历史告警查询统计、一天内通知查询统计及维护等,提高 AC、AP 维护及故障处理能力、故障定位及分析处理能力。

任务目标

- 对告警管理进行学习,掌握告警的管理、历史告警的查询、通知性能统计等。
- 掌握一天内历史告警查询统计、一天内通知查询统计及维护等。
- 不断提高 AC、AP 维护及故障处理能力,故障定位及分析处理能力。

任务实施

一、学习告警管理基本操作

1. 当前告警

选择"告警管理|告警管理|当前告警",查询当前告警信息,如图 4-6-1 所示。

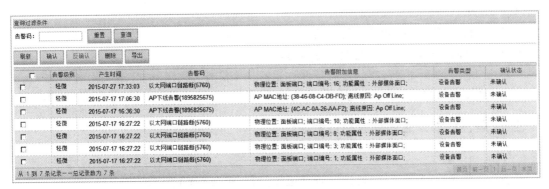

图 4-6-1 当前告警

在查询过滤条件区域框中,输入告警码和(或)告警位置,单击"查询"按钮,下方列表显示查询的告警信息,如图 4-6-2 所示。

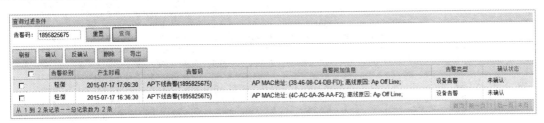

图 4-6-2 查询过滤条件

- 单击"重置"按钮,重置过滤条件。
- 单击"刷新"按钮,刷新告警列表信息。
- 单击"确认"按钮,确认告警信息。
- 单击"删除"按钮,删除所选的告警信息。
- 单击"导出"按钮,导出全部当前告警信息。

2. 历史告警

选择"告警管理|告警管理|历史告警",查询历史告警信息,如图 4-6-3 所示。

图 4-6-3 历史告警

- 在"指定条件"区域框中设置产生时间,单击"查询"按钮查询历史告警信息。

- 单击"重置"按钮,重置过滤条件。
- 单击"刷新"按钮,刷新告警列表信息。
- 单击"删除"按钮,删除所选的告警信息。
- 单击"条件删除"按钮,删除过滤条件过滤的告警信息。
- 单击"导出"按钮,导出全部历史告警信息。

二、了解告警管理通知等信息查询导出

(一)通知

选择"告警管理|告警管理|通知",查询通知信息,如图4-6-4所示。

	告警级别	产生时间	告警码	告警附加信息	告警类型
☐	轻微	2015-07-28 10:52:04	终端下线通告(1895858196)	AP MAC地址:(4A-46-08-C9-95-AB); STA MAC地址:(5C-8D-4E-55-B2-AB...	设备告警
☐	轻微	2015-07-28 10:51:39	终端上线通告(1895858195)	AP MAC地址:(38-46-08-C9-95-AB); STA MAC地址:(5C-8D-4E-55-B2-AB...	设备告警
☐	轻微	2015-07-28 10:51:38	终端下线通告(1895858196)	AP MAC地址:(5A-46-08-C9-95-AB); STA MAC地址:(5C-8D-4E-55-B2-AB...	设备告警
☐	轻微	2015-07-28 10:51:31	终端上线通告(1895858195)	AP MAC地址:(38-46-08-C9-95-AB); STA MAC地址:(5C-8D-4E-55-B2-AB...	设备告警
☐	轻微	2015-07-28 10:51:30	终端下线通告(1895858196)	AP MAC地址:(5A-46-08-C9-95-AB); STA MAC地址:(5C-8D-4E-55-B2-AB...	设备告警
☐	轻微	2015-07-28 09:08:46	终端下线通告(1895858195)	AP MAC地址:(38-46-08-C9-95-AB); STA MAC地址:(5C-8D-4E-55-B2-AB...	设备告警
☐	轻微	2015-07-27 17:46:21	终端下线通告(1895858196)	AP MAC地址:(38-46-08-C9-95-AB); STA MAC地址:(18-F4-6A-93-6F-51...	设备告警
☐	轻微	2015-07-27 17:46:21	终端下线通告(1895858196)	AP MAC地址:(5A-46-08-C9-95-AB); STA MAC地址:(18-F4-6A-93-6F-51...	设备告警
☐	轻微	2015-07-27 17:40:19	终端上线通告(1895858195)	AP MAC地址:(38-46-08-C9-95-AB); STA MAC地址:(18-F4-6A-93-6F-51...	设备告警
☐	轻微	2015-07-27 17:40:12	终端上线通告(1895858195)	AP MAC地址:(38-46-08-C9-95-AB); STA MAC地址:(18-F4-6A-93-6F-51...	设备告警
☐	轻微	2015-07-27 17:40:12	终端下线通告(1895858196)	AP MAC地址:(5A-46-08-C9-95-AB); STA MAC地址:(18-F4-6A-93-6F-51...	设备告警

图4-6-4　通知信息

在"指定条件"区域框中设置产生时间,单击"查询"按钮查询通知信息。

单击"重置"按钮,重置过滤条件。

单击"刷新"按钮,刷新通知列表信息。

单击"删除"按钮,删除所选的通知信息。

单击"条件删除"按钮,删除过滤条件过滤的通知信息。

单击"导出"按钮,导出全部通知信息。

1. 一天内历史告警

选择"告警管理|告警管理|一天内历史告警",查询一天内历史告警。

单击"刷新"按钮,刷新告警列表信息。

单击"导出"按钮,导出全部一天内历史告警信息。

2. 一天内通知

选择"告警管理|告警管理|一天内通知",查询一天内通知。

单击"刷新"按钮,刷新通知列表信息。

单击"导出"按钮,导出全部一天内通知信息。

(二)操作管理

1. 历史记录保存天数

选择"告警管理|操作管理|历史记录保存天数",设置历史
记录保存天数,如图4-6-5所示,其参数说明如表4-6-1所示。

图4-6-5　历史记录保存天数

表 4-6-1 参 数 说 明

参 数 名 称	参 数 说 明
保存天数	历史记录保存天数,取值范围为 0 ~ 999,缺省值为 15,单位为天

配置完毕,单击"设置"按钮,弹出提示信息提示框,单击"确认"按钮。

2. 告警邮箱

选择"告警管理|操作管理|告警邮箱",配置告警邮箱,如图 4-6-6 所示,其参数说明如表 4-6-2 所示。

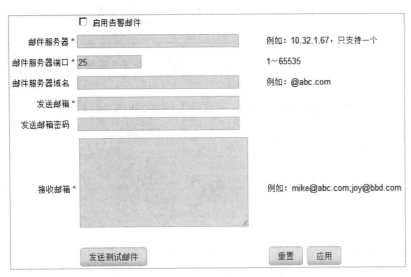

图 4-6-6 告警邮箱

表 4-6-2 参 数 说 明

参 数 名 称	参 数 说 明
启用告警邮件	勾选启用告警邮件,不勾选表示不启用该功能
邮件服务器	配置邮件服务器地址,只支持一个
邮件服务器端口号	取值范围为 1 ~ 65 535,默认值为 25
邮件服务器域名	填写邮件服务器的域名
发送邮箱	填写发送邮箱地址
发送邮箱密码	填写发送邮箱的密码
接收邮箱	填写接收邮箱地址

配置完毕,单击"应用"按钮,弹出"修改确认"对话框,单击"确定"按钮。单击"发送测试邮件"按钮,测试配置是否正确。

3. 邮件发送规则

选择"告警管理|操作管理|邮件发送规则",配置邮件发送规则,如图 4-6-7 所示,其参数说明如表 4-6-3 所示。

图 4-6-7　邮件发送规则

表 4-6-3　参 数 说 明

参 数 名 称	参 数 说 明
告警级别	包括未指定、严重、重要、一般和轻微五种，默认为全部发送，用户可根据实际需要进行配置
发送时间	邮件发送时间，取值范围为 0 时 0 分到 23 时 59 分

配置完毕，单击"应用"按钮，弹出"修改确认"对话框，单击"确定"按钮。

4. 告警使能

选择"告警管理|操作管理|告警使能"，配置告警使能，如图 4-6-8 所示。

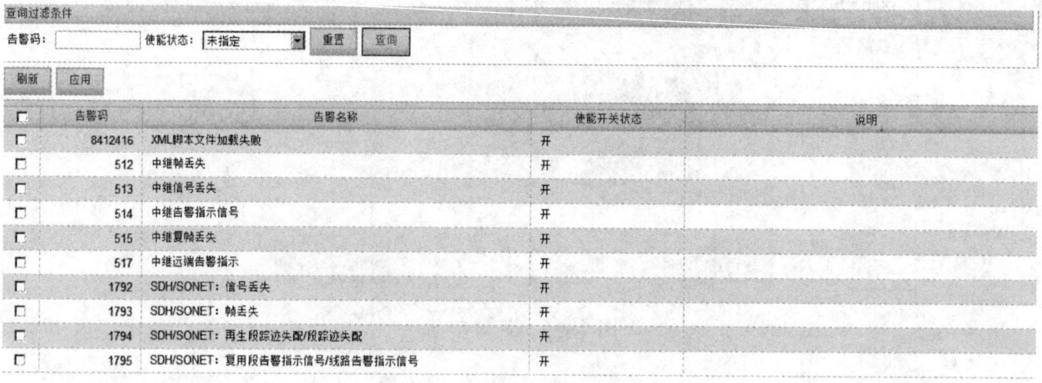

图 4-6-8　告警使能

勾选列表中的告警，单击"应用"按钮，弹出"修改确认"提示框。

在"查询过滤条件"区域框中，输入告警码或者选择使能状态，单击"查询"按钮，下方列表显示查询结果。单击"确认"按钮，弹出"请输入使能信息"对话框，配置使能状态，如图 4-6-9 所示。

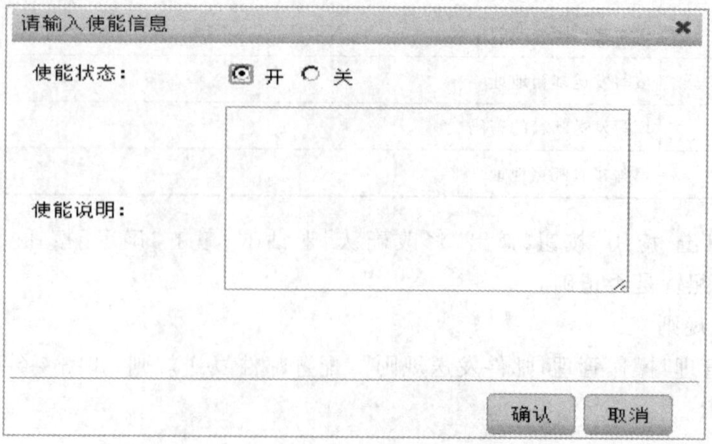

图 4-6-9　请输入使能信息

配置完毕,单击"确认"按钮。

(三)性能统计

性能参数配置。选择"性能统计|性能配置|性能参数配置",配置性能参数,如图 4-6-10 所示,其参数说明如表 4-6-4 所示。

图 4-6-10　性能参数配置

表 4-6-4　参　数　说　明

参　数　名　称	参　数　说　明
AP 性能数据常规采集周期	取值范围为 10 ~ 120,默认值为 50,单位为 s
AP 性能数据实时采集周期	取值范围为 2 ~ 5,默认值为 5,单位为 s
性能数据文件保存周期	包括 5 min、10 min、15 min、30 min 和 60 min 五种

配置完毕,单击"提交"按钮,弹出提示信息提示框,单击"确认"按钮。

(四)性能数据查询

1. AC 连接信息统计

选择"性能统计|性能数据查询|AC 连接信息统计",查询 AC 连接信息,如图 4-6-11 所示。

导出查询数据　　刷新

统计数据名称	统计值
当前连接到AC的AP数量(个)	1
支持的PORTAL认证接入数的最大值(个)	32768
当前所有PORTAL认证在线接入数(个)	0
AC收到Portal服务器的鉴权请求数(次)	3
AC收到Portal服务器的Challenge请求数(次)	3
AC响应Portal服务器鉴权请求的次数(次)	3
AC响应Portal服务器Challenge请求的次数(次)	3
AC发往Portal的页面请求次数	191
AC发往Radius的认证请求次数(次)	106
AC收到Radius的认证请求响应次数(次)	106
AC收到Radius的认证请求通过次数(次)	12

图 4-6-11　AC 连接信息统计

单击"导出查询数据"按钮,导出查询数据。

2. AC CPU 性能统计

选择"性能统计|性能数据查询|AC CPU 性能统计",弹出界面如图 4-6-12 所示。

所有的利用率超过由初次配置人员在 CLI 中设置的阈值时会出现告警。

图 4-6-12　AC CPU 性能统计

单击"导出查询数据"按钮,导出查询数据。

3. DHCP 地址池统计

选择"性能统计 | 性能数据查询 | DHCP 地址池统计",弹出界面如图 4-6-13 所示。

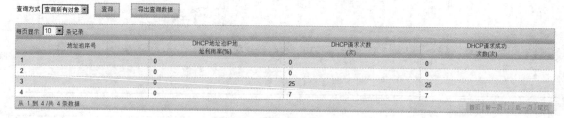

图 4-6-13　DHCP 地址池统计

选择查询方式,单击"查询"按钮,下方列表显示查询结果。单击"导出查询数据"按钮,导出查询数据。

4. Portal 性能统计

选择"性能统计 | 性能数据查询 | Portal 性能统计",弹出界面如图 4-6-14 所示。

图 4-6-14　Portal 性能统计

选择查询方式,单击"查询"按钮,下方列表显示查询结果。单击"导出查询数据"按钮,导出查询数据。

5. Radius 性能统计

选择"性能统计 | 性能数据查询 | Radius 性能统计",弹出界面如图 4-6-15 所示。

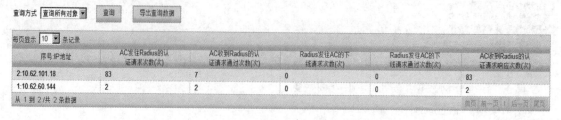

图 4-6-15　Radius 性能统计

选择查询方式,单击"查询"按钮,下方列表显示查询结果。单击"导出查询数据"按钮,导出查询数据。

任务小结

本任务通过对告警管理学习,掌握告警的管理、历史告警的查询、通知性能统计及一天内历史告警一天内通知查询及维护等,提高 AC、AP 维护及故障处理能力,以及故障定位及查询能力。

项目五

掌握 WLAN 网管系统

任务一 认识 WLAN 网管系统

任务描述

本任务介绍 WLAN 网络系统,包括产品功能、接口协议、组网方式安全管理、告警管理、性能管理等的说明,通过本任务的学习,学生应掌握 WLAN 网管的简单应用与 U31 网管的部署及软件环境,进一步掌握 WLAN 调测环境及软件平台应用。

任务目标

- 掌握 WLAN 网管的简单应用与 U31 网管的部署及软件环境。
- 了解 WLAN 网络系统,如产品功能、接口协议、组网方式安全管理、告警管理、性能管理等。

任务实施

一、初识网管系统 U31

1. 电信管理网

国际电信联盟(International Telecommunication Onion,ITU)在 M. 3010 建议中指出,电信管理网(Telecommunications Management Network,TMN)提供一个有组织的网络结构,以取得各种类型的操作系统(Operating System,OS)之间、操作系统与电信设备之间的互连,它是采用商定的具有标准协议和信息的接口管理信息交换的体系结构。提出 TMN 体系结构的目的是支撑电信网和电信业务的规划、配置、安装、操作及组织。

2. NetNumen U31 产品概述

NetNumen U31 是中兴通讯移动无线产品的集中管理系统,完成接入的各制式无线网元的集中管理,并且向上级网管系统提供标准接口。

按照 TMN 对网络管理的定义,NetNumen U31 位于网元管理层,如图 5-1-1 所示。

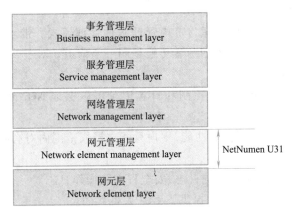

图 5-1-1　网络管理模型

通过被管理网元的接口,对于被管理网元上报拓扑、告警、性能等数据,NetNumen U31 集中建模和转换,对这些数据实现集中显示和管理。

NetNumen U31 提供集中的配置管理、拓扑管理、告警管理、性能管理、安全管理、系统管理、任务管理、命令行工具等网管功能,并提供集中配置 GUI、维护工具等操作维护功能。

NetNumen U31 系统支持分权分域、备份恢复、三层组网、NTP 时钟等功能。

NetNumen U31 系统能够提高电信企业的全网集中管理水平和管理效果。

二、阐述网管系统 U31 产品特点及结构

(一)产品特点

(1)标准顺从性。NetNumen U31 系统严格遵循以下系列网管标准:ITU-T SG2、TMF、ISO、IETF、3GPP SA5、CCSA TC7 WG1。

(2)系统扩充能力。NetNumen U31 系统采用模块化结构设计,对新设备、新业务管理功能有扩充能力。

(3)系统开放性。NetNumen U31 系统的开放性体现在如下几个方面。

● NetNumen U31 系统支持标准 CORBA、SNMP、SOCKET 接口与 FTP/SFTP 北向接口。NetNumen U31 系统与其他业务系统之间的关系不仅是数据的共享,还是服务的共享。

● NetNumen U31 系统采用 Java 实现,使得系统可在 Windows、UNIX 平台上运行,适应不同网络规模的管理需求。

(4)系统可靠性。NetNumen U31 系统的可靠性体现在如下几个方面。

● NetNumen U31 选用的服务器具有冗余的网口、双电源和可镜像的硬盘,提高了硬件可靠性。

● 本地 HA 和异地容灾保证了主机业务中断时可切换到备机。

● NetNumen U31 系统本身提供完善的系统管理能力,可对系统的运行进行监控。

● 磁盘镜像和数据备份保证了数据保存的安全性。

(5)磁盘镜像。在同一主机内,主用磁盘上的所有数据修改都将同步备份到备用磁盘中。

(6)数据备份:在 NetNumen U31 系统中,可将指定的数据备份或转储到指定的外围存储器中,例如磁盘、磁带。在需要的时候再将指定外围存储器中的内容恢复到系统中,从而为数据的

保存、备份提供了多样化的选择方式。

NetNumen U31 系统支持带外管理与带内管理两种管理模式。带外管理中,网管数据和业务数据传输不是一个信道,带内管理则两者传输是同一个信道。对于管理可靠性要求较高的应用环境可以采用带外管理模式。

(7)系统操作安全性。访问权限控制和日志记录可以保证 NetNumen U31 系统操作的安全性。

● 系统提供完善的访问权限控制功能,用户只能在授权范围内对有限网元实现有限粒度的操作。

● 提供完善的日志记录,包括系统日志、安全日志和操作日志。

(8)系统易用性。NetNumen U31 提供了 GUI 人机界面。

(二)产品结构

1. 硬件结构

NetNumen U31 网管系统采用客户端/服务器结构。服务器端上运行操作系统、数据库和 NetNumen U31 网管系统所有核心功能模块,并维护和保存大量网管数据。客户端是图形化的操作界面。用户在客户端上登录到服务器端,即可操作存放在服务器端上的资源;服务器端可以根据用户的操作请求,反馈相应的操作结果到客户端。

服务器端从逻辑上分为服务器和存储设备。

● 服务器提供对数据的加工处理功能,是 NetNumen U31 网管系统运行的底层物理平台。服务器的处理速度很大程度上决定了系统的性能。

● 存储设备是数据的存储场所。由于系统中需要保存大量的重要数据,因此,这里所指的存储设备并不单指服务器内置的磁盘,还包括外部独立存在的大容量、高可靠性的数据存储设备。

服务器根据需要可以提供单机、本地 HA 和异地容灾三种配置,缺省情况为单机配置。

(1)单机配置。单机配置即 NetNumen U31 各应用和数据库服务器集中合并于一台服务器上。单机硬件结构图如图 5-1-2 所示。

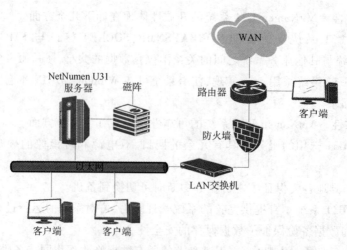

图 5-1-2　单机硬件结构图

(2)本地 HA。本地 HA 结构是两台 NetNumen U31 服务器在一个局域网内共用磁阵。两台服务器通过 HA 软件管理。一台服务器处于服务运行状态,实时将数据存储在磁阵上;另一台处于备用状态,不对外提供服务。两台服务器之间通过心跳线直连,当主用服务器出现故障停机后,应用切换到备用服务器上。本地 HA 硬件结构图如图 5-1-3 所示。

图 5-1-3　本地 HA 硬件结构图

（3）异地容灾。异地容灾结构即两台 NetNumen U31 服务器处于不同的局域网,各自使用独立的磁阵。两台服务器通过软件管理。一台服务器处于服务运行状态,实时将数据存储在磁阵上,另一台处于备用状态,不对外提供服务。两台服务器之间有专门的网络用来进行数据同步,将主用状态服务器的数据通过软件实时同步到备用服务器上,当主用服务器出现故障停机后,应用切换到备用服务器上。异地容灾硬件结构图如图 5-1-4 所示。

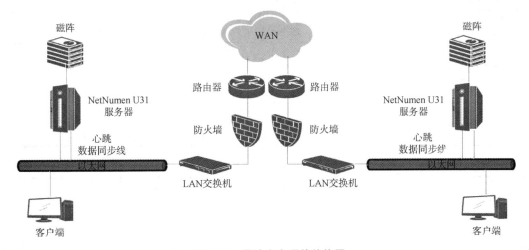

图 5-1-4　异地容灾硬件结构图

2. 软件结构

NetNumen U31 系统采用客户端/服务器的体系结构,客户端与服务器之间采用 TCP/IP 协议进行通信。NetNumen U31 系统在软件结构上分为服务器端软件和客户端软件。

（1）服务器端软件实现所有的管理功能,由如下部分组成:拓扑管理、告警管理、性能管理、安全管理、日志管理、维护管理、命令终端、无线配置应用、网元管理、SON 功能、集中配置管理、资产管理、版本管理、远程升级管理。

（2）客户端软件向用户提供 GUI 方式访问服务器端，从而实现对所有网元的操作与维护。

（三）产品配置要求

NetNumen U31 网管服务器端安装分为集中式安装和分布式安装。

● 集中式安装：将 EMS 集中安装在小型机上使用。

● 分布式安装：将 EMS 分布式部署在刀片上使用。

表 5-1-1 ~ 表 5-1-6 所示为推荐的服务器端和客户端的软硬件配置

表 5-1-1 服务器端软件推荐配置（IBM）

管 理 对 象	配 置
网管软件	NetNumen U31 R18
操作系统	AIX 6107
数据库	Oracle 11. 2. 0. 3. 0 EE 64 bit for AIX
HA 软件（可选，默认不配置，有双机需求时配置）	PowerHA

表 5-1-2 服务器端软件推荐配置（SUN）

管 理 对 象	配 置
网管软件	NetNumen U31 R18
操作系统	Solaris 10 U10
数据库	Oracle 11. 2. 0. 3. 0 EE 64 bit for Solaris
HA 软件（可选，默认不配置，有双机需求时配置）	VCS、VVR 5. 1

表 5-1-3 服务器端硬件推荐配置

管 理 对 象	配 置
服务器	HP BL460c Gen8 10GB FLB CTO Blade（CPU：2 × 6 core；内存：128 GB；硬盘：2 × 300 GB）
磁阵	IBMN3220（450 GB）
备份服务器	采用 N + M 集群配置，硬件配置和服务器配置一致

表 5-1-4 服务器端软件推荐配置

管 理 对 象	配 置
网管软件	NetNumen U31 R18
操作系统	Linux Radhat6. 4
数据库	Oracle 11g Standard Edition、SybaselQ

表 5-1-5 客户端硬件推荐配置

管 理 对 象	配 置
CPU	PentiumlV 3. 0 GHz 以上

续表

管 理 对 象	配 置
内存	2 GB 以上
内置硬盘	500 GB 以上
磁盘阵列	无

表 5-1-6　客户端软件配置

管 理 对 象	配 置
操作系统	Windows XP、Windows 7
浏览器	IE 7.0 以上
文档浏览工具	MS Office
防毒软件	McafeeVirusScan8.5、Norton 或者趋势杀毒软件

（四）系统原理

网管层次模型。网管系统层次关系如图 5-1-5 所示。

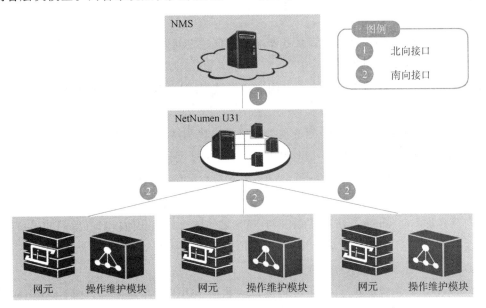

图 5-1-5　网管层次模型

网管系统一般分为以下三个层次。

（1）NMS：对所辖区域内的所有网元进行管理，从整体的观点协调与控制所有网元的活动，属于网络管理层，通常包括运营分析、资源管理、电子运维等子系统。

（2）EMS：实现对一个或多个网元的操作与管理，为网络层的管理与网络单元间的通信提供协调功能。NetNumen U31 网管系统处于该层次。

（3）网元层：包括本地操作维护模块和网元设备。本地操作维护模块屏蔽了各种网元的差异性，收集网元数据上报给 NetNumen U31，将 NetNumen U31 下发的请求转换为实际网元可以处理的指令。NetNumen U31 系统通过本地操作维护模块与实际的网元设备相连。其中,北向接口是 NetNumen U31 与 NMS 的接口,南向接口为 NetNumen U31 与网元层之间的接口。

NetNumen U31 系统和上下层相关系统有如下关系。

- 为上层运营支撑系统或综合网管提供设备相关的基础数据和设备管理服务。
- 为上层经营分析系统提供统计分析的原始资料。
- 为上层资源管理系统提供统一的设备配置信息。
- 为上层电子运维系统提供网络故障告警信息。

通过本地操作维护模块对全网网元设备实现集中监视、集中管理和集中维护。

（五）产品功能

产品功能包括拓扑管理、告警管理、性能管理、安全管理、日志管理、维护管理、命令终端、无线配置应用、网元管理、SON 功能(SON 功能的目的是在网络运行过程中,根据设置的策略自动检测和处理网络中出现的问题,使网络在无人值守的情况下以最优的状态平稳运行)、集中配置管理、资产管理、版本管理、远程升级管理。

（六）接口协议

1. 内部接口

NetNumen U31 内部接口是网管服务器端和客户端之间的接口,接口的底层采用 TCP/IP 协议,通信带宽不低于 256 kbit/s。

NetNumen U31 服务器端与客户端之间通过局域网或广域网的方式进行通信。

2. 南向接口

南向接口完成 NetNumen U31 与本地操作维护模块和网元之间的通信。

南向接口的承载协议包括 MML、FTP、SFTP、SOCKET 等。

南向接口支持对不同格式数据进行适配,来支持数据信息的传递。

3. 北向接口

北向接口即 NetNumen U31 网管系统与 NMS 之间的接口。北向接口有专门的接口标准,规定了各设备厂家 EMS 接入到运营商 NMS 所必须遵守的信息模型、接口技术方式和接口功能内容,是运营商集中管理和综合维护的重要基础。

NetNumen U31 系统提供了如下北向接口。北向 CORBA 告警接口、北向 CORBA 配置接口、北向 CORBA 性能接口、北向 SNMP 告警接口、北向 SOCKET 告警接口、北向 FTP 配置接口、北向 FTP 性能接口、北向 FTP 资产接口、北向 FTP 告警接口。

（七）组网方式

1. 本地组网

本地组网示意图如图 5-1-6 所示。

2. 远程组网

远程组网示意图如图 5-1-7 所示。

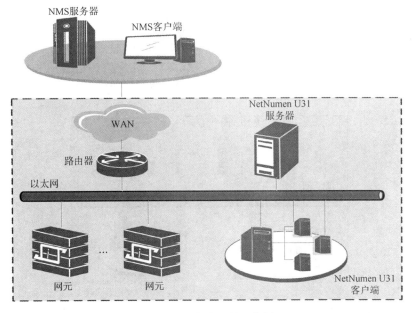

图 5-1-6　本地组网示意图

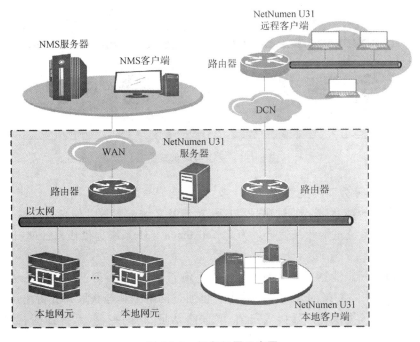

图 5-1-7　远程组网示意图

3. 反迁组网

反迁组网示意图如图 5-1-8 所示。

(八)安全管理描述

1. 安全威胁

NetNumen U31 系统涉及的网络拓扑复杂、用户终端较多,这给 NetNumen U31 的网络带来了不小的威胁。

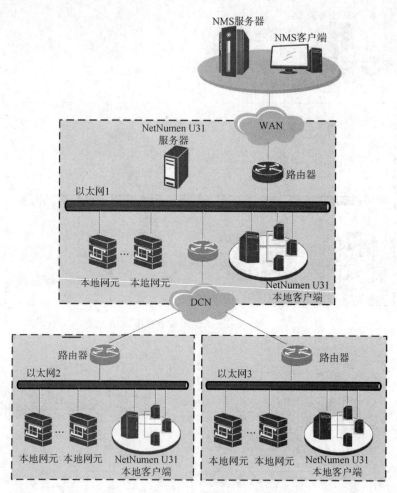

图 5-1-8　反迁组网示意图

具体安全威胁划分为四种类型。

（1）关键信息修改或移除。通过账号/口令,对涉及系统配置等关键信息实施修改、移除等恶意操作,从而影响系统正常业务运行。为此 NetNumen U31 系统提供账户管理、日志管理解决方案。

（2）信息泄露。信息泄露主要有网络传输信息泄露、空口窃听等。其中网络传输信息泄露一般发生在 IP 网络中。网络的开放性使攻击者可通过网络工具等获取并分析出所需信息。为此 NetNumen U31 系统提供客户端接入安全、IT 安全认证、访问控制、系统加固、数据加密解决方案。

（3）业务中断。业务中断主要利用系统漏洞进行网络攻击,造成无线业务无法正常运行。采用 IP 方式部署的通信网络中的网元容易受到来自网络的攻击,特别是使用租用线路建设承载网络的场景。攻击者可以通过多种手段攻击设备,例如数据洪、恶意扫描、数据驱动攻击、病毒攻击等,会造成设备无法正常工作。为此 NetNumen U31 系统提供 VLAN 安全、系统加固、备份和恢复解决方案。

（4）物理破坏。物理破坏主要是设备的毁坏。这一层次的不安全因素主要有自然灾害、设备的物理损坏、意外疏漏导致系统死机、人为故意破坏和窃取设备等。为此 NetNumen U31 系统提供物理安全、备份和恢复解决方案。

2. 安全防护

NetNumen U31 提供图 5-1-9 所示的九种安全防护功能。

图 5-1-9　安全架构图

3. 安全设计

（1）硬件安全 VLAN。NetNumen U31 无线网管的整个系统被划分成了多个 VLAN，各 VLAN 之间通过路由器转发，由防火墙来进行访问控制。

①客户端接入安全。在整个网管系统中，Citrix 作为一个独立的子系统进行部署。Citrix 是一种实现应用虚拟化的软件系统，NetNumen U31 系统集成 Citrix 后，用户使用统一的 Web 方式登录入口，每一个 NetNumen U31 服务端作为一个接入点隐藏在 Citrix 后面。NetNumen U31 服务端和 Citrix 通过接口进行通信。所有 NetNumen U31 客户端都部署在 Citrix 的工具平台上，由其统一管理统一发布，从而实现网管系统的集中部署与维护，减少大量的客户端维护与升级工作。

②IT 安全认证。NetNumen U31 支持 LDAP 安全认证，使用 LDAP 服务器来存储用户信息。网管服务器收到用户的登录请求且当前系统配置支持 LDAP 认证，即将登录请求转发到外部 LDAP 服务器进行认证，认证成功后将 LDAP 的用户信息同步到网管服务器，用于授权。LDAP 的安全认证如图 5-1-10 所示。

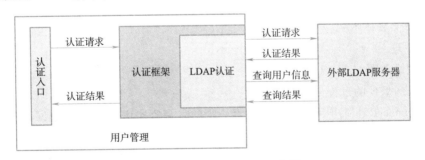

图 5-1-10　LDAP 安全认证示意图

③备份和恢复。备份恢复解决方案可以极大地减少整个系统因意外崩溃后重建的时间，该解决方案可以用来恢复丢失的文件或回退到误操作前的状态。备份的数据通过指定网络传输到指定存储介质，通常是磁带库中，也可以选择磁阵或虚拟带库。

NetNumen U31 系统备份的内容包括：
- 操作系统和数据库软件、网管软件。

- 服务器运行的系统数据。
- 配置数据,操作维护日志。
- 告警和性能报表数据。

备份恢复解决方案是系统自动备份的,维护人员还可以执行手动备份,所有备份文件应可打包为备份包,同时需提供备份恢复工具,可对备份包进行恢复。

备份恢复解决方案无线网管支持通过 Veritas NetBackup、IBM Tivoli Storage Manager、Legato Networker、HP Data Prodector 等第三方软件来实现。

④系统加固。系统加固主要是为了防止外部恶意攻击,以及对内部用户的危害性操作进行预防和控制。NetNumen U31 系统加固包括以下内容:

- 主机操作系统安全加固:主机操作系统漏洞加固,补丁加载,账号口令加固,进程及端口检查梳理。
- 数据库系统安全加固:漏洞加固,账号口令加固,补丁加载。
- 网管应用:网管各个应用自身的安全漏洞加固,补丁加载,账号口令加固。

⑤物理安全。物理安全包括环境安全、设备安全、媒体安全。这一层次的不安全因素主要有自然灾害、设备的物理损坏、意外疏漏导致系统死机、人为故意破坏和窃取设备等。对于环境和破坏、窃取设备,为保障设备能正常运行,需要保证设备在正常工作环境中不被破坏并防止机房被非法闯入。对于意外等误操作,NetNumen U31 系统提供备份恢复解决方案。对于自然灾害和物理损坏,NetNumen U31 系统支持通过本地及异地 HA 容灾方案解决。

NetNumen U31 的 HA 容灾方案有如下 3 个功能点。

- 采用容灾部署方式,在网管系统主机完全宕机或者主机侧网络中断后,灾备节点可以正常迅速接管业务,恢复整个系统运行。
- 系统升级操作时,通过断开主备网络,主机正常提供业务的同时,升级备机,待备机升级成功后,恢复网络,将升级后的备机指定为主机,实现零业务中断。
- 结合 HA 和容灾,实现 $1+1$ 及 $N+1$ 高可用性容灾方式。

(2)软件安全解决方案。对账户进行管理、访问控制、日志管理、安全加密。

(九)告警管理描述

1. 实现原理

告警管理原理图如图 5-1-11 所示。

告警上报和呈现的过程如下:

(1)NetNumen U31 维护人员可以通过客户端的告警监控功能,对被管理网元产生的告警进行实时监控。

(2)当被管理网元发生故障时,会产生告警事件,并实时上报给 NetNumen U31 服务器。

(3)NetNumen U31 服务器对网元上报的告警进行收集,并储存在自身的数据库中。

(4)NetNumen U31 服务器可以将当前的告警信息集中呈现在客户端上。

(5)维护人员可以在客户端上查看当前告警和历史告警,并能完成各种告警处理的功能。

(6)通过 NetNumen U31 服务器的北向接口,网元的告警信息可以提供给上级 NMS 网管,供北向用户分析。

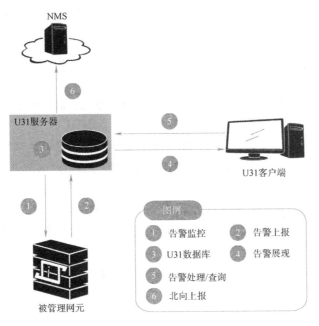

图 5-1-11　告警管理原理图

2. 告警相关概念

（1）告警级别。

● 严重：表示正常业务受到严重影响，需要立即修复。

● 主要：表示系统出现影响正常业务的迹象，需要紧急修复。

● 次要：表示系统存在不影响正常业务的因素，但应采取纠正措施，以免发生更严重的故障。

● 警告：表示系统存在潜在的或即将影响正常业务的问题，应采取措施诊断纠正，以免其转变成一个更加严重的、影响正常业务的故障。

（2）告警状态及状态转换。

告警状态转化如图 5-1-12 所示。

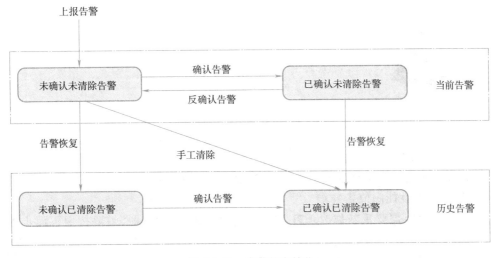

图 5-1-12　告警状态转化

（十）性能管理描述

1. 实现原理

（1）当维护人员在 NetNumen U31 上创建性能测量任务时，NetNumen U31 服务器将该任务下发到被管理网元。

（2）网元会按性能测量任务中指定的粒度和其他条件上报性能数据给 NetNumen U31 服务器。

（3）NetNumen U31 服务器将网元上报的性能数据保存到自己的数据库中。

（4）维护人员可以查询性能数据，网元的性能数据将按照用户的定制查询条件展现在客户端上。

（5）如果维护人员设置了门限任务，对某个指标设置了阈值，当网元上报性能数据时，NetNumen U31 服务器会启动阈值判断。如果达到阈值，则会上报相应的告警，展现在客户端上。

（6）通过 NetNumen U31 服务器的北向接口，网元的性能数据可以提供给上级网管 NMS，供北向用户分析。

性能管理总体流程如图 5-1-13 所示。

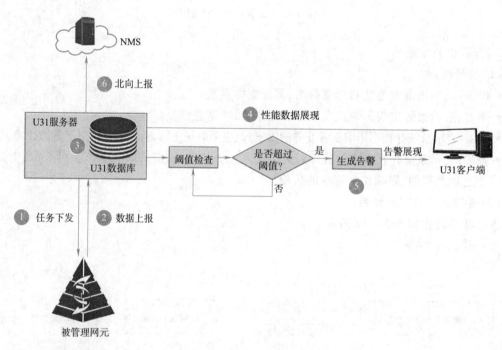

图 5-1-13　性能管理总体流程

2. 性能管理功能

性能管理功能包括性能指标管理、测量任务管理、性能数据查询功能、性能数据导出功能、性能数据补采功能、性能阈值告警。

当由于某些原因需要重新修改 U31 R22 网管服务器 IP 地址时，需要按照下面步骤进行操作：

（1）更改网管服务器网卡地址为新的 IP 地址。

（2）修改主进程 IP，打开系统配置中心，进入公共配置部分，将主进程地址修改为新的 IP 地址。

（3）修改数据库 IP，打开系统配置中心，进入数据库连接配置部分，将数据库地址修改为新的 IP 地址。

（4）修改 console IP，打开系统配置中心，进入 console 配置部分，修改 console 实例为新的 IP 地址。

（5）重新启动服务端和客户端就即可正常连接。

任务小结

本任务是认识 WLAN 网管系统，对产品功能、接口协议、组网方式安全管理、告警管理、性能管理等，通过本任务的学习，掌握 WLAN 网管的简单应用与 U31 网管的部署及软件环境，由此更进一步掌握 WLAN 调测环境及软件平台应用。

任务二　学会 WLAN 网管系统操作与维护

任务描述

对各业务系统的网络资源的分布位置、网络结构、链路连接、业务分布进行查看、编辑等操作，以及支持业务子网间的拓扑关系的展现和接入管理功能。

任务目标

- 掌握 WLAN 网管的简单应用与 U31 网管的部署及软件环境。
- 了解 WLAN 网络系统、分布位置、网络结构、链路连接，以及对业务分布进行查看、编辑等操作。

任务实施

一、了解网管系统 U31 架构

（1）拓扑显示。拓扑显示功能以网元树与网络拓扑图相结合的方式对网络资源进行呈现。

（2）拓扑操作。NetNumen U31 网管系统支持的拓扑操作如下：

网元代理管理、查找拓扑节点、视图切换；拓扑图备份、打印；视图移动、调整拓扑树结构；全屏显示；设置网络布局、分组操作、链路操作、网元操作；拓扑图的扩展与收缩、定制界面元素、查看机架图。

（3）拓扑监视。在网络拓扑图上能够动态、实时显示网络的运行状态，实现配置监视、告警监视。

在拓扑图上通过定期同步可动态反映网络设备配置的变更情况,将网络中网元设备的增删情况和网元配置信息在拓扑图中显示,并通过视图变化的方式提示用户。信息的更新周期可根据用户需要进行设置。

在拓扑视图上能及时反映全网各下级网管系统产生的故障,以可视、可听的形式提醒用户。在发生故障的对象图标上针对不同的故障级别显示不同的颜色,对已确认、未确认、已处理、已清除的告警区别显示。

拓扑管理窗口如图 5-2-1 所示。

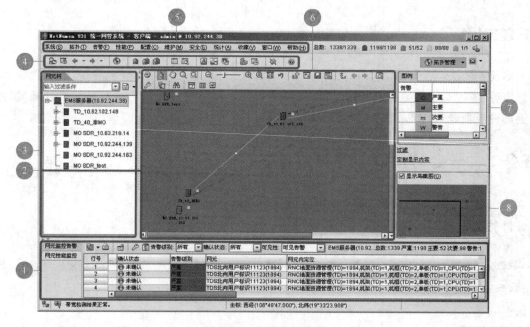

图 5-2-1　拓扑管理窗口

1—告警和性能栏;　　2—拓扑视图;　　　3—网元树;　　4—拓扑管理快捷键;

5—菜单栏;　　　　　6—拓扑图工具栏;　7— 图例;　　8—鸟瞰图

二、简介 U31 系统告警管理操作与维护

(一)告警管理

1. 告警界面

告警管理监控页面如图 5-2-2 所示。

2. 告警监控操作

(1)告警前传。告警前转规则用于将指定的告警以短信或邮件的方式及时通知维护人员。当创建告警前转规则后,NetNumen U31 系统会在符合条件的告警上报时,或者持续一定时间未恢复时,自动按照规则指定的方式向指定的人员发送短信或邮件。

(2)告警监控方式。告警监控方式包括:实时监控告警信息、在拓扑图管理页面监控网元告警、查看告警板、手工查询告警信息、创建告警定时输出任务。

(3)查看告警详细信息。在网管客户端的告警管理窗口中,选择下列任一方式查看告警详细信息。

● 双击一条告警信息。

154

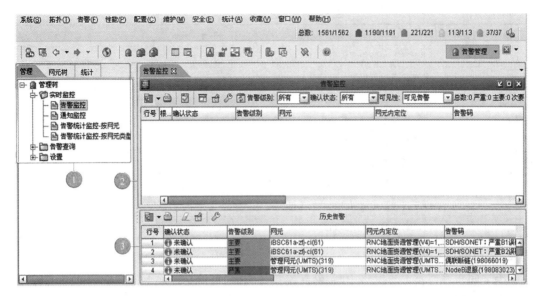

图 5-2-2　告警管理监控页面

1—导航树；2—当前告警；3—历史告警

● 右击一条告警信息，选择快捷菜单中的"详细信息"。

系统弹出告警详细信息的对话框，如图 5-2-3 所示，对话框中的告警处理按钮说明如表 5-2-1 所示。

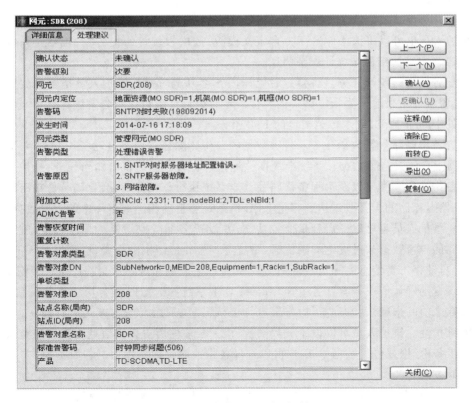

图 5-2-3　告警详细信息对话框

表 5-2-1　告警处理按钮说明

按 钮 名 称	按 钮 说 明
上一个	查看上一条相邻告警信息
下一个	查看下一条相邻告警信息
确认	对该条告警进行确认操作,告警为未确认状态时有效
反确认	对该条告警进行反确认操作,告警为已确认状态时有效
注释	添加告警注释信息
清除	清除该条告警,清除后的告警可以在历史告警中查询
前转	前转告警信息至 E-mail 地址或手机短信
导出	导出告警详细信息和处理建议
复制	复制告警详细信息到剪贴板中

（4）告警数据日常维护。

①手工同步告警。由于网络中断、网元割接等原因,可能会造成 NetNumen U31 的告警信息与网元实际告警信息不一致。维护人员可以手工将选中网元的告警信息同步到 NetNumen U31 服务器上。手工同步告警包括:

● 同步当前告警:同步指定网元上的当前告警信息。

● 同步历史告警:同步指定网元上某个时间段内的历史告警信息。

②告警统计。告警统计是对系统的历史告警进行统计,告警统计的方式包括:

● 按自定义条件统计历史告警。

● 维护人员设置统计的条件,对满足条件的历史告警进行统计汇总。

● 维护人员也可以将该条件另存为自定义模板,按模板统计历史告警,包括按系统预置的模板或用户自定义的模板来统计告警信息。

③创建告警定时统计任务。告警定时统计任务可以定时执行维护人员指定的告警统计模板,并将告警统计结果输出为指定格式的文件。定时统计任务可以将告警统计结果文件自动发送到指定的 E-mail 地址,或上传至指定的 FTP 服务器。

④设置备份删除告警数据任务。告警数据的备份删除任务用于自动备份和删除 NetNumen U31 服务器上存储的告警数据。系统会周期性地执行告警数据的备份删除任务,维护人员可以设置需要备份的告警类型以及远程备份路径。当系统执行该任务时,会自动备份指定的告警数据;当服务器上存储的告警数据达到容量上限时,系统会自动删除数据库中的告警数据,以释放存储空间。维护人员也可以开启容量监控功能,并设置多个监控阈值。开启容量监控后,当服务器上存储的告警数据超过设定的阈值时,系统会产生相应级别的告警,提醒维护人员关注;同时,系统会自动将告警信息删除至最低阈值的 80% 以下。删除成功后会将产生告警恢复。

⑤设置自动确认历史告警任务。NetNumen U31 系统每天定时执行历史告警的确认任务,将设定天数之前的未确认状态的历史告警进行确认,避免采用人工的方式进行确认,从而提高了系统的维护性。维护人员可以设置天数阈值,该天数前的历史告警信息会被自动确认。

⑥手工备份/恢复告警数据。用户可以选择备份或删除数据库中的告警数据,并设置备份内容和过滤方式。

● 备份:备份指定时间内的告警文件,备份文件可以保存在服务器端和客户端。

● 删除:删除指定时间内的告警文件。

（二）性能管理

查找性能指标：查找系统已存在的性能指标，查看性能指标的设置。其操作步骤如下：

（1）在网管客户端选择菜单"性能|计数器与指标"，打开"计数器与指标"窗口。

（2）展开窗口左侧模型管理页面导航树中的网元节点。

（3）单击某项测量对象类型节点前的按钮，展开节点。该节点包括性能计数器、关键性能指标、普通性能指标和统计性能指标四个子节点。

（4）单击需要查找的性能指标类型，例如关键性能指标，计数器与指标窗口列表显示已存在的性能指标。

（5）单击工具栏上的"查找"按钮，弹出"查找"对话框，如图 5-2-4 所示。

（6）输入性能指标的关键字，单击"查找下一个"按钮，依次查找满足条件的指标。

（7）单击"关闭"按钮，关闭查找对话框。

图 5-2-4　"查找"对话框

（三）安全管理

1. 基本概念

（1）角色。角色对应用户的管理权限，即操作权限和可管理资源。

● 操作权限：定义了角色可以操作的网管系统功能模块，如创建角色的用户可以定义该角色是否具有日志管理模块的查询日志或维护日志的操作权限等。

● 管理资源：包括物理资源和逻辑资源。

➢ 物理资源：定义了角色可以管理的具体的网元或者配置对象类型。

➢ 逻辑资源：定义了角色拥有的产品权限，赋予了该角色的用户可以管理指定制式网元的告警、性能等数据。

（2）角色集。角色集是多个角色的集合，角色集所具有的权限是其下所有角色权限的集合。

（3）操作集。操作集是一系列操作权限的合集。如果一个角色被赋予了操作集，则该角色具有操作集中的所有操作权限。

（4）部门。部门是对现实中行政部门的模拟，从而方便对用户的组织和管理。

（5）用户。用户是最终登录网管系统并操作网管系统的操作员的集合。在创建用户时，通过如下两个方面实现对用户的全面管理。

● 通过定义角色、角色集约定该用户的管理权限。

● 通过定义用户所属部门设定用户行政归属。

新建用户必须隶属于某个部门。

2. 功能说明

NetNumen U31 网管的安全管理功能分为基本功能和可选功能两部分。基本功能包括鉴权与访问控制、认证和审计；可选功能包括集中安全管理和安全域管理。

（1）鉴权和访问控制。NetNumen U31 用户在系统中进行功能操作时，系统会根据其授权的权限集合，调用鉴权接口，确认其是否有运行该功能的权限，若没有权限，则不允许其运行该功能。

NetNumen U31 通过鉴权机制，确保用户仅能在其所授权的权限范围内使用系统，以防止越权行为的发生,确保系统在权限规则范围内运行,保护系统关键功能及敏感数据的安全性。

(2)认证。每一个用户拥有一个唯一标识。当用户登录系统时,系统通过对其唯一标识进行认证,确认用户身份,当明确用户身份合法后,用户才能成功登录,并使用系统。

NetNumen U31 支持 5 种认证方式。

● 密码认证。网管系统默认的认证方式,账号信息的来源是网管数据库。

● RADIUS 认证。登录网管客户端时,系统将通过 RADIUS 服务器校验登录账号密码是否正确,账号密码由 RADIUS 服务器统一管理。

● tacacs + 认证。登录网管客户端时,系统将通过认证服务器校验登录账号密码是否正确,账号密码由认证服务器统一管理。

● RSA SecurID 认证。用户持有令牌,可产生令牌码,认证服务器校验令牌码的合法性。

● 数字证书认证。使用数字证书认证登录网管客户端时,网管会校验用户数字证书合法性以及证书载体访问密码是否正确。

(3)审计。NetNumen U31 支持审计功能,NetNumen U31 的审计功能是通过日志管理进行的,通过日志管理,可以跟踪用户界面产生的操作和事件,查看安全事件,如用户访问系统等,用户可以通过这些数据进行审计分析。

(4)集中安全管理。集中安全是 NetNumen U31 提供的一种可选的安全管理策略,其思想是通过 EMS 集中管理 EMS 本身和 OMM 的所有用户。

集中安全管理过程如图 5-2-5 所示。

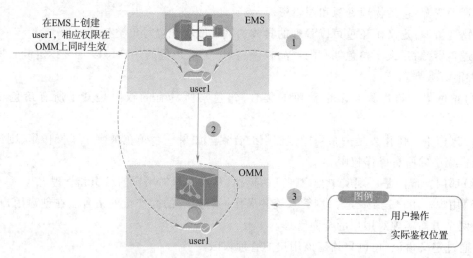

图 5-2-5　集中安全管理过程

在 EMS 上创建 user1,相应权限在 OMM 上同时生效,关于鉴权有如下三种情况。

● 若使用 user1 登录 EMS,则在 EMS 中鉴权。

● 若使用 user1 登录 EMS 启动网元管理后,对 OMM 进行配置管理、动态数据管理、诊断测试、软件版本管理等操作时,在 OMM 中鉴权。

● 若使用 user1 登录 OMM,则在 OMM 中鉴权。

(5)安全域管理。安全域管理可实现对多网管系统的集中安全管理功能,该功能由上级系统和下级系统两部分共同实现。其中:

- 开启了安全域管理的网管系统为上级系统。
- 接入到安全域管理中的网管系统为下级系统。

用户可在上级系统中集中管理上级系统与下级系统的用户和日志,同时可收集下级系统的角色,在创建用户时,可分配收集到的角色作为下级系统用户的权限。在 NetNumen U31 网管系统中,安全域管理目前只有 ICM 作为下级系统,因此本书中的下级系统为 ICM,上级系统为 EMS。

3. 关系模型

NetNumen U31 系统的安全模型是基于角色的。不同用户分配不同角色以便有效确定该用户权限范围,从而确保安全性。角色是关系模型中权限分配的对象,包括操作权限和资源权限,用来定义用户权限。

NetNumen U31 中的角色包括预定义角色和定制角色。

- 预定义角色包括系统管理员、系统维护员、系统操作员和系统监控员,这些预定的角色权限依次递减,系统管理员具有 NetNumen U31 系统的最高权限,系统监控员只有 NetNumen U31 网管系统的查看权限。
- 定制角色由为其定义的操作权限和管理资源共同决定。

NetNumen U31 支持新增、删除和修改定制角色。

$0...N$ 和 $1...N$ 表示用户、角色、角色集、部门之间的对应关系。例如角色和用户的关系,一个用户至少包含一个角色,一个角色可以分配给任意多个用户,如图 5-2-6 所示,$1...N$ 表示一个用户至少包含一个角色;$0...N$ 表示一个角色可以分配给任意多个用户,也可以不分配给任一用户。

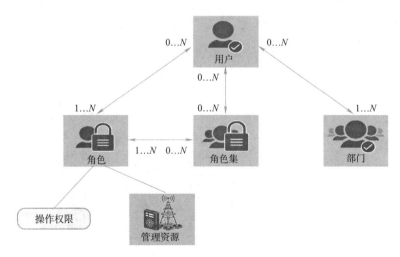

图 5-2-6　安全管理关系模型

- 用户必须包含角色且隶属于某个部门。
- 一个用户至少包含一个角色,一个角色可以分配给任意多个用户。
- 一个用户可以包含任意多个角色集,一个角色集可以分配给任意多个用户。
- 用户管理权限由其所属的角色或角色集决定。
- 角色集至少包含一个角色,一个角色可以分配给任意多个角色集。
- 角色的权限由定义的操作权限和管理资源共同决定。

（四）日志管理

1. 日志管理内容介绍

日志是跟踪系统运行状态、定位系统故障、追踪用户使用情况的有效工具。日志按内容分为操作日志、安全日志和系统日志。

● 操作日志 。记录用户操作信息，包括操作级别、用户名称、操作名称、主机地址、命令功能、对象分组、对象地址、操作结果、失败原因、接入方式、操作对象、操作开始时间和操作结束时间。

● 安全日志。记录用户登录状况、锁定状况、用户禁用等安全事件的日志信息，包括用户名称、主机地址、日志名称、操作时间、接入方式和详细信息。

● 系统日志。记录服务器定时任务的完成情况，包括级别、来源、日志名称、详细信息、主机地址、操作开始时间、操作结束时间和关联日志信息。

日志管理主要对以上三类日志进行管理操作，包括查询日志信息、刷新日志信息、自定义查询日志信息、维护日志信息等操作。

日志管理的各项操作必须在用户被赋予操作权限的条件下进行。

2. 打开日志管理页面

选择下列任一方式，打开日志管理页面。

● 在网管客户端主菜单中，选择"安全 | 日志管理"菜单命令。

● 在网管客户端工具栏中，单击 按钮。

日志管理页面，如图 5-2-7 所示，在左侧的日志管理安全域树下选择 EMS 服务器。

图 5-2-7　日志管理页面

3. 日志管理操作前提

● 已登录日志管理页面。

● 具备日志管理操作权限。

（五）维护管理

维护管理功能模块包含远程备份路径配置、任务管理、系统备份、系统监控和 IT 监控五个子功能。其中,IT 监控是可选功能,若要使用该功能,需要向中兴通讯申请软件 license,且在安装 NetNumen U31 的服务器端和客户端时,勾选"IT 网管产品"。

1. 命令终端

命令终端是网管系统提供给工程技术人员的命令行工具。通过在此工具中输入单命令或批处理命令,实现对网管对象的管理。通过命令终端,用户可以实现告警管理、安全管理、日志管理、性能管理、系统管理和策略管理等相关操作。

用户可以通过以下两种方式使用命令终端。

● 通过网管客户端界面中的命令终端窗口执行 MML 命令。

● 使用 Telnet 或 SSH 登录命令行解释器执行 MML 命令。

（1）获取命令终端帮助。命令终端界面提供了界面帮助,帮助了解人机命令的功能、格式和参数。步骤如下:

①在网元树上选择目标网元节点,命令树将自动刷新并显示其对应的 MML 命令。

②在命令树上选择要获得帮助的 MML 命令,在命令处理页面中单击"帮助"进入帮助页面,在该页面中显示出来 MML 命令的帮助信息。

（2）使用命令行工具。

①通过 Telnet 登录服务器。在本地 Windows 操作系统中通过 Telnet 的方式远程登录 NetNumen U31 服务器。

前提条件为本地已安装了 Telnet 工具,且已获得 NetNumen U31 服务器的 IP 地址、端口号、用户名和密码。

步骤如下:

a. 单击终端系统菜单"开始|运行"命令,进入"运行"对话框。

b. 在打开输入框中输入"telnet IP 地址 21123"命令。

c. 单击"确定"按钮,弹出 Telnet 的命令行解释器。

d. 输入登录 NetNumen U31 服务器的用户名和密码,默认的用户名为 admin,密码为空,按【Enter】键,成功连接后显示服务器信息,如图 5-2-8 所示。

②执行 MML 命令。

相关信息:

一条人机命令总是以命令码开始,以";"结束。其中,命令码确定了命令的功能。如果一个命令码不能表达完整的命令信息,就需要在命令码的后面加上参数部分,起说明作用。参数部分以分隔符":"作为起始符,包含一个或多个参数,参数之间用逗号分隔。

命令举例:

ADDUSER:NAME = " study ", FULLNAME = " student ", DESCRIPTION = " 1 ", PHONENUMBER = "5555555",EMAILADDRESS = "jiandan＠111.com",DEPARTMENT = "维护",USERVALIDDAYS ＝50,PASSWORDVALIDDAYS ＝50,DISABLE ＝TRUE;

161

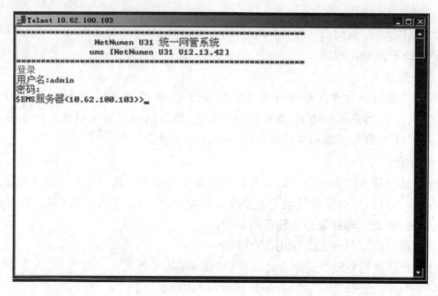

图 5-2-8　Telnet 成功连接界面

以上命令表示新增一个用户名为 study 的用户,全名是 student,电话号码是 5555555,E-mail 是 jiandan@111.com,该用户属于维护部门。此用户有效期是 50 天,密码有效期是 50 天。

更多关于 MML 命令的说明请查看网元设备的相关手册。

执行 MML 命令的步骤如下:

a. 在命令行解释器中输入 set amo:"网元代理名称",如图 5-2-9 所示。

网元代理名称指网元显示在 NetNumen U31 界面上的名称,在创建网元代理时由用户自定义。

b. 按【Enter】键执行命令,盘符由"$>"变成"$网元名称>",表示已进入该网元,如图 5-2-9 所示。

c. 输入目标网元相应的 MML 命令,按【Enter】键执行命令。

图 5-2-9　进入目标网元

2. 无线配置应用

在对下级网元的配置或维护过程中,许多时候需要对多个下级网元同时进行操作。NetNumen U31 R18 中的无线配置应用模块就实现了这样的集中配置管理功能,完成单个 OMM 无法完成的跨网元的集中配置操作。

(六)资产管理

1. 功能说明

资产管理是 NetNumen U31 资产系统的重要组成部分,负责对网络中的软硬件资产、License 资产的统一化管理。目前包括资产管理、备品备件和维修件管理、资产数据查询和统计三个部分。

(1)资产管理。可采集全网软硬件资产和 License 资产,便于用户快速了解全网资产组成和结构。可手工和定时同步资产,实现了资产变更主动上报,便于用户获得网络中最新的资产情况。可手工创建和修改资产数据。

(2)备品备件和维修件管理。将资产转备品后,根据需要进行状态的转换。

可对维修信息进行记录。可对单板维修情况进行查询。

（3）资产数据查询和统计。支持按照各种条件查询资产。支持软件资产使用情况查询。支持网元单板变更情况查询。支持按类型统计或按对象统计硬件资产。支持 License 资产使用变更明细、使用快照、使用变化趋势查询。支持 License 文件的查询和统计。

2. 资产管理窗口

在 NetNumen U31 系统客户端中，选择"配置|公共无线配置应用|资产管理"菜单命令，打开"资产管理"窗口，如图 5-2-10 所示。在该页面中可对网络中的软硬件资产进行统一化管理。

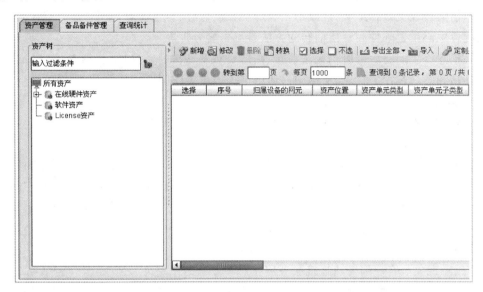

图 5-2-10　"资产管理"窗口

资产管理窗口中有以下三个选项卡。

- "资产管理"选项卡：在其中可针对资产进行新增、修改、删除、转换、导出和导入等操作。
- "备品备件管理"选项卡：在其中可对备品备件进行查看、新增、修改、删除、导出和导入等操作。
- "查询统计"选项卡：在其中可对各类资产进行查询和统计。

（七）故障管理

故障处理

1. 网元代理启动时报错

（1）故障现象。在 NetNumen U31 R18 网管系统中，启动网元代理后时报错，无法管理下级网络。

（2）故障原因分析及处理方法。NetNumen U31 R18 系统中，网元代理相关属性和下级网管提供的属性不一致会造成网元代理启动时报错，处理方法如下：

①确保当前网元代理的属性与下级网管提供的属性一致，具体包括 IP 地址、端口号和 FTP端口号。

②保存对网元代理的修改，重启网元代理。

2. 告警前传无法执行

（1）故障现象。无法使用告警前转功能将告警发送到相应的邮箱或手机上。

（2）故障原因分析及处理方法。造成告警前转无法执行一般有以下几个原因，处理方法如下：

①网络连接异常。检查 NetNumen U31 R18 网管系统与邮件服务器、告警箱、短信中心之间的网络连接是否正常，互相是否可以 ping 通。如果不能 ping 通则需要解决网络问题。其中，GSM 短信模块是直接插在 NetNumen U31 R18 网管服务器的串口上，用于与短信中心通信。检查串口连接是否正常，检查启动 NetNumen U31 R18 服务端操作系统的用户对该串口是否具有可执行权限。

②NetNumen U31 R18 系统设置不正确。检查 NetNumen U31 R18 网管系统的配置中心中邮件和短信前转设置是否正确，修改不正确的参数后保存，再重新启动网管服务端才能生效。

在配置中心设置邮件和短信前转的方法参见告警管理。

如果排除以上问题后告警仍无法前转，则需要触发一次前转操作，收集 NetNumen U31 R18 系统服务端和客户端相关日志，交给中兴通讯维护人员定位问题。

3. 磁盘容量不足

（1）故障现象。NetNumen U31 R18 网管系统上报磁盘空间不足告警消息。

（2）故障原因分析及处理方法。

①告警、性能、日志、配置数据、文件等信息长时间未清理。检查是否设置了定期任务来备份并删除告警、性能、日志、配置数据、文件等信息。手工备份和删除文件，释放磁盘空间。

②由于对系统产生的告警、性能、日志等数据量估计不足，磁盘容量配置太低。联系中兴通讯维护人员，扩充磁盘容量。

4. 客户端无法连接服务器

（1）故障现象。客户端无法连接服务器。

（2）故障原因分析及处理方法。一般造成客户端无法连接服务器有以下几种情况，处理方法如下：

①客户端与服务器网络连接不通。检查客户端与服务器的网络连接是否正常，排除链路故障。

②客户端与服务端版本不一致。如果不一致，则将客户端升级成服务端同一版本。

③客户端语言环境设置和服务端不一致。修改客户端中 ums-client/works/global/deploy 目录下面所有 deploy-usf. properties 文件中的语言环境设置保持与服务端一致。

中文环境设置为 ums. locale = zh_CN。

英文环境设置为 ums. locale = en_US。

④磁盘空间满。删除无用的文件，或扩充磁盘容量。

如果排除以上问题故障仍然存在，则反馈故障出现时段的 NetNumen U31 R18 服务端和客户端日志给中兴通讯的维护人员定位问题。

5. 服务器无法启动

（1）故障现象。NetNumen U31 R18 服务端进程无法启动。

（2）故障原因分析及处理方法。一般造成 NetNumen U31 R18 服务端进程无法启动有如下几种情况，处理方法如下：

①启动 NetNumen U31 R18 服务端进程的用户权限不正确。一般建议使用上次正常启动 NetNumen U31 R18 网管的用户来执行启动操作。如果启动用户权限不正确，以 root 用户身份将/netnumen/ems/目录（NetNumen U31 R18 系统的安装目录）可执行权限授予该用户，再重新

启动 NetNumen U31 R18 服务端进程。

②Java 虚拟机没有启动成功。检查 jvm 参数设置是否有错误,例如引入了中文非法字符等。检查 jdk-Solaris 文件夹下的压缩文件是否解压缩完毕。

③Oracle 数据库程序启动异常。以 Oracle 用户身份登录操作系统,执行命令 sqlplus sys/password@SID as sysdba(其中 password 需要替换成真实的密码),检查是否能成功连接 Oracle 数据库。如果不能连接,则进一步检查数据库实例和数据库监听是否异常。

修改数据库实例、数据库监听和网络服务器名配置,重新启动 Oracle 数据库服务。

④服务器配置文件异常。检查 ums-server/works/global/deploy/下的众多 deploy-*.properties 文件中的 server IP(Oracle 服务器地址)是否设置正确。

⑤NetNumen U31 R18 版本有问题。与最近一次可用的版本进行全版本比较,找出差异,看是否是版本问题。如果版本有问题,则下载正确可用版本,重新安装 NetNumen U31 R18 系统。

如果 NetNumen U31 R18 网管的运行目录含有空格,则 NetNumen U31 R18 服务器进程无法启动。检查 NetNumen U31 R18 服务器进程运行目录是否有空格,如果有,则去掉目录中的空格。

如果排除以上问题故障仍然存在,则反馈 NetNumen U31 R18 服务端和客户端日志给中兴通讯的维护人员定位问题。

6. 告警箱无法显示告警声光提示

(1)故障现象。告警箱无法显示告警声光提示。

(2)故障原因分析及处理方法。该故障涉及 NetNumen U31 R18 服务端和告警箱,需要双方设置都正确、网络连接正常,告警箱才能正确工作。具体排查步骤及解决方法如下:

①网络连接检查。检查 NetNumen U31 R18 服务器和告警箱之间的网络连接是否正常,互相是否可以 ping 通,排除网络连接问题。

● 排除网线连接问题。

● 排除 IP 地址冲突等问题。

● 避免告警箱端口号与 NetNumen U31 R18 服务端其他进程占用的端口冲突。

● 查看 NetNumen U31 R18 服务端上告警箱的配置,确保设置的告警箱 IP 地址、TCP 端口号与告警箱上的设置一样。

②NetNumen U31 R18 服务端设置检查。检查 NetNumen U31 R18 中告警箱的设置和状态是否正确。

● 在 NetNumen U31 R18 中查看对应的告警箱设置,确保告警箱状态为激活,通信状态为正常。

● 如果告警箱的通信状态显示为异常,双击告警箱查看其设置,检查告警箱 IP 地址和服务端口号设置是否与告警箱的实际 IP 地址和端口一致。修改正确后,再检查通信状态是否为正常。

● 如果故障仍存在,则双击告警箱查看其设置中是否在告警箱控制信息和发送到告警箱的告警中做了限制。单击"高级"按钮,打开告警箱规则对话框,查看其中是否设置了筛选告警的条件。

如果做了这些设置,则只有符合对应级别和规则的告警才能发送到告警箱,而如果当前告警中没有符合条件的告警,则不会有告警声光提示。所以需要取消这些设置。

（3）告警箱设置检查。登录告警箱，使用 tcpCfgShow 命令检查告警箱上是否正确设置了 NetNumen U31 R18 服务器的 IP 地址和端口号。

如果不正确，则使用命令 cfgTcpComm 配置告警箱与 NetNumen U31 R18 服务器之间的网络链接信息。

如果排除以上问题故障仍然存在，则反馈 NetNumen U31 R18 服务端和客户端日志给中兴通讯的维护人员定位问题。

7. 下级网管配置数据无法上报

（1）故障现象。NetNumen U31 R18 上没有下级网管的配置数据，会造成一系列故障，例如：

- 在创建性能任务时不能对应到下级网元的测量对象。
- 告警信息里面关联不到对象，对象 ID 为空。
- 在无线配置应用的某些功能中（例如网元关联关系管理），OMMB 侧资源无法和 OMMR 侧资源关联。

（2）故障原因分析及处理方法。一般有以下原因会造成 NetNumen U31 R18 上无法获得下级网元的配置数据，处理方法如下：

①下级网管和 NetNumen U31 R18 服务器通信链路断。检查下级网管和 NetNumen U31 R18 服务器的网络连接，排除链路故障。

②自动同步配置数据失败或者超时。手工发起配置同步操作。

在系统提示配置数据同步成功后，如果故障还存在，则将 NetNumen U31 R18 服务端和客户端日志发送给中兴通讯维护人员定位问题。

8. 下级网管告警信息无法上报

（1）故障现象。在 NetNumen U31 R18 网管系统上无法获得下级网管上报的告警信息。

（2）故障原因分析及处理方法。这个问题涉及 NetNumen U31 R18 系统和下级网管，具体排查步骤如下：

①检查 NetNumen U31 R18 系统和下级网管是否正常运行，排除运行故障。

②检查 NetNumen U31 R18 服务器和告警箱之间、NetNumen U31 R18 服务器和下级网管之间的网络连接是否正常，互相是否可以 ping 通，排除网络连接问题。

③检查 NetNumen U31 R18 服务端中告警相关设置是否正确，具体检查项目如下。

- 在 NetNumen U31 R18 服务端上查看下级网管对应的网元代理是否正常启动，连接状态是否正常。
- 修改网元代理属性与下级网管属性一致，重新启动网元代理。
- 在下级网管上检查是哪些类型的告警无法上报，这些告警属于哪些网元。如果是基站的告警，则检查在 NetNumen U31 R18 系统中这些基站状态是否为调测或告警调测。如果为调测或告警调测，则不向 NetNumen U31 R18 上报告警。将相关基站状态改为开通，可恢复向 NetNumen U31 R18 上报告警。
- 检查在 NetNumen U31 R18 系统中是否对该下级网管上报的告警设置了告警规则，使得相关告警将不上报到 NetNumen U31 R18，或上报到 NetNumen U31 R18 但被抑制不显示。
- 修改或删除相关告警规则，恢复显示相关告警信息。

如果经过上述处理故障仍存在，则将 NetNumen U31 R18 服务端和客户端日志发送给中兴通讯维护人员定位问题。

9. 下级网管性能数据无法上报

(1)故障现象。在 NetNumen U31 R18 网管系统上无法获取下级网管上报的性能数据。

(2)故障原因分析及处理方法。一般造成下级网管性能数据无法上报有以下可能原因。

①如果某些测量类型相关的性能数据一直未上报,其他测量类型相关的性能数据上报一直正常,则可能是各测量任务中不包含这些未上报的测量类型。创建测量任务包含这些测量类型。

②如果某些测量对象的性能数据一直未上报,而其他相同测量类型的测量对象上报了性能数据,则可能是各测量任务中不包含这些未上报的测量对象。进行如下检查和处理。

● 检查各测量任务中是否选中这些测量对象。建议创建通配型测量任务来避免测量对象增删时对测量任务的修改。

● 检查在 NetNumen U31 R18 系统中缺失性能数据的对应站点或局向是否为调测或性能调测状态。如果为调测或性能调测,则不向 NetNumen U31 R18 上报性能数据。

● 将相关基站状态改为开通,可恢复向 NetNumen U31 R18 上报性能数据。

③如果所有测量类型的性能数据突然持续没有上报,则可能是链路故障或磁盘空间不足。需要进行如下检查和处理。

● 检查下级网管是否正常运行,检查上下级网管之间、下级网管与网元之间的是否正常,排除故障。

● 检查下级网管服务端进程所在磁盘空间是否不足,检查 NetNumen U31 R18 服务端进程所在磁盘空间是否不足、数据库表空间是否不足。

● 如果空间不足,则删除无用数据文件,或进行扩容。

④如果所有对象类型的数据持续延迟固定时间,则可能是上下级之间时间未校准。修改 NetNumen U31 R18、下级网管和网元的时钟为一致。

⑤如果所有测量类型的性能数据都是断断续续的缺失,没有明显规律,则可能原因有:

● 在 NetNumen U31 R18 系统升级过程中可能会出现同时存在新旧两个版本的情况,旧版本的 NetNumen U31 R18 系统还有可能会到下级网管上取性能数据,导致新版本 NetNumen U31 R18 系统中性能数据不完整。

● 建议升级过程中,在新版本 NetNumen U31 R18 系统启动前一定要先在旧版本 NetNumen U31 R18 系统中暂停或删除各网元代理。

● 上下级之间的网络带宽不够。可以通过 FTP 传输一个大文件,查看文件传输时延。如果网络延迟过大,则适当增加网络带宽。

如果经过上述处理故障仍存在,则将 NetNumen U31 R18 服务端和客户端日志发送给中兴通讯维护人员定位问题。

10. 北向接口链路断

(1)故障现象。NMS 收不到任何消息,北向接口链路中断。

(2)故障原因分析及处理方法。一般造成北向接口链路中断可能有以下原因,处理方法如下:

● 服务器和 NMS 之间网络不通。检查 NetNumen U31 R18 服务器和 NMS 之间的网络连接是否正常,互相是否可以 ping 通,排除网络连接问题。

● NetNumen U31 R18 服务器上与 NMS 通信的端口被占用。使用 telnet 或者 netstat 命令检

查端口占用情况。如果被其他进程占用,则释放相关端口。

● 没有启动 CORBA 进程。执行 ps -ef |grep corbanotif 命令检查 CORBA 相关进程是否已经启动。

在 NetNumen U31 R18 控制台中重新启动各 CORBA 进程,如果故障仍无法排除,则重启 NetNumen U31 R18 系统。

● NMS 有故障。在日志中搜索 NMS 的对象引用,一般类似"IOR:3546576587…"这样的格式。如果 NMS 有故障,则日志中该类型对象会是 not active 状态。

重启 NMS 或让 NMS 自行检查问题。

如果经过上述处理故障仍存在,则将 NetNumen U31 R18 服务端和客户端日志发送给中兴通讯维护人员定位问题。

11. 无法向 NMS 上报配置数据

(1)故障现象。

● 批量配置上载时没有生成相应的文件。

● 批量配置数据上载时间很长,会话一直处在运行状态很长时间没有结束。

● 批量配置数据上载结束,会话显示操作失败。

(2)故障原因分析及处理方法。一般造成无法向 NMS 上报配置数据可能有以下原因,处理方法如下:

● 服务器和 NMS 之间网络不通。检查 NetNumen U31 R18 服务器和 NMS 之间的网络连接是否正常,互相是否可以 ping 通,排除网络连接问题。

● 使用 NMS 提供的 FTP 用户名、密码登录到对应的 FTP 路径,登录时反馈无写入权限,则申请开通。

● NetNumen U31 R18 网管系统向 NMS 上报配置数据时生成文件的目录空间不够,或配置数据本身规模过大。

检查 NetNumen U31 R18 服务端的 ums-server/rundata/ppus/minos. ppu/minos-naf. pmu/cm 目录,批量配置数据要在此生成一系列文件。如果该目录空间过小,则删除过时的文件(一般建议保留 3~5 天的文件即可),释放磁盘空间。

如果配置数据规模过大,可以将配置数据的上载分拆成多个操作,一次只上载一个子网下的配置数据。

● 配置数据存在问题,在数据转换时出现异常。可以将配置数据的上载分拆成多个操作,一次只上载一个子网下的配置数据。将上载失败的子网 ID 记录下来,并将 ums-server/works/naf_umts_corba/naf_umts_corba1/log 下的日志文件反馈给中兴通讯的维护人员定位分析。

12. 无法向 NMS 上报告警信息

(1)故障现象。NMS 收不到任何告警信息。

(2)故障原因分析及处理方法。一般造成无法向 NMS 上报告警信息可能有以下原因,处理方法如下:

● NetNumen U31 R18 上设置向 NMS 上报告警信息的过滤规则。清除过滤规则,确保有告警正常上报。

● 在 NetNumen U31 R18 订购文件中没有上级 NMS 的针对告警的订购信息,如果没有订购成功则无法向 NMS 上报。

● 如果故障仍未排除,则模拟产生一条告警或者对某一条告警增加注释。在该时间段的 CORBA 相关日志文件(例如/ems/ums-server/works/naf_＊＊＊_corba/naf_＊＊＊_corba1/log/gc-naf_＊＊＊_corba-2011-11-28-14-32-50. log)中以该告警 ID 为关键字进行搜索。将该告警相关的日志信息发送给中兴通讯的维护人员定位问题。

13. 无法向 NMS 上报性能数据

(1)故障现象。无法向 NMS 上报性能数据。

(2)故障原因分析及处理方法。一般造成 NetNumen U31 R18 网管系统无法向 NMS 上报性能数据可能有以下原因,处理方法如下:

● 没有在 NetNumen U31 R18 网管系统上创建相关性能任务或挂起了性能任务。在 NetNumen U31 R18 网管系统的性能管理窗口中查看是否有任务来源为上级 NMS 的相关测量任务,或相关任务未激活。如果不满足,则创建或激活 NMS 相关性能任务。

● 下级网管没有向 NetNumen U31 R18 网管系统上报相关性能数据,则 NetNumen U31 R18 网管系统上无性能数据,所以不向 NMS 上报。

在下级网管上检查是否有相关的性能任务,并确定是否能按时上报到 NetNumen U31 R18 上。如果不可以,则参照下级网管相关的故障处理方法解决问题。

● 对应的数据存储空间已经满了(包括 Oracle 性能表空间和性能数据文件存储空间)。检查 Oracle 表空间和性能数据存储磁盘空间。如果存在表空间和磁盘空间不足的现象,则扩大表空间、扩大磁盘容量或备份并清除旧数据并减少文件保留时间。

如果经过上述处理故障仍存在,则将 NetNumen U31 R18 服务端和客户端日志发送给中兴通讯维护人员定位处理。

任务小结

本任务主要介绍 WLAN 网管系统 U31 的架构及日常运维管理,了解 WLAN 网管系统 U31 的管理功能和告警管理的操作与维护。

工程篇

篇章引入

本篇主要讲解 WLAN 工程方面的知识,主要介绍 WLAN 无线网络勘察、网络规划的解决方案,学生应掌握 WLAN 网络项目模拟测试、无线网络干扰分析、WLAN 项目覆盖规划、无线信号划分、电波传播方式、室内室外覆盖方式、无线网络容量与频率规划、网络维护优化与典型解决案例方法。

通过本篇章学习,结合理论篇及实践篇的相关内容,完全融合贯通于整个的工程项目中,通过典型施工案例及工程施工场景,学生更深刻地掌握专业技术知识并能应用到工作中。

学习目标

- 掌握 WLAN 勘察设计。
- 掌握 WLAN 无线网络容量划分。
- 具备 WLAN 网络维护与典型案例。

WLAN工程勘察规划解决方案

WLAN无线网络勘察及干扰分析
- WLAN无线网络规划概述
- WLAN无线网络勘察
- WLAN模拟与测试
- WLAN无线网络干扰分析

WLAN无线网络覆盖规划
- WLAN信道特性
- WLAN网络覆盖方式
- 通信距离与覆盖范围

无线网络容量与频率规划
- DCF协议性能及饱和状态下系统归一化吞吐率
- 活动站点数目估算及单AP可接入
- WLAN无线网络频率规划
- 5.8 GHz频段频率规划及混合信道规划

网络维护优化与典型解决方案
- WLAN无线网络维护与优化
- WLAN无线网络测试内容
- WLAN网络优化方法
- "无线校园"解决方案

项目六

学会 WLAN 无线网络
勘察及干扰分析

任务一　了解 WLAN 无线网络规划概述

任务描述

介绍 WLAN 无线网路规划技术及设备演进，了解网络规划的意义和目标，熟悉 WLAN 无线网络规划总体流程。

任务目标

- 掌握 WLAN 无线网路规划技术及设备演进相关知识点。
- 了解网络规划的意义和目标。

任务实施

一、简述 WLAN 技术及设备演进

（1）第一代 WLAN 主要是采用 FAT AP（即胖 AP），每一台接入点（Access Point, AP）都要单独进行配置，费时、费力且成本较高。

（2）第二代 WLAN 融入了无线网关功能，但还是不能集中进行管理和配置。其管理能力、安全性以及对有线网络的依赖成为了第一代和第二代 WLAN 产品发展的瓶颈，由于这一代技术的 AP 储存了大量的网络和安全的配置，而 AP 又是分散在建筑物中的各个位置，一旦 AP 的配置被盗取读出并修改，其无线网络系统就失去了安全性。在这样的背景下，基于无线网络控制器技术的第三代 WLAN 产品应运而生。

（3）第三代 WLAN 采用无线网络控制器和 FIT AP（即瘦 AP）的架构，对传统 WLAN 设备的功能做了重新划分，将密集型的无线网络的安全处理功能转移到集中的 WLAN 网络控制器中

实现,同时加入了许多重要的新功能,诸如无线网管、AP 间自适应、射频(Radio Frequency,RF)监测、无缝漫游以及 QoS(Quality of Service,服务质量)控制,使得 WLAN 的网络性能、网络管理和安全管理能力得以大幅提高。

> + 知识链接 +
>
> **胖 AP、瘦 AP 技术区别**
>
> 1. 集中管理配置
>
> 胖 AP 没有全局统一管理;瘦 AP + AC 架构管理权集中在 AC,通过网管平台对 AP 设备进行批量发现、升级配置,以及无线链路的监测。
>
> 2. 安全策略
>
> 胖 AP 传统加密、认证方式,普通安全性;AP + AC 增加射频环境监控,基于用户位置安全策略,高安全性。
>
> 3. 信道间干扰
>
> AC 具备动态的射频管理能力,通过监测网内每个 AP 无线信号质量,根据设定的算法自动调整 AP 的工作信道和功率,以降低 AP 之间的干扰(目前各厂家都有自己设定的信道和功率调整算法,不统一)。
>
> 4. 设备自身的安全性
>
> 胖 AP 拥有全部配置,如果被盗,会被通过串口或网络接口获取无线网络配置信息,安全隐患大;AC + AP 做到了 AP 零配置,全部配置都保存在 AC 上,因此,即便是瘦 AP 被盗,非法入侵无法获取任何配置。

二、识记网络规划的意义与目标

随着 WLAN 技术的日益普及和市场的不断发展,运营商的 WLAN 网络将与企业相结合,热点将不断扩展,用户将不断增多,且在局部地区将出现用户大量集中的现象,如大型写字楼、会议室等;另外,多个运营商可能在同一地区共同部署网络。若 WLAN 网络规划不合理,则容易造成网络之间的相互干扰,进而降低用户体验。

WLAN 无线网络规划是根据覆盖需求、容量需求以及其他特殊需求,结合覆盖区域的地形地貌特征,设计合理可行的无线网络布局,以最小的投资满足当前需求,并保证网络易于未来扩展的过程。

完整的无线网络建设过程包括前期调研、网络规划、工程实施和网络优化等阶段。网络规划是整个建设过程中的关键阶段,决定了系统的投资规模,规划结果确立了网络的基本架构,且基本决定了网络的效果。合理的网络规划可以节省投资成本和建成后网络的运营成本,提高网络的服务等级和用户满意度。

网络规划的目标就是在一定的成本下,在满足网络服务质量的前提下,建设一个容量和覆盖范围都尽可能大的无线网络,并能适应未来网络的发展和扩容需求。

对于运营商来说,WLAN 系统所能提供的服务质量是其最关心的问题,其中,覆盖范围是服务质量的重要方面。同时,在无线频谱资源一定的情况下,如何增加网络容量、如何满足网络未来发展的需求,也是规划时需要考虑的。这些问题都需要通过网络规划来解决,通过网络规划可以使无线通信网络在覆盖、容量、质量和成本等方面达到良好的平衡。

三、阐明 WLAN 无线网络规划总体流程

WLAN 无线网络规划流程可以分为以下几个步骤：初步调研及勘察、干扰探测、覆盖规划、容量规划、频率规划、实地测试和调整优化。WLAN 无线网络规划的流程如图 6-1-1 所示。

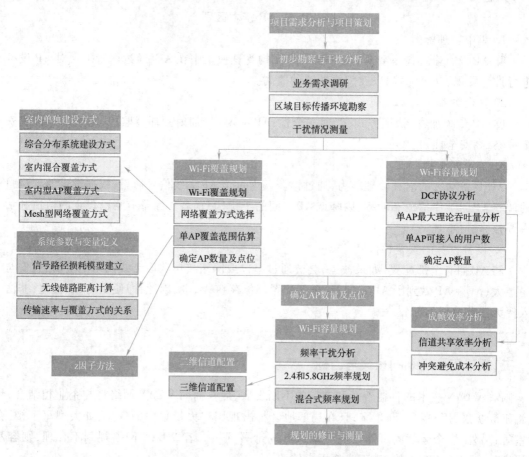

图 6-1-1　WLAN 无线网络规划流程

前期调研和勘察是 WLAN 网络规划的基础，是获得规划输入参数的过程。通过调研了解客户需求，明确网络的覆盖目标、应用背景、网络设计容量以及网络的预期质量，分析目标用户群规模和行为习惯，掌握用户数量、业务特征等情况。由于 WLAN 信号衰减较快，且多应用于室内环境，建筑结构和材质对 WLAN 信号的影响很大，故需要对目标区域进行现场勘察，获得现场环境参数以及传输、电源及点位等资源情况，为 WLAN 的规划、仿真做好前期准备。

另外，WLAN 使用的是非授权频段，需要实地测量 WLAN 覆盖现场的干扰情况，如有干扰源存在，如微波炉干扰和无绳电话干扰，需及早考虑屏蔽措施。

在覆盖规划阶段，应首先确定 WLAN 网络的覆盖方式，即采用室内还是室外覆盖方式、单独建设还是与采用与移动蜂窝网络合路等方式。确定覆盖方式之后，根据现场环境参数进行传播模型校正和无线链路预算，确定单 AP 的覆盖范围，进而得到发射功率与天线选型等参数，然后在此基础上初步确定 AP 点位及数量。在有条件情况下，可进行 WLAN 仿真，预测规划效果，并根据仿真结果进行调整，直到各项参数达到目标值为止。

容量规划是根据收集和预测的用户需求和单 AP 所能接入的用户数,来确定空间内的 AP 数量。并将此结果和前面计算的满足覆盖要求的 AP 数量进行比较,选择其中较大值,作为初步规划所需布放的 AP 数量。

经过覆盖规划与容量规划之后,根据前面确定的 AP 点位及数量合理地进行频率规划,规避频率干扰,力求将干扰降到最小。若频点始终无法合理规划,则需重新调整 AP 点位及数量。

最后,在 WLAN 设备安装完毕后要进行实地测试,确认是否达到预期效果,并及时做出相应的调整与优化,使网络性能达到最优。WLAN 网络规划的这几个步骤之间是相互关联、不可分割的,进行实际规划设计时应综合考虑这几个方面,才能减少网络规划往复。

任务小结

本任务通过介绍 WLAN 网管系统 U31 的架构及网管系统日常运维等等操作,了解 WLAN 网管系统 U31 的管理功能和告警管理的操作与维护,达到实践体验网管平台操作,熟悉设备网管后台操作管理的目的。

任务二　简介 WLAN 无线网络勘察

任务描述

本任务介绍 WLAN 无线网络勘察的用户需求,分析环境因素,了解 WLAN 无线网络现场勘察的流程。

任务目标

- 掌握 WLAN 无线网络勘察的用户需求,分析环境因素等相关知识点。
- 了解 WLAN 无线网络现场勘察的流程。

任务实施

一、探究用户需求

在进行 WLAN 网络建设之前,最好事先搜集技术上的需求,征询必要的信息以理清用户心目中有哪些期望是最重要的,勘察人员可以使用下列检查项来记录用户需求:

1. 吞吐量

WLAN 网络使用的设备类型以及资源规划在很大程度上将取决于需要承载的满足用户业务需求的吞吐量。

2. 覆盖范围

明确覆盖目标以及覆盖率。对难以覆盖的特殊区域进行覆盖时需要采取其他的策略,例

如,电梯井通常位于中央大楼的核心,比较难以覆盖。要在电梯里提供信号不难,但是大多数用户或许无此需要。

3. 用户密度

除了确定用户所在的热点位置,还需要注意覆盖区域内的用户密度。公共场所的用户通常比较密集,例如会议室、大厅和餐厅等。

4. 用户数目

需要明确估计使用 WLAN 网络的用户数量以及用户期望达到的网络服务质量,同时需要考虑未来的用户增长情况。

5. 实体上的考虑

需要明确 WLAN 网络中 AP 与主干网连接的方式,如在现有架构上进行铺设或重新铺设网线;需要保证对新增 AP 的供电;需要确定天线架设的方式,如暴露在外或进行隐藏。

6. 应用上的特性

需要明确不同业务类型对网络质量的不同要求,例如对时延的敏感程度、对误块率的敏感程度等。

二、分析环境因素

网络所处的环境对勘察结果也有很大的影响。AP 和用户之间的障碍物会导致无线信号的散射、折射和反射,从而造成信号质量下降。以下是需要考虑的环境因素:

1. 天线位置

减少 AP 和用户终端直线间的障碍就可以最大程度地降低对信号的影响。在有各种文件柜的办公室环境内,将天线放置在较高的位置一般会改善其对于室内各用户的信号质量。

2. 障碍物

诸如架子、柱子之类的障碍物都会影响 WLAN 设备的性能,无线信号受到金属障碍物的影响比其他物体更明显。所以要特别注意 AP 和用户之间大型的金属障碍物,例如存储柜及金属架子等。

3. 建筑材料

无线电波穿透性能受建筑材料影响很大,例如玻璃比混凝土砖块允许更大的无线电波传输距离。

4. 物理环境

整洁或空旷的环境能够比封闭或拥挤的环境提供更大的覆盖距离。

三、无线网络勘察准备

在进行现场勘察前,勘察人员需要根据选址原则与设计规范的要求,制定勘察站点列表,安排勘察计划,并通过业主等方面获取站点的建筑设计图。如站点已经建设有移动室内分布系统覆盖、小区覆盖等,勘察前需准备 GSM/TD-SCDMA 室内分布系统施工图纸,以便现场勘察时作为馈入方案的参考。

1. 勘察设备准备

在进行现场勘察前,勘察人员应将勘察所需设备准备好。工具有:相机、直尺、皮尺或测距仪、GPS、指北针、照明用品、四色笔、笔记本式计算机、勘察纸、胶水、标签、频谱扫描设备、WLAN

测试软件、勘察记录表。

2. 勘察准备工作

(1)根据选址原则和设计规范要求,制定勘察站点列表与安排勘察计划。

(2)提前与勘察地点的业主取得联系,得到业主的勘察准许(记录好业主的联系方式)。

(3)如站点已经建设有移动公司室内分布系统覆盖、小区覆盖等,勘察前需准备室内分布系统施工图纸,以便现场勘察时作为馈入方案的参考。

(4)如无勘察地点的建筑示意图,应与业主进行沟通,获得尽可能详细的大楼建筑图纸,建筑图纸应包括以下内容:

- 每个楼层的平面图。
- 楼层各个方向立体图。
- 大楼内部强电井、弱电井施工图纸。
- 大楼内部可用电源及传输线路示意图。

四、识记 WLAN 无线网络现场勘察

(一)勘察信息记录

勘察记录表使用要求统一,记录时字迹清晰、填写完整,绘制示意图时要求有必要的尺寸标注、指北方向标识以及设备安装位置定位和周边情况注释。

(1)在勘察记录表上填写项目名称、站点名称、站点详细地址。

(2)在勘察记录表上填写勘察人员、勘察日期。

(3)在站点所在位置记录卫星定位经纬度,经纬度表示方式要统一。

(4)了解站点属于何种类型以及目标区域、特殊区域的位置数量和特征等,将详细情况记录在勘察记录表上。

(5)了解站点覆盖目标区域用户情况,记录在勘察记录表上。

(二)勘察照片拍摄原则

为了便于了解建筑物结构,需要拍摄照片,加深记忆。拍照之前要选择特征楼层,这样能够保证以较高的效率完成照片拍摄工作,并提供足够的建筑物特征信息。

照片拍摄时要遵循以下原则:

(1)拍摄站点外观照片、周边环境照片,以说明站点特征。对于室外环境,应尽量拍摄带有建筑物明显特征的外形轮廓全景照。对于室内环境,应对于楼层平面布局、天花板结构特征、窗户和屋门等进行拍照。

(2)拍摄以太网交换机设备安装位置照片。

(3)在新增 WLAN 天线位置处拍摄照片。

(4)如果属于馈入方式引入 WLAN 系统,需拍摄原有设备间照片。

(5)拍摄现有电力系统照片,要求照片质量达到可看清电力设备标识的程度。

(6)拍摄楼层馈线穿孔位置。

(7)拍摄异常结构(如大的金属物件)。一般的商业楼宇对于室内摄影、摄像控制比较严格,因此拍摄室内照片需要获得业主许可。

(三)WLAN 无线接入勘察要求

1. 基本要求

(1)依据站点选址、设计规范确定,结合现场情况初步确定站点的分布方式。

(2)现场勘选 AP 设备的可用安装位置,并在勘察记录表上草绘示意图。

（3）对照建筑示意图，标明楼宇的内部结构、材质等信息。

（4）根据现场情况确定天线类型、增益、安装位置、安装方式以及天线覆盖方向，并草绘天线安装位置示意图。天线安装位置选择时应充分考虑目标覆盖区域，减少信号传播阻挡、避开干扰源。

（5）现场确定连接 AP 设备的各类线缆（超五类线、电源线、馈线）的路由。

（6）勘查人员需要与业主沟通，确认业主对设备安装是否有特殊要求（如明装、暗装、隐蔽安装等）。

2. 馈入原有分布系统要求

对于采用合路馈入原有分布系统提供覆盖的情况，应现场核实原有分布系统天线位置是否能够合理有效地满足 WLAN 覆盖要求，如果不能满足，需要按照设计规范中的要求，现场拟定原有天线迁移方案以及确定新增天线数量和位置，并在勘察记录表上草绘示意图。同时对于拟定的新增天线的位置进行摄像，并在照片上标记天线位置示意图。

勘察人员应在现场初步确定 AP 设备合路馈入分布系统的具体位置，同时使用数码相机对位置进行拍摄。馈入点如在建筑吊顶内，则需选择靠近检修口的位置，以便于安装维护。

对于合路共用天线的情况，经现场拟定建设方案后，需详细记录下需要更换为双频或多频天线的位置以及数量。

3. 新建室外站点要求

如需新建站点，则在现场勘察的过程中，需要确定在天线安装所要求的位置与高度上是否有安装条件。如果需要新建天线抱杆、桅杆、铁架等各类支撑，需在现场确定其安装位置和高度等，并将架设方案绘制在勘察记录表上。

室外安装天线时，应考虑到 AP 设备与天线的距离不能过远的原则，落实好 AP 设备的安装位置。

由于室外天线一般都距离建筑物有一定的距离，因此需要在勘察时考虑到如何保障室外设备、线缆等的安全。

（四）交换机勘察要求

（1）根据初步方案中 AP 设备数量，初定以太网交换机型号以及交换机数量。

（2）勘查人员应现场确定交换机的安装位置，并在勘察记录表上绘制安装草图。安装位置应具备安全性、可操作维护性、可扩容性。

（3）勘查人员应现场确定以太网交换机至各个 AP 设备的线缆布放路由以及以太网交换机至配套设施的线缆连接路由。

（4）当以太网交换机至 AP 设备的线缆路由长度超过 100 m 时，需要增设五类线信号中继器或者增设一台以太网交换机，其间以光纤联通，保证 AP 设备与交换机间信噪比不会严重恶化。

（5）对于确定的交换机安放位置、布缆位置等，需要使用数码照相机进行拍摄，每个位置拍摄 1~2 张照片。

（五）配套设施勘察要求

1. 电源

（1）AP 供电方式。对于每一个 AP 设备，需要现场确定供电方式，如果不具备单独使用

220 V 市电供电条件,需提出以太网远端供电要求,并估算所需设备数量。对于确定的电源位置,需要拍摄照片进行存档,同时,在勘察记录表中进行位置记录。

AP 设备安装于室外时,需根据设备情况,配置交流电缆或者由中频控制电缆对其供电。勘察时需要确定电缆长度、路由以及输电端点。电缆路由长度不应超过 90 m。

(2)以太网交换机供电系统。如果利用已有电力系统,需详细记录现有电力系统情况,包括已用空气开关数量、剩余空气开关数量、上级开关能力。如果新建电力系统,需记录引电节点、引电电缆路由、交流配电盘以及电表安装位置。安装位置需要摄像记录。

2. 传输

根据现场情况,记录具备何种传输上联条件:光纤直接上联、通过 E1 线路上联、通过租用专线上联。根据不同上联条件,绘制上联设备安装位置草图。

3. 防雷接地

(1)现场勘察需按照《通信局(站)防雷与接地工程设计规范》YD/T5098—2005 中的要求,对防雷接地系统能力进行核查。对于不能满足规范要求的站点,需注明新建或改建防雷接地系统,并勘选接地引入路由。

(2)所有需要连接室外天线的射频馈线,在进入室内前,均要求接地。

(3)设备保护地、馈线、天线支撑件的接地点应分开。每个接地点要求接触良好,不得有松动现象,并作防氧化处理(加涂防锈漆、银粉、黄油等)。

4. 防水防尘

在勘察现场应注意待安装仪器的工作环境,对于空气中湿度较大、灰尘杂质含量较多的环境,应做以专门记录,以便后续采取相应解决方案。

5. 勘察结果整理

(1)对于勘察记录表应尽快进行电子化,以便保管和使用,勘察记录表按照"勘察时间—勘察地点"的命名方式进行命名。

(2)对于数码相机拍摄的照片,应立即导入电脑中,并且按照"勘察时间—勘察地点—用途"的命名方式对数码照片进行命名。

(3)如有 AutoCAD 格式的电子版建筑图纸,则在平面图上标记确定的 AP 位置、以太网交换机位置、电源供电位置以及走线位置。

(4)对于每次勘察,建立专门的文件夹保管所有资料,文件夹按照"勘察时间—勘察地点"的命名方式进行文件夹命名。此文件夹中应包含以下内容:勘察记录表、勘察照片、建筑图纸。

(5)分阶段对站点勘察成果进行汇总,并建立专门的勘察数据库对阶段性资料进行存储。

任务小结

本任务是介绍 WLAN 无线网路勘察的用户需求,分析环境因素,了解 WLAN 无线网络现场勘察的流程。

任务三 掌握 WLAN 无线网模拟测试

任务描述

本任务介绍 WLAN 无线网模拟测试的目的、测试环境及要求;应了解 WLAN 无线网模拟测试的测试工具、熟悉 WLAN 无线网模拟测试的流程,明白相关测试的步骤。

任务目标

● 了解 WLAN 无线网模拟测试的目的、测试环境及要求等相关知识点。

● 了解 WLAN 无线网模拟测试的测试工具,熟悉 WLAN 无线网模测的流程及相关测试步骤。

任务实施

一、阐明模拟测试目的

为了获得传播特征信息,需要进行模拟测试。模拟测试有三个目的:

(1)完成测试之后,确定测试场景的铺设系统方案和天线布置方案。

(2)通过大量的测试数据的分析,获得 AP 典型覆盖半径,以及典型的隔墙、楼板、天花板的穿透损耗值。

(3)对于模拟测试结果不理想的位置,重新进行勘察,提出新的布置方案。

二、简述测试环境及其他要求

(1)应在实际使用环境下测试,以验证实际环境下的网络性能。

(2)具备测试需要的设备、电源和安全条件。

(3)按统一规定的测试方案进行,测试过程有相关技术人员陪同或参与。

三、了解模测测试工具

(1)WLAN 所用 2.4 GHz 频段信号发射机,要求可步进调节频率,以及发射功率满足 WLAN 常用频点模拟测试要求。

(2)WLAN 频段所使用的各类天线,包括全向吸顶天线、对数周期天线、定向板状天线、高增益定向天线。

(3)已知传输损耗的定长同轴馈缆。

(4)WLAN 频段测试用接收机若干部。

(5)测试区域建筑图以及测试记录表。

四、熟知模拟测试流程

模拟测试流程如图 6-3-1 所示。

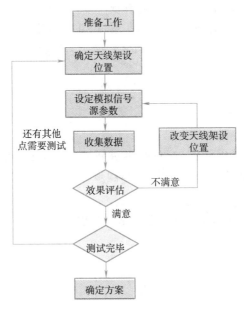

图 6-3-1 模拟测试流程图

五、掌握测试步骤

1. 准备工作

准备工作主要包括物业协调、测试工具协调、测试人员安排等,还需要准备楼宇平面图纸和模测记录表格。

2. 确定天线架设位置

根据平面结构、天线输出功率以及边缘强度要求,确定天线候选位置和天线类型。将测试天线架设于工程预装位置,连接测试信号发射机、同轴馈缆和测试天线。天线候选位置为设计中预计要安放的并且有实际操作可能的天线架设位置。通过现场勘测以及与业主交流,确定天线候选位置。

3. 设置模拟信号源参数

原则上按照设计需要设定信号源参数。

4. 收集数据

选择目标区域边缘、阴影区域以及业务高发区域进行多点测试,标明测试点位置并记录接收信号场强。记录接收信号最小值和接收信号中值,并计算测试点至测试天线间的路径损耗。

5. 效果评估

针对目前实际测得数据,结合预先设想的区域覆盖效果,两者进行对比。对于结果不理想的区域,重新调整天线位置和发射机参数,直至满意为止。

6. 模拟测试结果整理

(1)对于模拟结果记录表需要尽快电子化,按照"模测—时间—地点"的命名方式对表格进行命名。

（2）要根据模拟结果记录表，在平面建筑图上对于测试结果进行标注，使其成为路径损耗示意图。

（3）要根据模拟测试结果编写模拟测试报告。模拟测试报告需包含：模拟测试情况、测试结果、路径损耗分布图、目标区域接收信号最小强度，并给出建设方案是否可行的结论。

（4）分阶段对站点勘察成果进行汇总，并建立专门的模拟测试数据库对阶段性资料进行存储。

任务小结

本任务介绍 WLAN 无线网模测的目的、测试环境及要求；了解 WLAN 无线网模测测试工具，熟悉 WLAN 无线网模测的流程，明白相关测试步骤。

任务四　理解 WLAN 无线网络干扰分析

任务描述

本任务介绍无线通信中的干扰类型，应了解蓝牙对 WLAN 的干扰分析。

任务目标

- 了解无线通信中的干扰类型等相关知识点。
- 了解蓝牙对 WLAN 的干扰分析。

任务实施

一、探究无线通信中的干扰类型

（一）按干扰机理分类

干扰可以定义为影响通信的一种信号，当干扰信号进入接收机时，会影响正常的判决过程。根据其形成机理，干扰可以分成两种类型：一种是加性干扰，一种是乘性干扰。加性干扰可以视为类噪声的源，包括来自其他相似系统、本系统内部或者元件非线性产生的噪声（如滤波器的互调信号或码间干扰）；而乘性干扰是由无线系统中信号的反射、衍射和散射而导致的多径效应产生。

1. 加性干扰

加性干扰由通信设备的有源或者无源器件产生，一般服从正态分布，且功率谱是平坦（白）的。

（1）同频干扰（Co-Channel Interference，CCI）是指与有用信号处在相同载波频率的干扰。

（2）邻频干扰（Adjacent Channel Interference，ACI）可以分为带内干扰（In-band）和带外干

扰(Out-of-band)。前者是指干扰信号的中心落入期望信号带宽之内,干扰落入期望带宽之外的则是带外干扰。具有相同功率级的邻频干扰和同频干扰同时存在时,邻频干扰通常影响较小。

(3)互调干扰(Intermodulation Interference),是指在模拟信号转换和处理的过程中(如变频、放大等),由于器件的非线性可能会产生寄生信号,从而在相邻信道上产生干扰。当非线性器件被许多载波同时使用时,就会产生互调产物,从而导致信号的失真。

(4)码间干扰(Inter-Symbol Interference,ISI)是数字通信系统中除噪声之外最重要的干扰。造成 ISI 的原因有很多,信道的衰减和群时延失真都可能导致信号波形失真,产生 ISI。实际上,只要传输通道的频带是有限的,就会不可避免地造成一定的 ISI。以一定速度传输的波形序列受到非理想信道的影响表现为各码元波形持续时间拖长,从而使相邻码元波形产生重叠,造成判决错误。而当线性失真严重时,ISI 就会比较严重。为了消除码间干扰,通常有两条途径:第一,传输系统具有均匀且无穷宽的频带,这样传输信号将不产生任何失真,但实际上是不可能的;第二,只保证信号在取样时刻无码间干扰,而对非取样点的取样值不做要求。

(5)远近效应(Near-Far Effect,NFE)发生在蜂窝移动通信系统中。移动台的位置在基站的服务区内随机分布。假设存在两个移动台,其中一个距离基站较远,另一个距离基站较近,如果两个移动台的发射机同时以相同功率和相同频率发射,远端弱信号就会被近端强信号湮没。由于距离不同而造成的路径损耗称为远近干扰,表示为多条路径的路径损耗之比。

2. 乘性干扰

乘性干扰是由无线系统中信号的反射、衍射和散射而导致的多径效应产生。

(1)第一类多径干扰:由快速移动用户附近的物体反射而形成的干扰。其特点是在信号频域上产生多普勒(Doppler)扩散而引起的时间选择性衰落。

(2)第二类多径干扰:由远处山丘或者高大建筑物反射而形成的干扰。其特点就是信号在时域上产生扩散,从而引起相对应的频率选择性衰落。

(3)第三类多径干扰:由基站附近的建筑物和其他物体反射而形成的干扰信号,其特点是严重影响到达无线信号入射角的分布,从而引起空间选择性衰落。

(二)按干扰来源分类

1. 系统外干扰

系统外干扰是指来自其他系统的干扰。例如 ISM 频段存在大量无线设备,每个系统都可能承受来自其他系统的干扰。

2. 系统内干扰

系统内干扰是无线通信中的另一类主要干扰,其产生原因是在同一无线通信系统内,由于多个用户要求同时通信,而又不能完全隔离彼此信号而引起的干扰。

(三)提高通信可靠性的手段

无线通信的主要特征就是误码率高(可靠性低)和带宽受限(传输容量受限),这就需要采取一系列措施来检测和纠正无线传输过程中的错误,从而提高通信可靠性。可采用编码技术、调制技术、多址技术、实时处理技术,信号检测技术(如信道估计、RAKE 接收、多用户检测等),还可结合空域的智能天线、空时编码等技术。其具体手段如表6-4-1所示。

表 6-4-1　提高通信可靠性的手段

干扰类型		表　现	解决方法
加性干扰	同频干扰	频带重叠	频率分隔
	邻频干扰	边带干扰	
	互调干扰		增加器件线性范围
	远近效应	近处信号覆盖远端	功率控制
	白噪声		信道编码、调制
乘性干扰	第一类多径	时间选择性衰落	信道交织
	第二类多径	频率选择性衰落	自适应均衡和 RAKE 接收
	第三类多径	空间选择性衰落	空间分集
多址干扰			功率控制、多用户检测

（四）2.4 GHz ISM 频段干扰

2.4 GHz ISM 频段是目前唯一的在世界范围内通用和开放的频段,该频段也因此存在许多来自各种不同系统的干扰信号,例如射频识别(Radio Frequency Identification,RFID)、WLAN 和 WPAN(Wireless Personal Area Network,无线个人局域网,包括 Bluetooth、Zigbee、WiMedia 和 HomeRF 等)。部分 ISM 频段无线通信设备如表 6-4-2 所示。

表 6-4-2　ISM 频段无线设备

无线连接技术	蓝牙	HomeRF	IEEE 802.11b	IrDA
传输介质	微波	微波	微波	红外光
最大速率/(Mbit/s)	1	10	11	4
范围/m	10	50	100	1
扩频方式	FHSS	FHSS	DSSS	
抗干扰性	中	中	低	高
功耗	低	高	高	低

此外,ISM 频段还存在微波炉、无绳电话等设备,因此各设备之间存在干扰,干扰的大小与干扰的形式、频率和强度等诸多因素有关。由于各种无线技术的机制不同,相互之间的干扰有不同的特性。有的干扰是无规则的,或者规则难以预料的,如微波炉的干扰、人为主动干扰等;有的干扰是非协作系统之间的干扰,如 FCC15.247 标准规定的无绳电话、蓝牙和 HomeRF 等。下面分别对其干扰原理进行介绍。

1. 微波炉干扰

微波炉辐射基频为 2.45(±0.05) GHz,其射频输出的功率范围为 500 ~ 700 W,在宽频带内产生的辐射会对周围的电子通信设备产生影响。其原理主要是脉冲扩展,它靠磁控管发射电波,发射的信号是连续波,当交流市电为 220 V/50 Hz 时,对于一个任务周期是 0.5 的磁控管,其有效工作时间是 $1/50 \times 0.5 = 10$ (ms),其频率辐射展开的频段很宽(几十甚至几百 MHz),可能将整个 ISM 的工作频段都湮没在微波炉的辐射干扰之中。所以要对微波炉加以屏蔽。

2. 无绳电话干扰

无绳电话的发射功率较低,一般小于 10 dBm,跳频扩频(Frequency Hopping Spread Spectrum,FHSS) 系统的无绳电话带宽只有 1 MHz,直接序列扩频(Direct Sequence Spread

Spectrum,DSSS)系统的无绳电话的 6 dB 带宽通常小于 2 MHz。无绳电话对 WLAN 设备的影响取决于无绳电话的信号强度、占据的带宽、与 WLAN 设备之间的距离和频率间隔。实验数据表明,采用 FHSS 或 DSSS 的无绳电话系统对 DSSS 的 WLAN 设备一般没有明显影响。当 DSSS 无绳电话系统的发射功率较大(如超过 20 dBm)、带宽较宽(大于 3 MHz),且两种设备距离很近时,才会对 WLAN 设备产生较大影响。测试结果建议,IEEE 802.11 设备的载波频率应距这些无绳电话的载波频率大于 20 MHz。而 FHSS WLAN 设备在上述环境下性能有显著下降。

3. 蓝牙干扰

蓝牙也是 ISM 频段中广泛使用的技术之一,它采用 FHSS 技术,一般使用 79 个信道,每信道带宽为 1 MHz,跳频速率为 1 600 Hz。蓝牙工作频段为 2 400～2 483.5 MHz,而 WLAN 的工作频段为 2 400～2 497 MHz,二者在频域上有很大的重叠,因此蓝牙信号是 2.4 GHz WLAN 的主要干扰源,当蓝牙帧落在 IEEE 802.11b 帧的频段上时,从频域上看就是典型的窄带信号对直接序列扩频信号的干扰。蓝牙采用了一系列独特的措施,如自适应跳频(Adaptive Frequency Hopping ,AFH)、侦听(Listen Before Talk,LBT)和功率控制等技术来克服干扰,避免冲突。AFH 技术是蓝牙技术中采用的预防频率冲突的机制,它能对干扰进行检测和分类、编辑跳频算法以使跳频通信过程自动避开被干扰的跳频频点,然后把分配后的变化告知网络中的其他成员,并周期性地维护跳频集,从而以最小的发射功率、最低的被截获概率,达到在无干扰的跳频信道上长时间保持优质通信的目的。

二、简述蓝牙对 WLAN 的干扰分析

蓝牙系统和 2.4 GHz 频段的 WLAN 系统工作于同一频段,二者共存时,其帧在时域和频域都有冲突。在频域方面,由于频率重叠会增加 WLAN 误码率,从而影响 WLAN 系统吞吐量。在时域方面,数据帧冲突也会对 WLAN 系统吞吐量造成影响。蓝牙系统对 WLAN 的干扰程度取决于由 WLAN 和蓝牙设备帧交叠引起碰撞的概率。

为说明这种干扰的影响,德州仪器公司在 2000 年进行了一系列测试,在存在互相干扰的条件下测量 WLAN 与蓝牙链路的流量。结果表明,干扰的发射方与受影响的接收方之间的距离左右着这一影响的程度。

从图 6-4-1 和图 6-4-2 中可以看出,对 WLAN 来说,蓝牙在相隔 3 m 以内的距离对 WLAN 的使用影响明显,随着距离的增大这种影响逐渐降低,并且在间距超过 3 m 之后 WLAN 因蓝牙干扰而导致的数据包丢失几乎可以忽略不计。

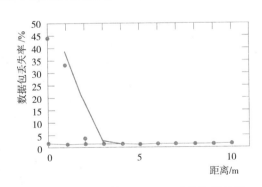

图 6-4-1　蓝牙干扰下 WLAN 系统的丢包率

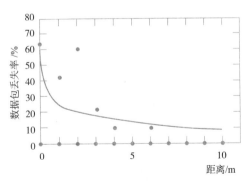

图 6-4-2　WLAN 干扰下蓝牙系统的丢包率

对蓝牙来说,WLAN 在相隔 10 m 以上的距离对蓝牙的使用影响较小,并且这种影响会随着距离的增加逐渐降低,但并不能减小到足以忽略不计的地步。在受到 WLAN 近距离干扰的情况下,蓝牙信号将很有可能被彻底切断。通过对比不难发现,总体上蓝牙因 WLAN 干扰而导致的数据包丢失情况更严重一些。

为缓解这种影响,蓝牙社团开发了 AFH(自适应跳频技术)、侦听和功率控制等技术来克服干扰,自动避免这类干扰。AFH 是蓝牙 1.2 版本中的功能,可以使蓝牙链接利用跳频次序有选择地避开那些存在干扰的信道。于是,蓝牙可以自动改变自己的频率,以躲开一个使用中的 WLAN 信道,因而可以减少冲突,提高数据流量。

但是,AFH 并没有为使 WLAN 与蓝牙和谐共处而提供一套完整的解决方案,而只解决了部分问题。它只是躲避干扰,而不是共存。现在还有其他的共存方案,其中最佳的方案是使两个 MAC(Medium Access Control,媒体接入控制)层进行沟通,以便仲裁使用的频谱。为两类链接提供 IC 的制造商正准备提供这种共存方案。

任务小结

本任务是通过无线通信中的干扰类型和蓝牙对 WLAN 的干扰分析等知识点学习,达到了解无线网络干扰分析流程的目的。

项目七

认知 WLAN 无线网络
覆盖规划

任务一 介绍 WLAN 信道特性

任务描述

本任务介绍无线信道的特征;概论 WLAN 室外信道及其特征以及 WLAN 室内信道及其特征。

任务目标

- 了解无线信道特征的相关知识点。
- 了解 WLAN 室内/室外信道及其特征。

任务实施

一、阐述无线信道特性

在无线信道中,发射机和接收机之间的传播路径可能是两点之间的直视射线,也可能存在山脉、建筑物和各种植被等多种障碍物。在实际环境中,对电波传播起主要作用的各种反射、衍射和散射体可能是不断运动的,因而这类无线信道与固定信道有着非常显著的差别,它是随机而不可预测的。无线信道对于系统性能有非常重要的影响,无线电在信道中的传播特性直接影响着物理层和协议层的设计,以及对接收信号的处理方法。

（一）无线电波传播方式

无线电波可通过多种方式从发射天线传播到接收天线。

第一种方式是自由空间波。就电波传播而言,发射机同接收机间最简单的方式是自由空间传播。自由空间指该区域是各向同性(沿各个轴特性一样)且同类(均匀结构)。

第二种方式是地波。陆地无线通信系统中,无线电波主要是以地波的形式传播。地波传播可看作是三种情况的综合,即直达波、反射波和表面波。从发射天线发出的一些能量通过直射路径直接到达接收机,另外一些能量经从地球表面反射后到达接收机,还有部分能量通过表面波方式到达接收机。表面波在地表面上传播,地面不是理想的,有些能量被地面吸收。由于表面波随着频率的升高衰减增大,传播距离很有限,所以在分析无线通信信道时,在距离较远时主要考虑直达波和反射波的影响。而在距离较近时,如室内场景,就要考虑表面波。

第三种方式是对流层反射波。对流层反射波产生于对流层。对流层是异类介质,由于天气情况而随时间变化。它的反射系数随高度增加而减少。

第四种方式是电离层反射波。对于波长小于 1 m(频率大于 300 MHz)的电磁波,电离层可看作反射体。从电离层反射的电波可能有一个或多个跳跃。这种传播用于长距离通信。

(二)电磁波传播机制

1. 直射传播

直射传播又称视线(Line Of Sight, LOS)传播,是指在视距范围内无遮挡的传播。它是超短波和微波的主要传播方式。由于直射波是无遮挡的传播,因此该方式传播的信号强度最强。

2. 反射传播

电磁波在传播过程中如果遇到比波长大得多的障碍物时,就会发生反射。反射通常发生在地球表面、墙面、天花板和地板以及其他物体的表面。反射是产生多径效应的重要原因。在室外应用中,经过多次反射后,信号强度已经减弱了很多,有时甚至可以忽略。而在室内,由于距离较短,反射物较多,因此要特别重视。

3. 绕射传播

移动信道中,电磁波在传播时,如果遇到的障碍物有比较尖锐的断面,那么电磁波还会发生衍射。由于衍射,电磁波会越过障碍物到达接收天线,即便在收发天线之间没有视线路径存在,接收天线仍然可以接收到电磁信号。这是因为,电磁波在障碍物的表面产生了二次波,其效果仿佛电磁波绕了障碍物;障碍物前方的各点可以作为新的波源产生球面波次级波,次级波在障碍物的后方形成了绕射场强,从而向后逐级传播。

在移动信道中(频率较高),衍射的物理性质取决于障碍物的几何形状、衍射点电磁波的振幅、相位以及极化状态。通常当障碍物大小与波长处于同一数量级时发生衍射,在该种情况下所引起的损耗称为绕射损耗。

设障碍物与发射点和接收点的相对位置如图 7-1-1 所示。图中,x 表示障碍物顶点 P 到直射波 TR 的距离,称之为菲涅尔余隙。当障碍物阻挡直射波时,$x < 0$;当障碍物未阻挡直射波时,$x > 0$。

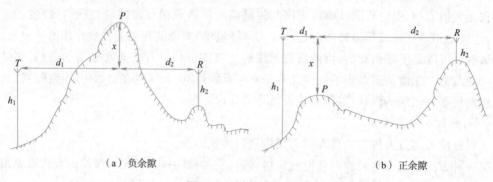

(a)负余隙　　　　　　　　　　　　　　(b)正余隙

图 7-1-1　障碍物与余隙

由障碍物引起的绕射损耗与菲涅尔余隙的关系如图 7-1-2 所示。图中,纵坐标为绕射所引起的绕射损耗,单位为 dB;横坐标为 x/x_1,其中 x_1 是第一菲涅尔区在 P 点横截面的半径。根据天线理论知识,x_1 可由式(7-1-1)得到:

$$x_1 = \sqrt{\frac{\lambda d_1 d_2}{d_1 + d_2}} \qquad (7\text{-}1\text{-}1)$$

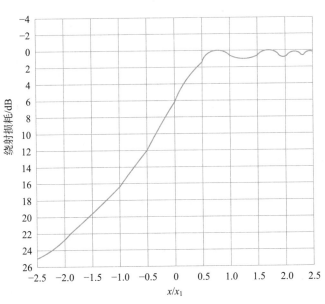

图 7-1-2　绕射损耗与余隙关系

由图 7-1-2 可见,当 $x/x_1 > 0.5$ 时,绕射损耗约为 0 dB,即障碍物对直射波传播基本上没有影响。因此,在选择天线高度时,应根据地形尽可能使服务区内各处的菲涅尔余隙 $x > 0.5x_1$;当 $x < 0$ 时,绕射损耗急剧增加;当 $x = 0$ 时,绕射损耗约为 6 dB。

4. 散射传播

在实际的移动通信中,传播介质中包含有大量几何尺寸远小于无线电波波长或者表面粗糙的颗粒,这些颗粒将会反射能量而使其散布于各个方向,即发生散射。散射的结果是造成接收信号的能量比上述反射模型和绕射模型预测的场强要大。

在实际环境中,移动信道中不光滑的物体表面、树叶、街头的各种标志以及电线杆等都可以发生散射。

5. 透射传播

当电磁波射向障碍物时可能发生透射。透射产生的损耗与物体的厚薄和材质有关。电磁波的频率也影响信号的穿透能力。

采用 IEEE 802.11b/g 标准对目标区域进行 WLAN 网络覆盖时,工作频段为 2.4 GHz。AP 发射的信号在遇到障碍物时,会产生穿透损耗。在 WLAN 设计和建设过程中尤其需要对 RF 信号的穿透能力有充分的认识和估计。结合工程经验和实际测试数据,表 7-1-1 总结了 WLAN 建设过程中常见的障碍场景下的穿透衰减情况。

表 7-1-1　WLAN 的 RF 信号穿透衰减一览表

序　号	RF 障碍物	相对衰减度	范　例	穿透损耗
1	木材	低	办公室分区	约 3~6 dB
2	塑料	低	内墙	约 3~6 dB
3	合成材料	低	办公室分区	约 3~6 dB
4	石棉	低	天花板	约 3~6 dB
5	玻璃	低	窗户	约 8 dB 左右
6	水	中	湿木、养鱼池	约 8~10 dB
7	砖	中	内墙和外墙	约 8~12 dB
8	大理石	中	内墙	约 10~12 dB
9	纸	高	壁纸	约 12~15 dB
10	混凝土	高	楼板和外墙	约 12~20 dB
11	承重墙	高	浇筑水泥墙	约 20 dB
12	防弹玻璃	高	安全隔间	约 20 dB 以上
13	混凝土楼板	高	楼层	约 30 dB 以上

根据上述各种障碍场景的不同情况,在网络设计过程中需要做出合理的穿透损耗估计,以保证覆盖区域能有良好的覆盖。

在衡量墙壁等对于 AP 信号的穿透损耗时,需考虑 AP 信号入射角度。一面 0.5 m 厚的墙壁,当 AP 信号和墙壁之间直线连接呈 45°角入射时,相当于 1 m 厚的墙壁;在 2°时相当于超过 14 m 厚的墙壁。所以要获取更好的接收效果应尽量使 AP 信号能够垂直地(90°)穿过墙壁或天花板。

(三)无线信道的传播损耗和效应

无线信道的随机性与不确定性及其带来的传播上的特点,对接收点的信号将会产生如下三类不同的损耗和两种效应。

1. 路径传播损耗

路径传播损耗指电波在空间传播所产生的损耗,它反映了在宏观大范围空间内传播的接收信号电平平均值的变化趋势。它是距离和障碍物的函数。自由空间的传播损耗为:

$$L_p = 32.4 + 20\log f + 20\log d \tag{7-1-2}$$

式中,f 为频率(MHz),d 为距离(km)。可以通过增大发射和接收天线的增益来补偿这些损耗。与自由空间的路径损耗相比,平坦地面传播的路径损耗为:

$$L_p = 10\gamma\log d - 20\log h_c - 20\log h_m \tag{7-1-3}$$

式中,$\gamma = 4$,基站(BS)和移动台(UE)的天线高度分别为 h_c 和 h_m。

该式表明增加天线高度一倍,可以补偿 6 db 损耗;而移动台接收功率随着距离的 4 次方变化,即是距离大一倍,接收到的功率减小 10 db。

2. 慢衰落损耗

典型的慢衰落即阴影衰落,是指由于电波传播路径上受到建筑物及山丘等的阻挡而产生的阴影效应所造成的损耗。它反映了中等范围内(数百波长量级)的接收电平的均值起伏变化的趋势,一般遵从对数正态分布。

3. 快衰落损耗

大量传播路径的存在就产生了所谓的多径现象,其合成波的幅度和相位随移动台的运动产生很大的起伏变化,从而造成快衰落损耗。它反映了微观小范围内(数十波长以下量级)接收电平的均值起伏变化的趋势,一般遵从瑞利分布或莱斯分布。

慢衰落与快衰落的比较,如图 7-1-3 所示。

4. 阴影效应

当用户在覆盖区内移动,可能会经过建筑物或其他阻挡物的后面,这就会导致信号恶化后又变好的现象。

5. 远近效应

即使各用户站发射功率相同,到达相同基站的信号强弱也可能不同,离基站近信号强,离基站远信号弱。通信系统的非线性则进一步加重它们的强弱关系,出现强者更强、弱者更弱和以强压弱的现象。

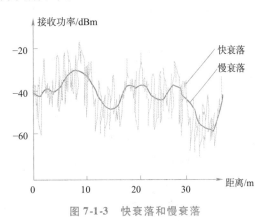

图 7-1-3 快衰落和慢衰落

二、概论 WLAN 室外信道及其特征

室外部署 WLAN 网络,服务于室内外用户,无线连接通过空气传输数据,避免了道路使用权问题。而且,WLAN 网络的扩容性很好,不易受到地理位置的限制。由于无线传输提供的仅仅是一个完全透明的链路(符合 IEEE 802.11),所以符合并支持所有的网络协议(如 TCP/IP),兼容各种网络接口标准,满足了各种操作系统的需要。

设立室外 WLAN 需要考虑很多因素:需要连接的建筑物必须要能保持明确的视线,像高大的树木和建筑物等障碍物都会直接影响无线电波的传输。在降低标称速率的情况下,可以增加建筑物之间的传输距离,进行远距离传输。由于 WLAN 连网设备大都要求"视距"传输,因此,天线高度的设定很重要。如果天线的高度不够,靠增加功率放大或增大天线增益的方法得到的效果将非常有限。在无线覆盖区域内,要规划并选择一个不会与其他无线通信干扰的信道。通过 WLAN 跨路连接建筑物时,天线可以安装在屋顶上,利用小型天线保持电波的集中,并避免来自其他企业的干扰。尽管无线网络利用了跳频技术,使得频率载波很难被检测到,但是,还可以在 AP 设置网络 ID 号,这样只有当双方设置了同样的 ID 号,用户才能和 AP 同步并接到网络中。此外,将传输的数据进行加密是进一步提高安全性的手段。

WLAN 在室外主要有以下几种结构:点对点型、点对多点型、多点对点型和混合型。

(1)点对点型常用于固定的要联网的两个位置之间,是无线联网的常用方式,使用这种联网方式建成的网络,优点是传输距离远,传输速率高,受外界环境影响较小。

(2)点对多点型常用于有一个中心点、多个远端点的情况下。其最大优点是组建网络成本低、维护简单;其次,由于中心使用了全向天线,设备调测相对容易。该种网络的缺点也是因为使用了全向天线,波束的全向扩散使得功率大大衰减,网络传输速率低,对于距离较远的远端点,网络的可靠性不能得到保证;其次,由于多个远端站共用一台设备,网络延迟增加,导致传输速率进一步降低,且中心设备损坏后,整个网络就会停止工作;此外,所有的远端站和中心站使用的频率相同,在有一个远端站受到干扰的情况下,其他站都要更换相同的频率,如果有多个远端站都受到干扰,频率更换将更加麻烦,且不能相互兼顾。

(3)多点对点型实际上是多个点对点型的组合,在有一个中心点、多个远端点的网络中经常使用,每一个远端点在中心点都有各自对应的设备。这种方式组成的网络由于每个点采用的都是点对点方式,所以中心点的一台设备损坏后,只会影响相关的一个点,不会使整个网络受到影响。但在组建一个较大的网络时,如果每个点都使用点对点方式,将增加网络成本。

此外,由于点对点方式在两个方向上都使用了定向天线,在设备安装调测过程中会有一些困难。但是,考虑到网络建成后使用上的稳定性以及可靠性,建议使用点对点方式组网。

(4)混合类型适用于所建网络中有远距离的点、近距离的点,还有建筑物或山脉阻挡的点的情况。在组建这种网络时,综合使用上述几种类型的组网方式,对于远距离的点使用点对点方式,近距离的多个点采用点对多点方式,有阻挡的点采用中继方式。

对于室外环境,因为一般 WLAN 小区的覆盖范围较小,因此采用自由空间传播模型。

(1)自由空间传播模型。

自由空间是指一种充满均匀且各向同性的理想介质的无限大的空间。自由空间传播则是指电磁波在该种环境中的传播,这是一种理想的传播条件。当电磁波在自由空间中传播时,其能量没有介质损耗,也不会发生反射、绕射或散射等现象,只有能量进行球面扩散时所引起的损耗。

在实际情况中,只要地面上空的大气层是各向同性的均匀介质,其相对介电常数 ε_r 和相对磁导率 μ_r 都等于 1,发射点与接收点之间没有障碍物的阻挡,并且到达接收天线的地面反射信号的强度可以忽略,在这种情况下,电波可视为在自由空间传播。

根据电磁场与电磁波理论,在自由空间中,若发射点采用全向天线,且发射天线和接收天线增益分别为 G_T、G_R(单位 dB),则距离发射点 d 处的接收点的单位面积电波功率密度 S 为:

$$S = E_0 \times H_0 = \frac{\sqrt{30 P_T G_T G_R}}{d} \cdot \frac{\sqrt{30 P_T G_T G_R}}{120 \pi d} = \frac{P_T G_T G_R}{4 \pi d^2} \tag{7-1-4}$$

式中,S 为接收点电波功率密度,单位为 $\mathrm{W/m^2}$;E_0 为接收点的电场强度,单位为 $\mathrm{V/m}$;H_0 为接收点的磁场强度,单位为 $\mathrm{A/m}$;P_T 为发射点的发射功率,单位为 W;d 为接收点到发射点之间的距离,单位为 m。

根据天线理论,可得接收点的电波功率为:

$$P_R = S A_R = \frac{P_T G_T G_R}{4 \pi d^2} \cdot \frac{\lambda^2}{4 \pi} = P_T G_T G_R \left(\frac{\lambda}{4 \pi d} \right)^2 = P_T G_T G_R \left(\frac{c}{4 \pi f d} \right)^2 \tag{7-1-5}$$

式中,P_R 为接收点的电波功率,单位为 W;A_R 为接收天线的有效面积,单位为 $\mathrm{m^2}$;λ 为电磁波波长,单位为 m;其他变量的意义同式(7-1-4)。

由式(7-1-5)不难看出,接收点的电波功率与电波工作频率 f 的平方成反比、与收发天线间距离 d 的平方成反比,与发送点的电波功率 P_T 成正比。

自由空间的传播损耗 L 定义为有效发射功率和接收功率的比值,可表示为:

$$L = 10 \lg \frac{P_T}{P_R} \tag{7-1-6}$$

式中,L 的单位为 dB。

当 G_T、G_R 均为 1 时,将式(7-1-5)带入式(7-1-6)可得:

$$L = 10\lg \frac{P_T}{P_R} = 10\lg \left(\frac{4\pi d}{\lambda} \right)^2 = 20\lg \frac{4\pi d}{\lambda} = 20\lg \frac{4\pi fd}{c} \tag{7-1-7}$$

或者

$$L = 32.45 + 20\lg d + 20\lg f \tag{7-1-8}$$

式(7-1-7)中,d 的单位为 m,f 的单位为 Hz;式(7-1-8)中,d 的单位为 km,f 的单位为 MHz。

由式(7-1-7)和式(7-1-8)可知,自由空间的传播损耗仅与传播距离 d 和工作频率 f 有关,并且与 d^2 及 f^2 均成正比;并且当 d 或 f 增加一倍时,L 增加 6 dB。

在 2.4 GHz 频段的自由空间电磁波的传播路径损耗符合式(7-1-9):

$$L = 100 + 20\lg d \tag{7-1-9}$$

需要说明的是,前面的关系式不能用于任意小的路径长度,这是因为接收天线必须位于发射天线的远场中。对于物理尺寸超过几个波长的天线,通用的远场准则是 $d \geq 2l^2/\lambda$。其中,l 为天线主尺寸。

(2)平坦反射表面(地面)的双线传播模型。

除了卫星通信及个别情况外,自由空间传播损耗模型并不适用于陆地等实际环境,而比较适合的模型为平坦反射表面的双线传播模型。

假设收发信机的天线都位于地球海拔高度之上,两天线之间是平坦的地面,到达接收天线的电波是直射波和反射波之和,如图 7-1-4 所示。设发射天线和接收天线的高度分别为 h_T 和 h_R,收发天线之间距离为 d,且 $h_T \leq d, h_R \leq d$。

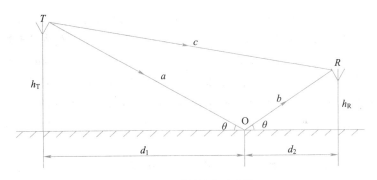

图 7-1-4　反射波与直射波

通常,在考虑地面对电波的反射时,按平面波进行处理,即电波在反射点的反射角等于入射角。不同界面的反射特性可用反射系数 Γ 表示,它定义为反射波场强与入射波场强的比值,其表达式为:

$$\Gamma = |\Gamma| e^{-j\varphi} \tag{7-1-10}$$

式中,$|\Gamma|$ 为反射波场强与入射波场强的振幅比,φ 为反射波相对于入射波的相移。

在图 7-1-4 中,由发射天线 T 发出的电磁波分别经直射波 TR 和反射波 TOR 到达接收天线 R,由于两者之间的传播路径不同,从而会在接收天线 R 处产生附加相移。直射波与反射波之间的路径差为:

$$\Delta d = a + b - c = \sqrt{(d_1 + d_2)^2 + (h_T + h_R)^2} - \sqrt{(d_1 + d_2)^2 + (h_T - h_R)^2}$$

$$= d\left[\sqrt{1 + \left(\frac{h_T + h_R}{d}\right)^2} - \sqrt{1 + \left(\frac{h_T - h_R}{d}\right)^2}\right] \tag{7-1-11}$$

式中，$d = d_1 + d_2$。

在实际情况下，一般 $d \gg h_T + h_R$，则式(7-1-11)根据二项式定理可以展开为(只取展开式的前两项)：

$$\sqrt{1 + \left(\frac{h_T + h_R}{d}\right)^2} \approx 1 + \frac{1}{2}\left(\frac{h_T + h_R}{d}\right)^2 \tag{7-1-12}$$

将式(7-1-12)带入式(7-1-11)并化简可得：

$$\Delta d = \frac{2h_T h_R}{d} \tag{7-1-13}$$

因此，由路径差 Δd 引起的附加相移：

$$\Delta \varphi = \frac{2\pi}{\lambda} \Delta d = \frac{4\pi h_T h_R}{d\lambda} \tag{7-1-14}$$

式中，$2\pi/\lambda$ 为传播相移常数。它影响发射波和直射波之间的相位。

在接收天线处的接收功率近似为：

$$P_R = P_T G_T G_R \frac{(h_T h_R)}{d^4} \tag{7-1-15}$$

用对数表示为：

$$10\lg P_R = 10\lg(P_T G_T G_R) + 20\lg h_T + 20\lg h_R - 40\lg d \tag{7-1-16}$$

上述两式表明，当天线高度加倍时，接收功率增加 6 dB；收发天线之间的距离加倍时，接收功率下降 12 dB。接收信号功率近似按收发天线之间的距离的 4 次幂的规律衰减。

实际传播环境更为复杂，但基本上都按照幂定律规律传播，即 $P_R = k/d^n$。其中 n 为距离功率斜率。因此，确定 n 非常重要。通常的做法是对大量实际测量的数值进行线性回归处理，用突变点(Break Point，BP)将双线模型的传播路径分成两个本质截然不同的区域，分别有不同的幂定律路径损耗，或者说有不同的距离功率斜率。在信道情况比较复杂时，也可以将此种方法推广至多个突变点。

理论上可以通过菲涅耳区来确定突变点的位置。突变点的位置实际上就是当地面开始阻挡第一个菲涅耳区时收发天线之间的距离。突变点离波源的距离为：

$$d_b = \frac{1}{\lambda}\sqrt{(A^2 - B^2)\left(1 - \frac{\lambda^2}{2}\right) + \left(\frac{\lambda}{2}\right)^4} \tag{7-1-17}$$

式中，$A = h_T + h_R$，$B = h_T - h_R$。当频率非常高时，上式可简化为 $d_b = \frac{4h_T h_R}{\lambda}$。

在突变点之前的近区(在微蜂窝测量中约为 150 m)，接收信号电平变化缓慢，距离功率斜率 $n_1 \approx 2$，并且会发生在介于最大值和最小值之间的剧烈震荡，振荡频率约为 $\frac{2h_r}{\lambda}$。在突变点之后的远区，接收信号电平以 $n_2 \approx 4$(通常在 2 ~ 8 之间)的幂定律衰减。

通过大量实验测量，总结得到的距离功率斜率如表 7-1-2 所示。

表 7-1-2　不同环境下距离功率斜率

环　境	距离功率斜率 n
自由空间	2
郊区宏小区	2.7 ~ 3.5
有遮挡的郊区宏小区	3 ~ 5
市区宏小区	3 ~ 4,接近 4
市区微小区	3.5 ~ 9
建筑物或工厂内有 LOS 条件	1.6 ~ 2
室内开放环境,障碍物可见	2 ~ 4
室内有障碍物	4 ~ 6

总结幂定律的传播特性可得路径损耗 L_p 为:

$$L_p = L_0 + 10n\lg d \tag{7-1-18}$$

式中,$L_0 = 10\lg P_T - 10\lg P_0$ 为第 1 m 的路径损耗(P_0 为第 1 m 处的接收功率),等式右边第二项为相对于第 1 m 的接收功率损耗。实际的接收功率(dB)等于发射功率减去总路径损耗 L_p。

三、叙述 WLAN 室内信道及其特征

在室内环境中,虽然 AP 覆盖范围很小,但周围环境却可能变动很大。建筑物内信号的传播受到建筑物的布局、建筑物所使用的材料、建筑物的类型以及各种干扰等因素共同作用的影响。

无线信号在室内传播也同样有四种方式:直射、反射、绕射和散射。但是,在室内环境中对无线电磁波传播的影响因素更多。例如,建筑物内部的门是否开着,收发机之间是否有人走动;同时,天线的安装位置也很重要,天线安装在桌面还是房顶对接收信号的强度有较大影响。

在同一楼层中,从 900 MHz 到 4 GHz 频段的无线信道衰落特性没有太大区别;但随着频率的变化和楼层的不同,就会有显著的差异。对于 5 GHz 频段、17 GHz 频段和 60 GHz 频段,其室内无线信道特性则会有更大的不同。

与室外信道相比,室内信道的信号在平均强度上表现为快变化和深度衰落。在室内环境中不存在高速移动的用户,因此,多普勒频移可以忽略。此外,室内无线信道不论是在时间还是在空间位置上都是非平稳的。

在建筑物内或室内,还要考虑波导效应对电波传播的附加影响。波导可以看作是在隧道中发生的特殊传播现象。在这种环境下,功率损耗比自由空间要小,可看作是波导增益。随着频率的增加,功率损耗减小。

对于室内环境,宜选取衰减因子模型或办公室内路径损耗模型作为室内无线传播模型,下面分别予以详细介绍。

(一)衰减因子模型

衰减因子模型适用于建筑物内的传播预测,它包含了建筑物类型影响以及阻挡物引起的变化。这一模型灵活性很强,预测路径损耗与测量值的标准偏差约为 4 dB,而对数距离模型的偏差可达 13 dB。衰减因子模型为:

$$\overline{L}(d) = \overline{L}(d_0) + 10\gamma_{SF}\lg\left(\frac{d}{d_0}\right) + \alpha d + FAF \tag{7-1-19}$$

式中，d_0 表示参考距离，一般取经验值 1 m；d 表示发射机与接收机之间的距离；α 表示信道衰减指数，单位为 dB/m，典型办公环境取值为 0.2；γ_{SF} 表示同层测试的指数值（同层指同一建筑楼层），对于不同类型覆盖区域，γ_{SF} 有所不同，见表 7-1-3。FAF（Floor Attenuation Factor）表示附加楼层衰减因子，在遇到障碍物时，可根据障碍物的类型折算相应的损耗，典型障碍物的 FAF 参考值见表 7-1-4。

表 7-1-3　γ_{SF} 在各种不同区域下的取值

覆盖区域类型	开阔区域	半开阔半封闭区域	全封闭区域
路径损耗的指数值 γ_{SF}	2.5	3	3.5

表 7-1-4　典型障碍物的 FAF 参考值　　　　　　　　　　单位：dB

玻 璃 墙	普通砖墙	钢筋混凝土墙	金属、隔音墙
2 ~ 3	8 ~ 10	15 ~ 18	25 以上

或者在式（7-1-19）中，FAF 由考虑多楼层影响的指数所代替，也即：

$$\overline{L}(d) = \overline{L}(d_0) + 10\gamma_{MF}\lg\left(\frac{d}{d_0}\right) \tag{7-1-20}$$

式（7-1-20）中，$\overline{L}(d_0) = 20\lg\left(\frac{4\pi d_0}{\lambda}\right)$，$\gamma_{MF}$ 表示基于测试的多楼层路径损耗指数，典型建筑物的路径损耗指数如表 7-1-5 所示。

表 7-1-5　各种建筑物的路径损耗指数

各种建筑物	所有地点	同层	穿过 1 层	穿过 2 层	穿过 3 层
路径损耗指数	3.14	2.76	4.19	5.04	5.22

一般取 $d_0 = 1$ m，$f = 2.4$ GHz，代入式（7-1-19）有：

$$\overline{L}(d_0) = 100 + 20\lg(10^{-3}) = 40 \text{（dB）} \tag{7-1-21}$$

根据实际工程经验，写字楼的楼层之间基本采用钢结构或混凝土结构，屏蔽信号的能力非常强，如果只考虑信号对同层的覆盖，可忽略 FAF 的影响，因此衰减因子模型表达式（7-1-19）可简化为：

$$\overline{L}(d) = 40 + \gamma_{SF}10\lg\left(\frac{d}{d_0}\right) + \alpha d \tag{7-1-22}$$

对于室内环境中的传播损耗预测，可以采用经验公式法，即通过多组实际测试数据对上述理论传播模型进行校正，获得接近室内实际使用环境下的 WLAN 无线信号传播模型。下面以某写字楼单层楼面为例，介绍基于衰减因子模型的模型校正方法。

在模型公式基础上，对某写字楼单层楼面，选取多个典型位置进行测量，通过模型校正得出特定环境的同层衰减指数 γ_{SF}。传播损耗测试记录如表 7-1-6 所示。

表 7-1-6　传播损耗测试记录

距离的对数 lg(d)	去掉 FAF 后的损耗值	距离的对数 lg(d)	去掉 FAF 后的损耗值
0.933 234 129	74.20	0.918 659 293	83.04
0.947 335 676	69.20	0.960 993 709	67.20
0.714 245 911	60.20	0.871 748 019	70.20
1.057 095 290	76.70	0.933 234 129	81.70
1.046 182 891	72.70	1.224 843 717	79.00
1.202 297 556	79.70	0.933 234 129	71.00
0.759 290 033	71.70	1.088 277 876	74.00
0.714 245 911	68.70	1.135 736 744	74.00
0.854 913 022	75.70	1.107 888 025	74.00
0.780 173 244	66.70	0.999 565 488	80.00
0.987 085 030	76.70	0.999 565 488	83.00
0.689 841 409	66.29	0.887 954 704	67.00
0.837 339 024	65.04	1.339 967915	87.00
0.837 339 024	71.04	1.153 357 471	82.00
0.759 290 033	75.04	0.999 565 488	83.00
0.947 335 676	71.70	1.232 106 293	90.00
0.837 399 024	66.04	0.854 913 022	69.00
0.933 234 129	76.04	1.088 277 876	79.00
0.947 335 676	73.04	1.011 697 288	71.00
0.780 173 244	70.04	0.987 085 030	71.00
0.759 290 033	61.04	1.034 989 216	73.00

线性模型校正如图 7-1-5 所示。

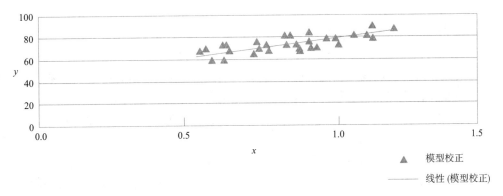

图 7-1-5　线性模型校正

经过线性模型校正,得到式(7-1-23):

$$y = 35.188x + 40 \tag{7-1-23}$$

通过对理论传播模型进行线性校正确定了类似于这样的办公环境的传播模型:

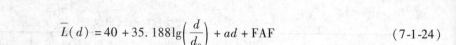

$$\overline{L}(d) = 40 + 35.188\lg\left(\frac{d}{d_0}\right) + ad + \text{FAF} \tag{7-1-24}$$

即 γ_{SF} 同层衰减指数为 3.518 8。

结果显示其功率衰落要远大于自由空间的传播公式所得出的结果。在自由空间模型中,功率衰落同收发信机的距离的平方成反比。本例得出的模型公式显示在室内环境中的功率衰落同距离的 3~4 次方成反比,这是因为通过不同路径到达接收天线的电磁波产生的多径效应对主信号会产生严重干扰。

(二)办公室内路径损耗模型

参考 UMTS(Universal Mobile Telecommunications System,通用移动通信系统)的路径损耗模型,终端天线高度为 1.5 m,室内(办公室)路径损耗基于 COST 231 - Hata 模型,定义如下:

$$L = L_{fs} + L_c + \sum k_{wi}L_{wi} + n_f^{\left(\frac{n_f+2}{n_f+1} - b\right)} \times L_f \tag{7-1-25}$$

式中,L_{fs} 为收发信机之间的自由空间损耗;L_c 为固定损耗,一般取 37 dB;k_{wi} 为类型 i 的透射墙数,墙的类型一般根据墙的厚度、材料等来划分;n_f 为被穿透楼层数,室内办公环境的平均值为 4,计算容量时通常取 3;L_{wi} 为类型 i 的墙的损耗;L_f 为相邻层之间的损耗;b 为经验参数。表 7-1-7 所示为损耗类型的加权平均值。

表 7-1-7　损耗类型的加权平均值

损耗类型	描　　述	因子/dB
L_f	典型地板结构(如办公室) • 空心砖 • 钢筋混凝土(Reinforced concrete) • 厚度 < 30 cm	18.3
L_{w1}	轻型内墙 • 灰泥板(Plasterboard) • 带许多洞的墙(如窗户)	3.4
L_{w2}	内墙 • 混凝土、砖 • 很少的洞	6.9

在办公室环境下,室内路径损耗模型为:

$$L(R) = 37 + 30\lg R + 18.3n_f^{\left(\frac{n_f+2}{n_f+1} - 0.46\right)} \tag{7-1-26}$$

式(7-1-26)中,R 为收发天线之间的距离,单位为 m;n_f 为在传播路径中楼层数。在任何情况下,L 在数值上应大于自由空间的损耗,对数正态阴影衰落标准偏差为 12 dB。

如果只考虑在房间内的覆盖,则可不考虑穿墙的透射损耗。模型可简化为:

$$L(R) = 37 + 30\lg R \tag{7-1-27}$$

2.0 GHz 的 UMTS 和 2.4 GHz 的 WLAN,两者的室内办公化环境下的路径损耗只相差约 1.5 dB。

与一般无线信道一样,WLAN 室内路径损耗模型也可用对数-距离路径损耗模型来描述,即:

$$L(d) = L(d_0) + 10n\lg\left(\frac{d}{d_0}\right) \tag{7-1-28}$$

式(7-1-28)中,n 为路径损耗指数,$L(d_0)$ 为参考距离(如 1 m)上的路径损耗。使用环境和对应的路径损耗指数见表 7-1-5。在室内办公环境中,路径损耗参考值为 37 dB,路径损耗指数取 3。

任务小结

本任务介绍了无线信道的特征以及 WLAN 室外信道及其特征。通过本任务应了解 WLAN 室内信道及其特征。

任务二 理解 WLAN 网络覆盖方式

任务描述

本任务是介绍 WLAN 网络覆盖的建设方式以及不同室内覆盖方式的对比;需要我们熟知 WLAN 网络覆盖的建设方式以及不同室内覆盖方式的区别等。

任务目标

- 了解 WLAN 网络覆盖的建设方式以及不同室内覆盖方式的对比。
- 了解 WLAN 网络覆盖的建设方式以及不同室内覆盖方式的区别及其特征。

任务实施

WLAN 网络大体可以分为下面两种覆盖场景,五类覆盖方式。

(1)室内覆盖场景:主要有单独建设、综合分布系统建设、混合建设三种不同的覆盖方式。由于 WLAN 系统工作频段较高,信号反射和绕射损耗较大,同时接收机灵敏度低(与移动基站/手机相比),因而规划人员需要跟据现场勘察的实际情况进行覆盖方式选择。在具体方案设计中,如果需要对现场勘察所拟定的方案进行修改,则需要在方案修改后对站点现场进行第二次勘察。

(2)室外覆盖场景:室外型 AP 覆盖方式、Mesh 型网络覆盖方式。

一、简述室内单独建设方式

室内单独建设方式是目前最简单、应用最广的 WLAN 网络建设方式。图 7-2-1 为某办公楼 WLAN 网络点位图。

1. 覆盖方式原理及结构

室内单独建设方式采用 AP 直接覆盖或 AP 挂接独立室内天线的覆盖方式,直接布放 AP,不依托室内分布系统。该方式主要根据 WLAN 网络的覆盖和容量需求在相应的位置布放 AP,并将走线长度控制在允许范围内,随后的链路预算只需计算空间损耗即可。

WLAN 室内单独建设方式结构如图 7-2-2 所示。

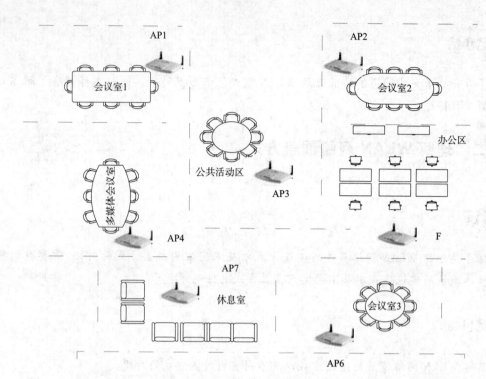

图 7-2-1　某办公楼 WLAN 网络点位图

图 7-2-2　WLAN 室内单独建设方式结构图

2. 覆盖方式要求

（1）室内单独建设方式中，AP 需要支持远端管理和远端供电功能，建议采用远端馈入供电模块供电。

（2）综合考虑覆盖和容量两方面因素，确定该网络所需 AP 数量及其摆放位置。

（3）根据 AP 的摆放位置，确定其占用的频点，尽量降低同邻频干扰造成的影响。

（4）对于 AP 外接天线建议满足表 7-2-1 所示指标。

表 7-2-1　AP 外接天线指标

天 线 类 型	吸顶式全向天线	壁挂式定向天线
增益	2 ~ 5 dBi	7 ~ 10 dBi
驻波比	≤1.4	≤1.4
互调特性	< −110 dBm	< −110 dBm
水平波瓣宽	360°	—
垂直波瓣宽	≥65°	—

天 线 类 型	吸顶式全向天线	壁挂式定向天线
水平面半功率波束宽度	—	60°～120°
输入阻抗	50 Ω	50 Ω
功率容量	50 W	50 W
极化方式	垂直极化	垂直极化

一般来说,室内单独建设方式布放 AP 点位选择比较灵活,基本可以使用适合 WLAN 覆盖的最佳点位;并且由于使用了较多的 AP,可以获得较大的网络容量。但由于需布设大量 AP,设计及安装所需的人力和物力成本很高。

二、探知 WLAN 综合分布系统建设方式

随着信息化的高速发展,用户对通信服务的要求也不断提高。传统的移动网络覆盖方式下,室内信号质量差,容量不足,单天线覆盖的范围有限,已经不能满足用户的需求。在这种情况下,迫切需要在热点地区建设共用室内分布系统,以满足不同层面用户对移动通信服务的要求。

WLAN 综合分布系统就是指使用同一套室内分布系统,实现 GSM、TD-SCDMA 和 WLAN 三种信号的覆盖。室内分布系统主要由信号源和分布系统两部分组成。目前很多高档写字楼已经进行了移动通信的室内分布系统建设,在引入 WLAN 时可以考虑采用馈入原室内分布系统的建设方式;另外,没有室内分布系统的楼宇在规划建设室内分布系统时可以将 WLAN 信号一同考虑。

下面按新建和馈入原分布系统两种情况分别对 WLAN 综合室内分布系统建设进行分析。

(一)新建 WLAN 综合分布系统

在城市化进程中,新大楼不断涌现,新建筑物室内覆盖需求日益增强,如何新建一个 WLAN 综合分布系统是不可回避的话题。下面首先介绍多系统合路方案,然后对覆盖方式要求进行分析。

1. 覆盖方式原理及结构

对于面积较小、话务密度比较低的建筑物,GSM 网络一般采用微蜂窝、直放站等作为信号源,通过无源同轴电缆分布式系统进行室内覆盖。当对这些建筑进行 WLAN 和 TD-SCDMA 信号覆盖时,可将 WLAN 和 TD-SCDMA 信号直接与 GSM 信号源耦合输入系统,实现分布系统共享。

但在实际建设过程中,由于 TD-SCDMA 和 WLAN 输出功率远小于 GSM 系统的输出功率,这种简单的前端合路方式会造成 TD-SCDMA 与 WLAN 网络覆盖范围小、信号强度弱的情况,有时甚至造成盲区的出现。

所以一般采用 WLAN 信号源后端合路的方式。TD-SCDMA 信号源采用小功率、多通道的输出方式,多通道输出方式可以通过连接多个 RRU 实现。GSM 信号源采用大功率、单功放的输出方式。WLAN 信号源输出功率有限,在数据业务需求的很小区域(如地下室、电梯、车库等),没有必要进行 WLAN 网络的覆盖,所以按不同的数据业务需求选取 WLAN 覆盖楼层。如图 7-2-3 所示,在支路 1 和支路 i 上合路了 WLAN 信号,在支路 j 上没有 WLAN 信号。可以根据输出功率的情况在适当的位置添加系统干放,以满足覆盖的需求,对不能达到覆盖要求的区域可以适当地增加 WLAN AP 设备。

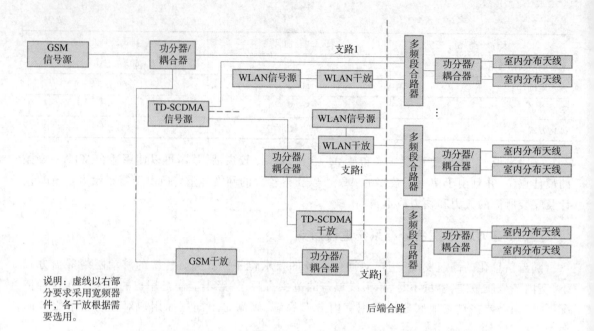

说明：虚线以右部分要求采用宽频器件，各干放根据需要选用。

图 7-2-3　TD-SCDMA + GSM + WLAN 共用室内分布结构图（方式一）

除了图 7-2-3 所示的合路方式外，还可以采用将 TD-SCDMA + GSM 信号源一级合路，再将 WLAN 二级合路的方式，如图 7-2-4 所示。

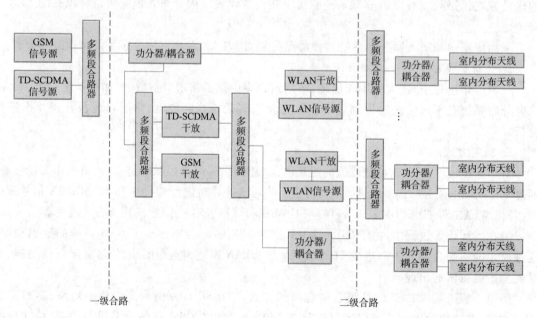

图 7-2-4　TD-SCDMA + GSM + WLAN 共用室内分布结构图（方式二）

对比图 7-2-3 和图 7-2-4 可以看出，第一种合路方式适合于 TD-SCDMA 采用多通道输出的信源，而第二种方式更适合于 TD-SCDMA 单通道与 GSM 直接合路的情况。

2. 覆盖方式要求分析

为了多系统能够共用室内分布系统，需要综合考虑设备兼容性、系统间干扰和功率匹配等方面的因素。

（1）设备兼容性要求。设备兼容主要考虑天线、功分器、耦合器等无源设备的工作频段，为了确保多系统都可以正常工作，所有无源设备都必须是宽频的。新建室内分布系统的功分器、耦合器及天线的工作频率范围至少要保证为 885～2 483.5 MHz。

（2）系统间干扰。由于 TD-SCDMA、GSM 和 WLAN 三种信号共用分布系统，其中任意一种信号的谐波、泄露、杂散等干扰信号都会不同程度地影响另外两套系统的正常工作。因此，需要选用隔离度好的合路器，通常要求滤波合路器的端口隔离指标达到 80 dB。同时通过选择不同的合路方式，也可以实现不同系统间干扰的有效隔离。

（3）功率匹配。功率匹配是多系统共用一套分布系统时必须考虑的问题。功率匹配需要综合考虑信号源输出功率的差异、不同频段的信号在分布系统中的传输产生的损耗差异、边缘覆盖场强的不同要求、不同频段的无线电波空中损耗差异等。

当多个系统共用室内分布系统时，不同系统的信号源最大输出功率是不同的。WLAN 信号源最大输出功率为 15 dBm。

无源器件（如功分器、耦合器等）对各种不同工作频段的插入损耗以及耦合损耗基本一致，而电缆对信号的损耗差别较大。频率越高，相同线型的百米损耗越大；线径越粗，各频段的损耗差越小。因此多系统共用分布系统时，为了减小馈线损耗引起的天线端输出功率差异，应尽量选用 1/2″ 以上规格的粗馈线。

在室内分布系统建设中，无线信号传播比较简单，信号在空中传输时的损耗与工作频率、传播距离及实际环境有关。由于各频段间距较大，会导致同一分布天线到同一信号接收点各系统的空间损耗存在较大差异。

因此，为了能够共用室内分布系统，需要综合考虑信号源部分、分布系统和空间传输三部分的损耗。为了便于比较分析，选取典型分布系统的楼宇结构，分布器件损耗差异主要由 50 m 1/2″ 支路损耗和 30 m 7/8″ 干路损耗引起。表 7-2-2 所示是综合考虑以上因素得到的各通信系统的典型数值。

表 7-2-2　三种不同系统比较

系统类型	GSM	TD-SCDMA	WLAN
上行/下行频段/MHz	885～915/930～960	2010～2025	2400～2483.5
发射功率/dBm	37	20	15
边缘信号电平/dBm	-85	-85	-75
最大允许路径损耗/dB	122	105	90
50 m 1/2″支路损耗/dB	3.38	5.65	6.75
30 m 7/8″干路损耗/dB	1.14	1.89	2.01
20 m 空间传播损耗/dB	71.6	84.6	89.3
剩余允许损耗/dB	45.89	12.86	-8.06

由表 7-2-2 可以看出，在同一个分布系统中，把多个系统信号源直接耦合，不同系统得到的剩余允许损耗差异很大。

（4）WLAN 干放要求。在室内分布系统中，可以通过引入 WLAN 干放设备将 WLAN 信号放大，以便 WLAN 信号源与其他系统信号源合路时进行功率匹配，满足多系统室内分布系统的有

效覆盖。但干放引入的同时会引起噪声叠加,抬升 WLAN 系统噪声。因此,在使用 WLAN 干放时,应注意以下问题:

①WLAN 干放不得级联使用,尽量减少每个 AP 所带干放的数量。

②共用室内分布系统时,需要根据其他系统的信号强度选择合适的 WLAN 干放,一般选择0.5 W 或 1 W 干放。

③WLAN 干放的引入会带来上行噪声叠加,降低接收信噪比,从而采用低阶调制方式,降低用户接入速率。

④WLAN 干放一般应满足下列指标要求,如表 7-2-3 所示。

表 7-2-3　WLAN 干放指标要求

指　标	要　求
工作频段	2400 ~ 2500 MHz
增益	≤30 dB
工作带宽	100 MHz
带内平坦度	≤1.5 dB
增益	上行增益范围:15 ~ 30 dB 下行增益范围:15 ~ 30 dB
带外杂散	≤ - 36 dBm/100 kHz(30 MHz ~ 1 GHz) ≤ - 30 dBm/1 MHz(1 GHz ~ 12.75 GHz)
信号输入动态范围	下行: - 10 ~ 20 dBm 上行: - 97 ~ 0 dBm
输入端口驻波比	≤1.4
传输时延	≤5 μs
工作电源	180 ~ 260VAC/50 Hz ± 5 Hz
工作温度	- 25 ℃ ~ + 55 ℃
相对湿度	0% ~ 95%

（二）馈入原分布系统

1. 覆盖方式原理

馈入原分布系统的建设方式是指首先将来自不同系统的信号合路,合路后的信号馈入原分布系统,然后通过低损耗电缆、耦合器、功分器等到达终端天线进行室内覆盖。通过选用不同耦合度的耦合器以及根据每层所需要的终端天线数量确定功率分配,形成一定区域的 WLAN 无线信号覆盖,对于狭长形状地区,也可以使用泄漏电缆替代室内小天线进行覆盖。

将 WLAN 信号源馈入原分布系统中,可以按以下步骤进行。

（1）收集现有分布系统设计图,包括拓扑结构、功率配置及线缆种类、长度等信息。

（2）现有无源器件核查,部分器件需要更换,以支持 WLAN 频段。

（3）重新核算各个分布天线口的输出功率。

（4）选择典型楼层,计算每个天线的覆盖距离和阻挡情况。

（5）根据每个天线口输出功率和典型楼层的拓扑图,核实该楼层的信号覆盖情况。

（6）根据各楼层信号输出功率和典型楼层的拓扑结构,找出有源设备的节点架设位置。

式通过无线中继链路互联,将传统 WLAN 中的无线"热点"扩展为真正大面积覆盖的无线"热区",并将数据回传至有线 IP 主干网。

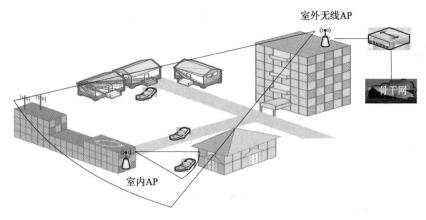

图 7-2-5 室外型 AP 覆盖

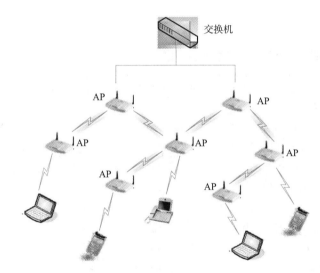

图 7-2-6 Mesh 型网络覆盖

在传统的 WLAN 中,每个客户端均通过一条与 AP 相连的无线链路来访问网络,用户如果要进行相互通信的话,必须首先访问一个固定的 AP,这种网络结构被称为单跳网络。而在无线 Mesh 网络中,任何无线设备节点都可以同时作为 AP 和路由器,网络中的每个节点都可以发送和接收信号,每个节点都可以与一个或者多个对等节点进行直接通信。

此种建设方式部署灵活、建设快捷,对传输等资源需求较少。部署时应注意频率规划及对周边 WLAN 网络的影响。

任务小结

本任务介绍了 WLAN 网络覆盖的建设方式,并对不同室内覆盖方式进行了对比。通过本任务需要我们熟知 WLAN 网络覆盖的建设方式以及不同室内覆盖方式的区别等。

任务三 概述通信距离与覆盖范围

任务描述

本任务是介绍 WLAN 通信距离与覆盖范围,了解 WLAN 通信距离影响的各个因素,以及如何计算通信距离。

任务目标

- 了解 WLAN 通信距离与覆盖范围,以及 WLAN 通信距离影响的各个因素。
- 掌握如何计算 WLAN 通信距离及其相关方法。

任务实施

一、了解室内影响 WLAN 通信距离的因素

在 WLAN 系统中,AP 的覆盖范围是一个非常重要的技术指标。影响 AP 覆盖范围的因素有:

1. 发射机输出功率

标准中指明的等效全向辐射功率(Equivalent Isotropic Radiated Power,EIRP)就是发射机的输出功率。对于工作在 2.4 GHz 频段的 AP,欧洲一般规定其输出功率为 20 dBm,美国一般规定其输出功率为 30 dBm;对于工作在 5 GHz 频段的 AP,欧洲一般规定其输出功率为 23 dBm,美国一般规定其输出功率为 23 dBm。

2. 接收机的灵敏度

接收机的灵敏度与信号速率、调制解调方式、需要的信噪比和误码情况等因素有关。实际上,WLAN 网络的吞吐量随着 AP 与无线站点(Station,STA)间的距离增加而减少。信号速率越低,接收机的灵敏度越高,通信距离越远。此外,低速率可靠性高。

3. 天线特性

天线的增益、方向性和极化等参数对通信距离的影响很大,尤其是方向性对覆盖范围的影响较大。

4. 工作环境

周围无线环境的物理特性影响路径损耗,从而影响通信距离。工作环境主要指视距/非视距(Non Line Of Sight,NLOS)、室内/室外、干扰和多径等方面。一般情况下,室外通信距离比室内环境要远些。

此外,AP 的天线类型和 AP 安装的位置对通信距离也有影响。

5. 工作频率

无线电工作的频率影响通信距离,一般来说电磁波在空中的传输损耗与频率的平方成正比。

二、简述计算 WLAN 通信距离的步骤

根据影响通信距离的因素,确定计算 WLAN 通信距离的步骤如下:

（1）系统参数与变量的定义。根据设备技术指标或测试结果确定发射机的输出功率。标准中指明的最大允许 EIRP（等效全向辐射功率）就是发射机的输出功率,接收机灵敏度和天线增益等参数也可以根据设备技术指标或通过测试来确定。

（2）信号路径损耗模型的建立。依据前面知识点介绍的信道特性和信道模型结合具体的使用环境,建立信号的路径损耗模型。

（3）计算 WLAN 无线链路距离。根据链路方程计算通信距离。

三、详解 WLAN 通信距离

（一）熟悉无线链路预算

链路预算是移动通信无线网络覆盖分析最重要的手段之一,不仅应用于网络规划设计阶段,也应用于网络的优化和运营维护阶段。

链路预算能够指导规划区内单 AP 的覆盖范围的设置、所需 AP 数量的估算和站址的分布。即链路预算是在保证数据传输质量的前提下,确定 AP 和终端之间的无线链路所能允许的最大路径损耗。由于覆盖半径和最大路径损耗直接相关,因此,只要确定传播模型,根据最大允许路径损耗就可以计算出单 AP 的有效覆盖范围。

微波无线链路增益损耗计算模型如图 7-3-1 所示。

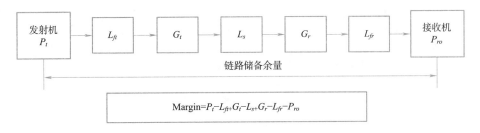

图 7-3-1 微波无线链路增益损耗计算模型

以下是图 7-3-1 中的参数说明:
- 设备射频输出功率——P_t（dBm）;
- 系统接收灵敏度——P_{ro}（dBm）;
- 发射端天线增益——G_t（dB）;
- 接收端天线增益——G_r（dB）;
- 发射端室外单元（Out Door Unit,ODU）和天线间的电缆损耗——L_{ft}（dB）;
- 接收端 ODU 和天线间的电缆损耗——L_{fr}（dB）;
- 空间传输损耗——L_s（dB）。

则由以上变量可以推导出链路储备余量关系式:

$$Margin = P_t - L_{ft} + G_t - L_s + G_r - L_{fr} - P_{ro}$$

在以上计算模型的基础上,便可以计算出某具体无线链路的功率预算。但其中空间损耗 L_s 需要针对室内和室外两种情况分别讨论。目前许多经典的传播模型描述了传播损耗与距离的关系。

（二）WLAN 通信距离的计算

1. 室内与室外环境下 WLAN 通信距离的差别

设定最大发射功率,已知接收机灵敏度并选定天线类型后,就可以确定每个 AP 的覆盖范围,从而初步确定满足覆盖要求的 AP 数量和站点位置。设最大发射功率 $P_t = 16$ dBm,接收网卡天线增益即 $G_r = 0$ dBi,发送端与接收端的电缆损耗 $L_{ft} = L_{fr} = 0$,室内传播模型中衰减因子 γ_{MF} $= 3.14$,频率 $f = 2.4$ GHz,预留余量 Margin $= 10$ dB。在室外环境下选取自由空间传播模型,计算得到的覆盖范围对应关系如图 7-3-2 所示。在室内环境下选取衰减因子模型,计算得到的无线增益与覆盖范围对应关系如图 7-3-3 所示。

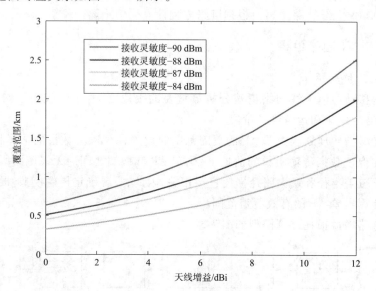

图 7-3-2   无线增益与室外环境覆盖范围对应关系

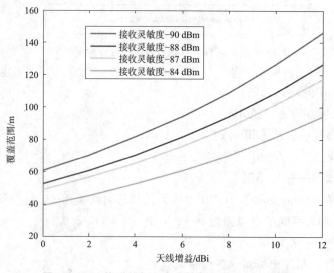

图 7-3-3   无线增益与室内环境覆盖范围对应关系

2. 2.4 GHz 与 5 GHz WLAN 通信距离的差别

2.4 GHz 和 5 GHz 频段 WLAN 的最基本区别就是 AP 的覆盖范围不同。从理论上来讲,在自由空间中,假设有共同的工作环境,系统参数也相同,在保持功率和吞吐率为常数的情况下,由于电磁波在空中传输的损耗与频率平方成正比,2.4 GHz 频段与 5 GHz 频段相比,可以提供大约两倍的通信距离。

在 WLAN 实际工作环境中,电磁波传播往往不完全符合自由空间传播模型。需要基于相应环境(如开放建筑物、半开放办公室、封闭办公室等)的特定路径损耗模型才能进行可靠的覆盖分析。在这些环境下电磁波传播过程中存在突变点,其路径损耗不能用单一传播模型进行描述,在突变点距离内和距离外其传播特性符合不同的模型。在突变点以下为自由空间传播,路径损耗指数为 2,在突变点(5 m)以上的路径损耗指数分别为 2.2、3.3 和 4.5(分别针对开放建筑物、半开放办公室、封闭办公室)。在路径损耗依赖于 TX-RX(Transmit-Reception,发射 - 接收)距离的模型中,需要有 10 dB 的容限以克服衰落。对于双天线和瑞利衰落信道,10 dB 的容限可以达到 99% 的可靠度。

为了研究在实际环境下通信频率对覆盖范围的影响,假定在 2.4 GHz 频段和 5 GHz 频段都采用 IEEE 802.11a 协议,只是实现频段不同,就可以看出频段对覆盖范围的影响。相关的仿真结果显示,2.4 GHz 频段并不能提供相对于 5 GHz 频段两倍的通信距离。

由于 E_s/N_0 门限和相应的误比特率(Bit Error Rate,BER)对于高速率发送模式非常严格,以及信号能量随着信号远离发射机而快速扩散,接收机离发射机越远,越难辨别出发送的信息。对于 IEEE 802.11a 的 WLAN 网络,在距 AP 10 ~ 20 m 的范围内,可以提供高达 36 ~ 54 Mbit/s 的标称传输速率,能够很好地满足在用户稠密环境中要求的高吞吐率;在距离超过 30 ~ 40 m 处,数据速率接近 9 ~ 12 Mbit/s。通过增加发射功率,IEEE 802.11a 系统也可以在 2.4 GHz 系统的通信距离上达到相似的数据速率。

3. WLAN 覆盖范围与传输速率

IEEE 802.11 标准的实际传输速率与 AP 覆盖范围是紧密联系的,IEEE 802.11b、IEEE 802.11g 和 IEEE 802.11a 标准下单个 AP 的覆盖范围与传输速率的关系分别如表 7-3-1 ~ 表 7-3-3 所示。(注:不同厂家设备的接收机灵敏度不同。)

表 7-3-1　IEEE 802.11b 标准的 AP 的覆盖范围与传输速率的关系

传输速率/(Mbit/s)	11	5.5	2	1
接收机灵敏度/dBm	-79	-83	-84	-87
室外覆盖范围/m	250	277	287	290
室内覆盖范围/m	111	130	136	140
规划使用值/m	37	43	45	46

表 7-3-2　IEEE 802.11g 标准的 AP 的覆盖范围与传输速率的关系

传输速率/(Mbit/s)	54	48	36	24	18	12	9	6
接收机灵敏度/dBm	-65	-66	-70	-74	-77	-79	-81	-82
室外覆盖范围/m	37	107	168	198	229	244	267	274
室内覆盖范围/m	32	55	79	87	100	108	116	125
规划使用值/m	11	18	27	29	34	36	39	42

表 7-3-3　IEEE 802.11a 标准的 AP 的覆盖范围与传输速率的关系

传输速率/(Mbit/s)	54	48	36	24	18	12	9	6
接收机灵敏度/dBm	-72	-73	-78	-81	-84	-85	-87	-89
室外覆盖范围/m	30	91	130	152	168	183	190	198
室内覆盖范围/m	26	46	64	70	79	85	94	100
规划使用值/m	9	15	22	24	27	29	32	34

由表 7-3-1 ~ 表 7-3-3 可以看出,WLAN AP 的覆盖范围增加时,网络的传输速率将会降低,这对 WLAN 的规划和设计起着决定性的作用。因为一般最大传输速率只能在非常靠近 AP 的范围内得到,所以单个 AP 的标准选择是整个 WLAN 网络规划的基础。

+ 知识链接 +

阐述覆盖区域内 AP 数目确定

在使用全向天线的情况下,不考虑建筑物对信号传播的影响,AP 覆盖区域将近似为半径为 R 的圆(R 为 AP 与 STA 间满足特定信号质量的最大通信距离)。但由于 AP 发射功率受限,导致一个 AP 的覆盖范围也有限。对于较大区域,往往需要部署大量 AP 联合进行覆盖。对于特定的覆盖区域,可以综合考虑建筑物类型和用户特征,用 Z 因子方法快速计算满足信号覆盖要求的 AP 数目。

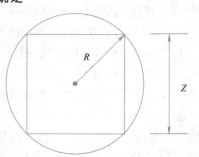

图 7-3-4　圆内接正方形

AP 覆盖区域近似为圆形,为便于计算,首先转化为正方形。如图 7-3-4 所示,在半径为 R 的圆内,做一个内接正方形,此正方形边长为 Z。圆半径 R 与正方形边长 Z 及面积 S 的对应关系如表 7-3-4 所示。

表 7-3-4　圆半径 R 与正方形边长 Z 及面积 S 的对应关系

$S = Z^2 /\mathrm{m}^2$	R/m	Z/m	$S = Z^2 /\mathrm{m}^2$	R/m	Z/m
100	7	10	200	10	14
400	14	20	800	20	28
1000	22	32	1500	27	39
2000	32	45	2500	35	50
3000	39	55	3500	42	59
4000	45	63	4500	47	67
5000	50	71	5500	52	74

在使用 Z 因子方法计算满足覆盖要求的 AP 数目时,首先要确定建筑物中每个楼层的覆盖面积。然后将覆盖区域分为矩形区域,分别计算各区域需要部署的 AP 数目,如图 7-3-5 所示。

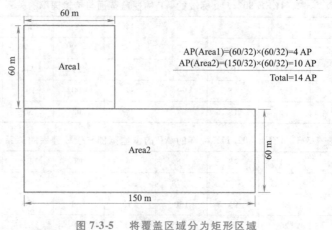

图 7-3-5　将覆盖区域分为矩形区域

覆盖区域要求 IEEE 802.11a 标准传输速率不小于 36 Mbit/s,根据覆盖范围与传输速率的关系可知,这样对应于覆盖半径 $R = 22$ m,换算为 $Z = 32$ m,AP(Area1) = (60/32) × (60/32) = 4,AP(Area2) = (150/32) × (60/32) = 10。合计需要 14 个 AP 才能满足覆盖要求。分别在 Area1 及 Area2 的中心均匀布放 AP,即可满足覆盖要求,如图 7-3-6 所示。

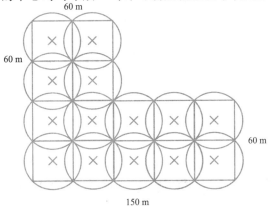

图 7-3-6　AP 布放位置示意图

完成规划估算后,实际布设 AP 时,AP 的位置首先应根据具体场景和需求进行选择,然后再通过实地测量进行调整。定位需要遵循 AP 的覆盖区域之间无间隙,并保证所有的区域都能覆盖到的原则。

AP 覆盖区域的确定需要根据接收到的信号强度来决定,做法是先设定一个信号强度阈值,例如为满足某个区域的无线终端点播流媒体课件的需求,通过测量得知信噪比(Signal Noise Rate,SNR)取 10 dB 是能够保证点播流媒体课件质量稳定的最低信号强度,所以可将 10 dB 作为阈值,凡是信号强度不低于这个阈值的区域就确定为 AP 的覆盖区域;然后进行实地测量,并记录,产生 AP 的覆盖区域图;最后根据定位原则进行调整,直到满足阈值为止。

由于各个区域的用户密度不同,一般情况下用户密度大的区域情况更复杂,所以应先在用户密度高的区域进行 AP 的布置,然后再布置用户密度低的区域。在空旷的户外可用对称圆形和球形来划定 AP 覆盖区域;而在规则的狭长或矩形建筑物内可用线形或矩形将 AP 对称分布。但是由于室内建筑结构的复杂性,例如金属防盗门、铝合金门窗等,应当在初步选择 AP 位置后进行仔细的测量,以确保所布置的 AP 能够覆盖所有区域。

任务小结

本任务介绍了 WLAN 通信距离与覆盖范围,通过本任务应了解 WLAN 通信距离影响的各个因素,以及计算通信距离的步骤等。

项目八

掌握无线网络容量与频率规划

任务描述

本任务介绍 DCF 协议性能以及饱和条件下系统归一化吞吐率;加深了解 IEEE 802.11b 饱和吞吐量性能分析等。

任务目标

- 了解 DCF 协议性能以及饱和条件下系统归一化吞吐率。
- 加深了解 IEEE 802.11b 饱和吞吐量性能分析等。

任务实施

一、了解 DCF 协议性能分析方法

IEEE 802.11 DCF 性能分析;通常采用理论分析与网络仿真两类方法。

1. 采用马尔可夫链(Markov)模型分析

在负载饱和状态和理想信道假设前提下,Bianchi 利用二维离散 Markov 模型对 DCF 进行分析。分析系统性能如吞吐量、MAC 延迟和丢包率等。

> **知识链接**
>
> 马尔可夫链,因安德烈·马尔可夫(A. A. Markov,1856—1922) 得名,是指数学中具有马尔可夫性质的离散事件随机过程。该过程中,在给定当前知识或信息的情况下,过去(即当前以前的历史状态) 对于预测将来(即当前以后的未来状态) 是无关的。

　　Bianchi Markov 模型缺陷:只考虑了无限次重传,而实际网络会有重传限制。

　　Haitao Wu 等人对 Bianchi 模型进行改进,考虑重传次数限制,但也未考虑到退避过程中的冻结状态(当站点在退避过程中若检测到信道忙时,将停止退避技术)。后期推出了改进型模型。

　　2. 采用排队论分析

　　基于排队理论的分析模型,由于简化了二进制指数回退机制,导致不能精确分析 DCF 机制性能。

　　3. 采用仿真实验

　　对 MAC 层性能仿真的软件主要有 OPNET 和 NS2。本书使用 NS2。NS2 模拟数据源发生器如 FTP/WWW/TELNET/WEB 等,模拟路由队列的管理机制,如 DROP TAIL、RED 和 VBR 等,模拟 DIJKSTRA 和其他的路由算法,以及模拟多播和一些应用于局域网的 MAC 层协议。

二、饱和条件下系统归一化吞吐率

　　不考虑物理层传输错误,即假设物理层能保证无误传输,定义归一化系统吞吐率为:

$$S = 净数据率/标称数据率 = \eta_{Frame} \cdot \eta_{DCF}$$

式中:净数据率为用户可用数据速率;标称数据率为 IEEE 802.11 规范中标称的数据速率;η_{Frame} 为成帧效率因子,其值等于一帧中有效载荷的传输时间与一帧的物理层传输时间之比;η_{DCF} 为 DCF 协议效率因子,其值等于一个系统时隙中成功传送的有效载荷的时长与一个系统时隙的平均长度之比。

三、IEEE 802.11b 饱和吞吐量性能分析

　　WLAN 物理层分层结构如图 8-1-1 所示。

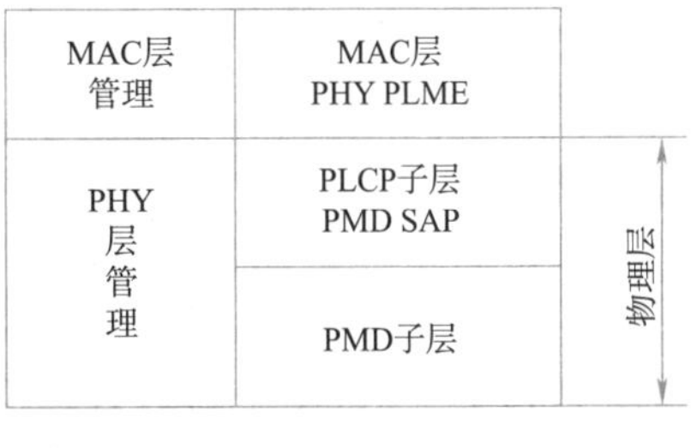

　　物理层管理实体(Physical Layer Management Entity, PLME):与 MAC 层管理相连,执行本地物理层的管理功能。

　　物理层汇聚过程(Physical Layer Convergence Procedure, PLCP)子层:是 MAC 与 PMD 子层或物理介质的中间桥梁。它规定了如何将 MAC 层协议数据单元(MAC Protocol Data Unit, MPDU)映射为合适的帧格式

MAC层管理	MAC层 PHY PLME	
PHY 层 管 理	PLCP子层 PMD SAP	物理层
	PMD子层	

图 8-1-1　WLAN 物理层分层结构

用于收发用户数据和管理信息。这种附加有 PLCP 字段的 MPDU 称为 PPDU(PLCP 子层协议数据单元)。

物理介质相关(Physical Media Dependent,PMD)子层:在 PLCP 子层之下,直接面向无线介质。定义了两点和多点之间通过无线媒介收发数据的特性和方法,为帧传输提供调制和解调。

(1)IEEE 802.11b PPDU 数据帧格式。IEEE 定义了两种前导码和帧头组成的 PPDU 帧结构:长 PPDU 帧和短 PPDU 帧。其中长 PPDU 帧的支持是强制标准,短 PPDU 可选。本书以长 PPDU 为例。PLCP 前导码由 128 bit 同步码(SYNC)和 16 bit 起始帧界定符 SFD 构成。信令字段定义数据传输速率,业务字段指定调制码(CCK 补码键控或者 PBCC 分组二进制卷积编码),长度指端指示后面发送的 PSDU 需要多长时间(单位为 μs),CRC 用于校验收到的信令、业务和长度字段是否正确。

长前导码和 PLCP 帧头以固定 1Mbit/s 发送,持续时间 192 μs。而 PSDU 数据部分则可以以 1 Mbit/s、2 Mbit/s、5.5 Mbit/s、11 Mbit/s 的速率发送。

长 PPDU 帧格式如图 8-1-2 所示。

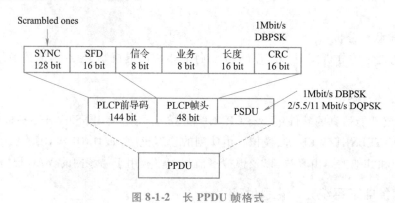

图 8-1-2　长 PPDU 帧格式

PSDU(从 MAC 层传来的 MPDU 信息)使用统一的 IEEE 802.11 MAC 帧格式,如图 8-1-3 所示。

2 byte	2 byte	6 byte	6 byte	6 byte	2 byte	6 byte	0 ~ 2312 byte	4 byte
Frame control	Duration /ID	Address1	Address2	Address3	Seq-ct1	Address4	Frame body	FCS

图 8-1-3　MAC 帧格式

(2)MAC 层成帧效率分析。PSDU 传送比特数 N_0 为:

$$N_0 = N_{DATA} + N_{HEADER} + N_{CRC}$$

N_{DATA} 为数据,最多为 $2\,312 \times 8$ bit;N_{HEADER} 为 MAC 帧头,共计 30×8 bit;N_{CRC} 校验共计 4×8 bit;通过分析可以得到每帧总的传输时间 t_{Frame} 为:

$$t_{Frame} = N_0 / R_0 + t_3 + t_4$$

式中,R_0 为协议标称数据速率,有 1、2、5.5、11 Mbit/s 等;t_3 为 PLCP 前导码持续时间,t_4 为 PLCP 帧头持续时间,两者总共持续时间为 192 μs。

(3)IEEE 802.11b 饱和吞吐率。此处采用表 8-1-1 所示参数;网络中移动设备站点数 n 设为 2 ~ 50。

表 8-1-1　IEEE 802.11b MAC 层物理参数

PLCP Preamble 长度/bit	144
PLCP Header 长度/bit	48
MAC Header 长度/bit	272
SIFS/μs	10
DIFS/μs	50
时隙时间/μs	20
传播时延/μs	1
ACK/bit	304
RTS/bit	352
CTS/bit	304
CW_{min}	31
CW_{max}	1 023

注:bit 与时间等效,PLCP 部分。

对于不同的帧长,基本接入模式与 CTS/RTS 模式下的性能存在较大差异,大帧长条件下, RTS/CTS 机制的性能接近基本接入机制,而在小帧长条件下,RTS/CTS 模式的基本性能不及基本接入模式。

任务小结

本任务是通过对 DCF 协议性能以及饱和条件下系统归一化吞吐率等知识点的介绍;以及 IEEE 802.11b 饱和吞吐量性能分析等知识点的学习,掌握 IEEE 802.11 DCF 性能分析所通常采用理论分析与网络仿真的两类方法。

任务二　介绍活动站点数目 n 估算及单 AP 可接入的用户数

任务描述

本任务介绍站点数目 n 估算及单 AP 可接入用户数;了解活动站点数目 n 估算方法及单 AP 可接入用户数的方法等。

任务目标

- 了解站点数目 n 估算及单 AP 可接入用户数。
- 了解活动站点数目 n 估算方法及单 AP 可接入用户数的方法等。

任务实施

一、熟知活动站点数目 n 估算

DCF 协议是随机接入机制,它采用带碰撞避免的载波侦听多址接入(CSMA/CA)技术和二进制指数退避技术来减少冲突,以提高系统吞吐量。当系统发生冲突时,每个冲突站点都在竞争窗口范围内随机选择一个值,作为退避时间,并延迟相应时间后再试图访问介质。这就使得站点发送数据的冲突概率依赖于竞争窗口的大小,以及网络中的活动站点数目 n。为获得系统最优性能,退避窗口的设置要依赖于竞争站点的数目 n。然而 IEEE 802.11 协议中,退避窗口的参数在 MAC 层已经设定。竞争窗口大小一定的条件下,活动站点越多,随机取值冲突的概率就越大。

802.11 DCF 的两种模式为 RTS/CTS 与基本接入模式。在 RTS/CTS 中,不同站点数目 N 对两种模式门限切换值是不同的(为获得好的网络指标)。

对于共享一个 802.11 小区的无线网络进行终端数目估算能有效地促进负载均衡及和其他无线网络之间的垂直切换,以取得网络中更好的资源优化配置,提高资源利用率。

每个站点维护一个列表,当其处于活动状态的邻居站点发送数据包后,如果源地址没有在该站点列表中,站点把其地址加入到列表中,如果源地址已经在列表中,那么更新该列表项的最后达到时间信息。如果某一邻居站点在一定的时间间隔(Active Time Out,ATO)内没有发送任何数据包,就认为其不再是活动站点,从列表中被删除。ATO 设置太小,站点在 ATO 内无法完成数据传输,导致系统中活动站点数目估计偏小。如果 ATO 设置过大,导致无法反映出系统中活动站点的变化情况,同时活动站点越多,冲突概率越大。通过仿真得到 ATO 为 5 倍介质访问时延时性能最佳。

二、简介单 AP 可接入的用户数

规划 WLAN 网络时,必须知道单 AP 可接入用户数。IEEE 802.11 限制每个 AP 最多有 2 016 个用户终端与之关联,实际上每个 AP 的可关联用户数远小于此。

对于 IEEE 802.11b 而言,根据理论计算,单 AP 极限吞吐量为 6 Mbit/s,如果每个用户提供 1 Mbit/s 的联机速率,IEEE 802.11b 支持 6 个用户。但实际网络流量具有突发性,根据流量模式,可以假设能服务更多用户,因为用户有时会处于空闲状态;可以取 2∶1 或 3∶1 估算 IEEE 802.11 b,可以服务 12 ~ 18 个用户。

升级到 IEEE 802.11g/n,单 AP 支持服务的用户数量也不会因此而变多;因为 WLAN 中,速率取决于距离,用户终端距离 AP 较远会转用较稳定但速率较低的调制方式进行传输。只有距离 AP 近的用户可以使用较高的速率。因此每个 AP 服务 12 ~ 18 个用户是合理的。

基于上面的分析,再根据调研和勘察阶段收集和预测用户需求,初步确定 AP 数量。

最后将此结果和前面计算满足覆盖要求所需的 AP 数目进行比较,取这两个数值最大的为实际 AP 数量。

任务小结

本任务是通过介绍站点数目 n 估算及单 AP 可接入用户数的方法;掌握了站点数目 n 估算

方法及单 AP 可接入用户数的方法,为网络优化与规划工作开展打下坚实基础。

任务三 探究 WLAN 无线网络频率规划

任务描述

本任务介绍信道划分、不交叠信道以及 2.4 G 频段频点工作范围及频点规划;学习 WLAN 频率干扰分析。

任务目标

- 了解信道划分、不交叠信道以及 2.4 G 频段频点工作范围及频点规划。
- 了解 WLAN 频率干扰分析等。

任务实施

一、简述 2.4 GHz 频段频点工作范围

IEEE 802.11 b/g 使用 2.4 GHz 的 ISM 频段,工作频率范围 2 400 – 2 483.5 MHz。该频段为 Wi-Fi、蓝牙、点对点或点对多点扩频系统等各类无线电台共用,所以要进行合理布局,避免干扰。

ISM 是由 ITU-R(ITU Radiocommunication Sector,国际通信联盟无线电通信局)定义的。此频段主要是开放给工业、科学、医学三个主要机构使用,属于 Free License,无须授权许可,只需要遵守一定的发射功率(一般低于 1 W),并且不要对其他频段造成干扰即可。ISM 频段范围如表 8-3-1 所示。

表 8-3-1 ISM 频段范围

频率范围	中心频率
6.765 ~ 6.795 MHz	6.780 MHz
13.553 ~ 13.567 MHz	13.560 MHz
26.957 ~ 27.283 MHz	27.120 MHz
40.66 ~ 40.70 MHz	40.68 MHz
433.05 ~ 434.79 MHz	433.92 MHz
902 ~ 928 MHz	915 MHz-Region 2 only
2.420 ~ 2.483 5 GHz	2.450 GHz
5.725 ~ 5.875 GHz	5.800 GHz
2.4 ~ 24.25 GHz	24.125 GHz
61 ~ 61.5 GHz	61.25 GHz

频率范围	中心频率
122~123 GHz	122.5 GHz
244~246 GHz	245 GHz

2.4 GHz 频段为各国共同的 ISM 频段。因此无线局域网、蓝牙、ZigBee 等无线网络,均可工作在 2.4 GHz 频段上。

二、介绍信道划分

2.4 GHz 频段可用带宽为 83.5 MHz,划分 13 个(日本还有第 14 个信道)信道,每信道带宽为 22 MHz。建网时尽量避开频率干扰。WLAN 2.4 GHz 频段中心频率间隔为 5 MHz。2.4 GHz 频段 WLAN 频率配置表如表 8-3-2 所示。

表 8-3-2　2.4 GHz 频段 WLAN 频率配置表

信道	中心频率/MHz	信道低端/高端频率/MHz
1	2 412	2401/2423
2	2 417	2406/2428
3	2 422	2411/2433
4	2 427	2416/2438
5	2 432	2421/2443
6	2 437	2426/2448
7	2 442	2431/2453
8	2 447	2426/2448
9	2 452	2441/2463
10	2 457	2446/2468
11	2 462	2451/2473
12	2 467	2456/2478
13	2 472	2461/2483

2.4 GHz 频段信道划分如图 8-3-1 所示。美国 FCC 仅允许使用 1~11 号频道;欧盟允许使用 1~13;日本 1~14 都可以使用;中国只使用 1~13。

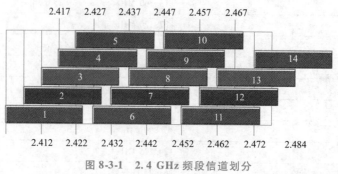

图 8-3-1　2.4 GHz 频段信道划分

三、探知不交叠信道

图 8-3-2 显示了 2.4 GHz 频段 DSSS/CCK 方式下发射信号频谱模板;能量在 ±11 MHz 衰减了 30 dB, ±22 MHz 的能量衰减了 50 dB。

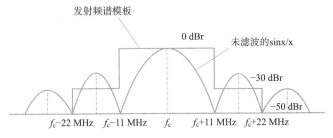

图 8-3-2　2.4 GHz 频段发射频谱模板(DSSS/CCK)

图 8-3-3 显示了信道 2 主瓣进入了信道 1 的主瓣区域,信道 1 和信道 2 构成严重影响。

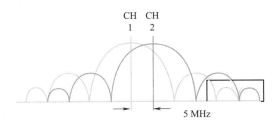

图 8-3-3　两个相邻的信道频谱图

图 8-3-4 显示了 1、6、11 的频谱图,虽然旁瓣会进入相邻的主瓣区域,但是是经过 30 dB 衰减的,所以 1 对 6 之间影响较小。

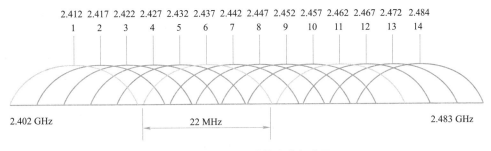

图 8-3-4　互不交叠的信道频谱图

在实际组网过程中,相同频点是可以使用的,前提是有一定的距离,有足够大的衰减。满足两信道号间大于 5 就可以不交叠;所以在实际组网过程中可以考虑 1、6、11;1、7、13;1、6、12;由于美国只有 1～11 号信道;借鉴美国经验一般采用 1、6、11 号信道。

四、知晓 WLAN 频率干扰分析

有限的频率资源导致 AP 间互相干扰,而导致整个系统吞吐量也会受影响。

1. 同频干扰

WLAN 中使用扩频码有可能相同,导致相邻小区不能使用相同频率,所以有限范围内单纯

采用增加 AP 的办法无法提高系统容量。

同频干扰计算方法(假设 n 个 AP 工作在同一信道上):

(1)使用 $\{(90 + S) \times 100/6\}$ 换算信号强度值,S 表示信号强度值(dBm)。

(2)若 n 为 2,将两个换算后的值交换就可得到 AP 间干扰百分比。如表 8-3-3 所示,AP1 对 AP2 干扰为 50%。

表 8-3-3　计算同一信道上 2 个 AP 间的同频干扰

信　道	AP 编号	信号强度 S	$(20 + S) \times 100/60$	干　扰
1	1	-60	50	41%
1	2	-65	41	50%

(3)若 $n > 2$,将其余的 $n - 1$ 个 AP 换算后的信号强度值求和即可得出对第 n 个 AP 干扰的百分比,如表 8-3-4 所示。

表 8-3-4　计算同一信道上多个 AP 间的同频干扰

信　道	AP 编号	信号强度 S	$(20 + S) \times 100/60$	干　扰
1	1	-60	50	74%
1	2	-65	41	83%
1	3	-70	33	91%

2. 邻频干扰

两信道中心频率小于 25 MHz,信道交叠就会有干扰。计算邻道干扰时,为了计算准确性,信号强度值要做一些调整,如表 8-3-5 所示。

表 8-3-5　不同信道间隔及调整

信道间隔	示　例	信号调整值
1	信道 1/2	-2
2	信道 1/3	-5
3	信道 1/4	-9
4	信道 1/5	-15
5		无穷

计算方法:

①根据信道间隔调整信号强度值。

②根据 $\{(90 + S) \times 100/6\}$ 换算信号强度。

③若 n 为 2,将换算后的信号强度值互相交换即可得到干扰百分比,如表 8-3-6 所示。

④若 $n > 2$,将其余 $n - 1$ 个 AP 换算后的信号强度值求和即可得出第 n 个 AP 的干扰百分比。如表 8-3-7 所示。

表 8-3-6　计算 2 个不同信道 AP 的邻频干扰

信　道	AP 编号	信号强度	信号调整值	调整后的信号强度值 S	$(90 + S) \times 100/6$	干　扰
1	1	-50	-9	-59	52	43%
4	2	-55	-9	-64	43	52%

表 8-3-7　计算 3 个不同信道 AP 的邻频干扰

信　道	AP 编号	信号强度	信号调整值	调整后的信号强度值 S	$(90+S)\times100/6$	干　扰
1	1	-50	-9	-59	52	78%
4	2	-55	-9	-64	43	87%
7	3	-60	-9	-69	35	95%

注意：运营商一般要求 $S/N>20$ dB 作为验收标准。同频干扰小于 -75 dBm。邻频干扰小于 -70 dBm。目标区域内 95% 以上区域要求功率大于等于 -75 dBm。

五、概述 2.4 GHz 频段频率规划

1. 频点选择原则

（1）一般情况下推荐 1、6、11 频点复用。

（2）当 AP 杂散指标差时，可以采用 1、7、13 号复用。

（3）频率复用困难或者容量要求高的情况下可以考虑 1、5、9、13 复用。

（4）在一些特殊场合，可以将 AP 都配置成同一频点，作为无线中继使用，扩大覆盖范围。

2. 未新建 WLAN 网络热点地区频点使用策略

（1）中小型无遮挡的开阔空间。此类区域内最多布放 3 个 AP 即可满足要求，每个 AP 可只用 1、6、11 任意一个子信道。

（2）超大型无遮挡的开阔空间。避免相邻 AP 使用相同信道，用图 8-3-5 覆盖模式，蜂窝覆盖要求终端具备切换能力。

（3）对于有阻挡物的热点区域，应该充分利用热点区域的阻挡物实现信道 1、6、11 重复使用。

（4）多层大楼。避免楼层信号泄露干扰，相邻楼层重叠区域不要使用相同频率，如图 8-3-6 所示。

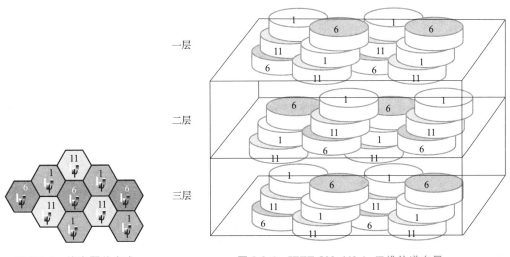

图 8-3-5　蜂窝覆盖方式　　　　　　图 8-3-6　IEEE 802.11b/g 三维信道布局

任务小结

本任务是介绍信道划分,不交叠信道以及 2.4G 频段频点工作范围及频点规划;学习 WLAN 频率干扰分析。

任务四　简述 5.8 GHz 频段频率规划及混合信道规划

任务描述

本任务介绍工作频率和 5.8 GHz 频段频率频段规划及混合信道(2.4 GHz 和 5.8 GHz)规划。

任务目标

了解工作频率和 5.8 GHz 频段频率规划及混合信道(2.4 GHz 和 5.8 GHz)规划。

任务实施

一、了解工作频率

IEEE 802.11a 可使用无许可证的国家基础设施(Unlicensed National Information Infrastructure,UNII),频段 UNII-1(5.15 ~5.25 GHz)、UNII-2(5.25 ~5.35 GHz)、UNII-3(5.725 ~ 5.825 GHz)、附加频段(5.470 ~ 5.725 GHz),共计 555 MHz。

相邻两个载波中心频率相距 20 MHz,中心频率 UNII-1 对应 36、40、44、48 号信道。UNII-2 对应 52、56、60、64 号信道。美国、欧洲及中国内地使用情况见表 8-4-1。

表 8-4-1　美国、欧洲及中国内地 IEEE 802.11a 的信道配置(X 为分配)

中心频率/ MHz	信道号	美国	功率限制/ mw	欧洲	功率限制/ mw	中国内地	功率限制/ mw
5 180	36	×	40	×	200		
5 200	40	×	40	×	200		
5 220	44	×	40	×	200		
5 240	48	×	40	×	200		
5 260	52	×	200	×	200		
5 280	56	×	200	×	200		
5 300	60	×	200	×	200		
5 320	64	×	200	×	200		
5 500	100	×	200	×	1000		
5 520	104	×	200	×	1 000		

续表

中心频率/MHz	信道号	美国	功率限制/mw	欧洲	功率限制/mw	中国内地	功率限制/mw
5 540	108	×	200	×	1 000		
5 560	112	×	200	×	1 000		
5 580	116	×	200	×	1 000		
5 600	120	×	200	×	1 000		
5 620	124	×	200	×	1 000		
5 640	128	×	200	×	1 000		
5 660	132	×	200	×	1 000		
5 680	136	×	200	×	1 000		
5 700	140	×	200	×	1 000		
5 745	149	×	800	—		×	500
5 765	153	×	800	—		×	500
5 785	157	×	800	—		×	500
5 805	161	×	800	—		×	500
5 825	165					×	500

澳大利亚、新西兰批准 UNII-1、UNII-2(8 个信道),新加坡 UNII-1(4 个信道),我国台湾批准 UNII-2(4 个信道)。

中国 802.11a 使用 5.8 GHz 频段频率范围为 5 725 ~ 5 850,总计 125 MHz。5 个信道,每信道 20 MHz。中心频率计算方法为:$f(n) = 5\ 000 + 5 \times n_{ch}$;其中 n_{ch} 为 149、153、157、161、165,如图 8-4-1 所示。中国 5.8 GHz 频段信道配置频率表如表 8-4-2 所示。

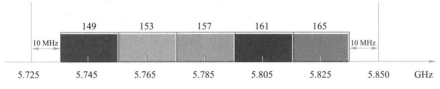

图 8-4-1　中国 5.8 GHz 频段信道划分

表 8-4-2　中国 5.8 GHz 频段信道配置频率表

信道	中心频率/MHz	信道低端/高端频率/MHz
149	5 745	5 735/5 755
153	5765	5 755/5 775
157	5 785	5 775/5795
161	5 805	5 795/5 815
165	5 825	5 815/5 835

二、叙述 5.8 GHz 频率频段规划

(1) 典型 IEEE 802.11a 覆盖设计(二维模型)如图 8-4-2 所示。

注意：5.8 GHz 中国可使用的有 5 个信道；但部分设备不支持 165 号信道。

（2）典型 IEEE 802.11a 覆盖设计（三维模型）如图 8-4-3 所示。

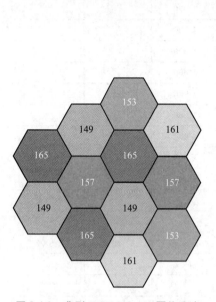

图 8-4-2　典型 IEEE 802.11a 覆盖设计

（二维模型）

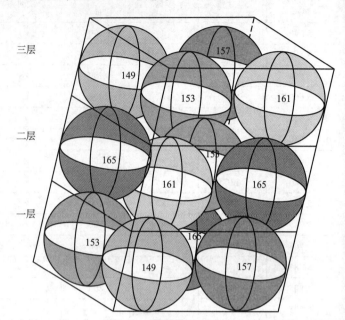

图 8-4-3　典型 IEEE 802.11a 覆盖设计

（三维模型）

三、阐述混合式信道规划(2.4 GHz 和 5.8 GHz)

室分 AP 支持 2.4 GHz 即可，室内放置及室外型 AP 要求支持 2.4 GHz、5.8 GHz 频段。可以双层信号覆盖，5.8 GHz 信号衰减比 2.4 GHz 大，可以考虑 2.4 GHz、5.8 GHz 非共站址组网。

IEEE 802.11n 可以工作在双频模式。支持 20 MHz/40 MHz 两种信道。在 40 MHz 组网时要考虑干扰问题。建议 IEEE 802.11n 在 2.4 GHz 频段采用 20 MHz 组网，5.8 G 可以考虑使用 40 MHz。

必须考虑用户终端支持能力。

任务小结

本任务是通过对工作频率和 5.8 GHz 频段频率频段规划及混合信道(2.4 GHz 和 5.8 GHz)规划的学习，对 WLAN 工作频段有一个深刻的了解。

项目九

介绍网络维护优化
与典型解决方案

任务一　学习 WLAN 无线网络维护与优化

任务描述

本任务介绍 WLAN 无线网络维护与优化、例行维护、故障处理以及质量运行分析、投诉处理流程,最后简述网络优化场景及分类。

任务目标

- 了解 WLAN 无线网络维护与优化、例行维护、故障处理以及质量运行分析、投诉处理等流程。
- 了解网络优化场景及分类。

任务实施

一、简介设备资源管理

资源管理是 WLAN 网络维护的基础,目的是使资料保存完整,便于查找,提高维护效率。资源管理包括 AP、AC、交换机、传输设备等所有相关资料。资料更新包括基础资料、方案等,更新流程是通过例行维护和工程改造上报到维护管理人员,在网管和资料库中修改更新。

二、例行维护介绍

日常网络例行维护可及时发现和处理网络中存在的隐患,降低设备故障率,保障系统稳定可靠运行。主要包括以下工作:

1. 检查设备运行

检查 WLAN 设备是否处于良好运行状态,检查 AP、AC、交换机设备运行是否正常,维护周期为每天。

2. 业务测试

在 WLAN 系统所覆盖的热点区域进行测试,主要包括接入成功率、下载数据速率、网络干扰等测试,重点针对机场、高档写字楼、宾馆等 WLAN 热点测试,重点地区每月至少测试三次。

3. 系统连通性检查

检查路由器或交换机设备的有关连线:检查前面板各连线是否正确、接头是否紧固;电源线、传输线等连接是否正确、接头是否紧固、供电电压是否正常;标签是否准确、清楚;设备应保持整洁。维护周期为每天。

4. 用户意见收集

关注用户业务感知,每月应定期收集整理客户反馈意见,同时上报相关部门进行处理。

5. 设备情况更新填报

根据最新设备情况按照要求进行填报,检查并及时更新在网的 AP 设备配置情况。设备清单应该包括 IP 地址(IP 对应网元设备的管理 IP 地址)、设备厂商名称、设备类别、设备型号、所在热点地区、具体位置及备注信息等。维护周期为每周。

6. 配置数据核对检查

每月应对 AP SSID 及相关数据配置核对检查。

7. 环境检查

每月应当对 AP 安装地点周边环境进行检查,当周围无线环境产生变化时需要完成基础资料更新工作。

8. 天馈线系统检查

每月应对天馈线系统进行检查,确认覆盖情况和完好度,并及时上报相关部门。

三、熟知故障处理

WLAN 网络故障一般处理流程如图 9-1-1 所示。

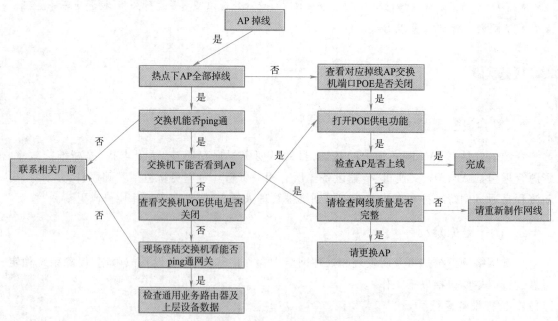

图 9-1-1　WLAN 故障处理流程

根据故障等级的不同,网络故障必须在一定的故障处理时限内完成修复工作,故障分级可参考表 9-1-1 作为标准。

表 9-1-1　故障分级参考标准

故障级别	故障描述	故障处理时限/h
重大故障	站点中断个数占总数的 20% 及以上	2
严重故障	热点中断个数占其总数的 10%	4
	VIP 站点中断数占其总数的 5%	
重要故障	热点部分设备中断	8
	VIP 热点设备中断	
一般故障	非 VIP 热点单个 AP 中断	24
	站点通信未中断,但使用质量明显下降	

四、探究 WLAN 质量运行分析

维护人员应通过质量分析、组巡、现场测试等工作实现对网络质量的管理,包括定期对 WLAN 的运行数据、业务数据、用户投诉数据、现场测试数据进行分析,每月进行 WLAN 网络运行生产分析,按照相关模板进行填报,发送至网管中心汇总。在业务测试中,应选择在不同区域、不同时间段进行复合测试,热点区域需全部测试,每月测试数不少于 3 次,非热点区域每月测试需覆盖 40% 以上。

质量运行分析需要考察的部分指标说明如下:

1. AP 设备完好率

AP 设备完好率 = [1 - [AP 非运作时长总和/(AP 数量 × 统计时长)]] × 100%

AP 设备完好率应大于 98%,其中 AP 非运作时长总和定义为设备掉电、设备吊死、设备故障等时间的总和,时长从 AP 完全退出服务时开始计算,到 AP 恢复正常工作时为止,即退服开始至恢复之间的时间长度,AP 数量指监控平台中不处于工程或暂停使用状态的所有设备。

2. 覆盖区域内场强和信噪比

AP 覆盖区域内的边缘场强大于 -75 dBm。区域内信噪比在 24 ~ 40 dB 之间。

3. WLAN 掉线率

WLAN 掉线率 = (异常下线用户数/下线用户总数) × 100%

掉线事件定义为用户正常访问网络期间,异常原因导致的掉线。该值应小于 5%。特别地,AC 提供在线握手功能,是对用户在线情况进行实时检测。有 3 次握手缺省值超时认为超时,对超时的用户,AC 认为异常下线。

4. 上/下行速率

下载测试用的文件应大于 5 MB,平均下载速率要求达到 100 KB/s 以上。

5. 网络 ping 丢包率

ping 丢包率 = (ping 丢包次数/ping 发起总次数) × 100%

认证成功后从终端 ping 测试 AC,通过发送 32 bits 大小的包进行测试,ping 包丢包率不大于 2%。

6. Web 认证成功率

Web 认证成功率 =（Web 认证成功次数/认证请求总次数）×100%

Web 认证过程定义为用户将用户名和密码输入后发起登录请求,直至用户收到登录结果。Web 认证包括了 CHELLENGE 和 RADIUS 认证两个过程,涉及到 AP、AC、PORTAL 和 RADIUS 四个网元。Web 认证成功率应大于 90%。

7. Web 认证下线成功率

Web 认证下线成功率 =（Web 下线请求成功次数/Web 下线请求总次数）×100%

Web 下线成功率应大于 90%。

8. 网络 ping 时延

认证成功后从终端 ping 测试 AC,通过发送 32 bits 大小的包进行测试,每个 ping 包的时延不大于 50 ms。

五、熟悉投诉处理流程

用户对于业务的感知体验是当今各个网络运营商所关注的重点,而用户投诉是对于服务质量不佳的最直观体现,如何妥善处理投诉,是 WLAN 网络维护与优化的一个重要环节。Web 认证 WLAN 用户投诉处理流程如图 9-1-2 所示。

图 9-1-2　WLAN 用户投拆处理流程

六、网络优化

WLAN 优化是指为解决在 WLAN 网络质量分析及现场性能测试中发现的问题、用户申告处理流程中需解决的投诉及满足业务发展需求,通过对现有网络资源调整而开展的网络优化工作,简称网优。

WLAN 一般优化流程如图 9-1-3 所示。

1. WLAN 网络优化分工

WLAN 网络优化工作主要包括三个方面:无线侧网络优化,无线侧设备优化及组网结构优化;

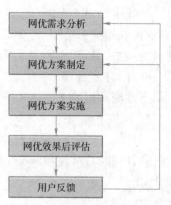

图 9-1-3　WLAN 网络优化流程

（1）无线侧网络优化。无线侧网络优化包括无线覆盖、容量、频率优化及运行指标优化。

无线接入边缘场强不低于 −75 dBm，优化时应根据场强测试结果与现场实际环境调整室分天线（全向吸顶、定向板状）的安装位置，并检查天线的天面。

接入系统中信噪比应大于 24 dB。优化时应根据现场测试情况合理调整相同 SSID 发射的 AP 功率，调整相邻 AP 的信道配置，减少系统内部干扰；同时在测试中使用 Fluke 仪表对站点中的外部信号进行扫描，对发射信号很强且信道配置相同的信源进行定位，修改相同的信道设置。

接入系统中下载速率应达到标准规定速率，优化时可调整交换机来提高出口带宽门限。

（2）无线侧设备优化。无线侧设备优化主要为 AP、接入交换机、POE 供电模块、多媒体箱、网线、天馈设备等的工艺改进、性能优化提升及分场景应用等。

AP 设备优化包括：对站点中的 AP 管理地址、业务与管理 VLAN、IEEE 802.11b/g 协议、基于用户数与流量的负荷自动均衡，以及防止网络风暴设置等参数进行全网统一规划，对单个站点/校区统一优化后及时进行数据配置统一备份（本地统一保存），在设备出现故障更换后方便导入原始配置数据，有效降低安全风险。

设备的散热优化。应注意设备散热问题，尤其是多媒体箱内的散热，适当的温度能保证设备最佳运行。

设备的安全优化。优化时应统一将 AP 放置在多媒体箱内，且箱子挂在较高的位置，避免人为原因导致设备损坏影响设备正常通信，并考虑必要的防盗措施。

网线布放优化。布放网线应远离强电（220 V 线路），太近的话容易受到强电磁场的干扰导致通信质量的下降、网速降低。

（3）组网结构优化。组网结构优化主要指传输网络优化改造、城域网优化。传输网络优化改造、城域网优化需由无线专业协同传输、数据专业联合制定方案并实施。

2. WLAN 网络优化场景分类

WLAN 网络优化工作应对具体场景进行分类实施，各场景及优化建议内容如表 9-1-2 所示。

表 9-1-2　WLAN 网络场景分类优化

场 景 分 类		建 筑 结 构	优化建议及注意事项
高校	宿舍楼	单边	建议采用室分合路进行覆盖；采用定向天线覆盖；进行分频分段；增加滤波器设备；适当布放 5.8 GHz 频段 AP；对频点优化要求较高；对组网带宽需求较高
		双边	建议使用室分合路进行覆盖；建议采用多种天线结合方式覆盖；进行分频分段覆盖；增加滤波器设备；适当布放 5.8 GHz 频段 AP；对频点优化要求较高；对组网带宽需求较高
	教学区	单边	室外、室分合路的覆盖方式均可；对频点优化要求较高
		双边	建议采用室分合路进行覆盖；对频点优化要求较高
	图书馆		建议采用室分合路进行覆盖；对频点优化要求较高
会议室、会展中心		大型会议场所、开阔展厅	建议采用多种天线结合方式覆盖；进行分频分段覆盖；增加滤波器设备；适当布放 5.8 GHz 频段 AP；建议使用室分合路进行覆盖；对频点优化要求较高；对组网带宽需求较高
宾馆酒店		星级宾馆酒店	建议采用室分合路进行覆盖；对频点优化要求较高；建议采用多种天线结合方式覆盖

续表

场景分类	建筑结构	优化建议及注意事项
休闲场所	咖啡厅、茶座等	室分合路和单点布放均可；建议采用多种天线结合方式覆盖
交通枢纽	机场、火车站	建议采用室分合路进行覆盖；建议采用多种天线结合方式覆盖；对频点优化要求较高
公司内部区域	办公楼、营业厅等	建议采用室分合路进行覆盖；建议采用多种天线结合方式覆盖；对频点优化要求较高；对组网带宽需求较高
其他	住宅小区、卖场等	卖场建议采用室分合路进行覆盖；小区建议采用室外覆盖；对频点优化要求较高

任务小结

本任务是通过介绍 WLAN 无线网络维护与优化，例行维护，故障处理以及质量运行分析、投诉处理流程；以及网络优化场景及分类；让学员建立一个直观全面的网络维护与优化的体系，对于日后工作中基本故障分析处理有一个基本思路和常规解决途径。

任务二　掌握 WLAN 无线网络测试内容

任务描述

本任务介绍 WLAN 无线网络测试内容及无线局域网工程验收测试规范。

任务目标

了解 WLAN 无线网络测试内容及无线局域网工程验收测试规范。

任务实施

一、阐明测试内容

测试是了解无线网络运行状况的一条有效途径，也是 Wi-Fi 网络维护与优化必不可少的工作环节，其主要包括以下五个方面。

1. 信道测试

信号强度、噪声强度、信噪比是信道测试中最重要的指标。信号强度测试用来验证信号衰减的状态，信号的强度对 Wi-Fi 中站点能否连通上网起决定性作用，与距离、障碍物屏蔽、AP 的发射功率等因素相关。噪声强度和信噪比可有效衡量干扰强弱的指标，由于 Wi-Fi 使用的是公共频段，在这些频段中还有其他通信系统或工业设备，例如微波炉、移动电话、2.4 GHz/5.8 GHz 微波传输设施，它们都会给 Wi-Fi 造成干扰，对 Wi-Fi 网络的性能造成很大影响。

2. 网络性能测试

网络性能测试分为基本测试和运行监测。基本测试包括 AP 吞吐量测试、ping、站点及 AP 列表分析等，测试者通过这些测试完成对 Wi-Fi 运行基本情况的评估。运行监测是在基本测试的基础上增加了实时的 AP 站点性能综合分析、实时流量分析、SSID 分组分析、IEEE 802.11 网络传输的各种数据包和信号帧的分类、实时的网络利用率和吞吐量以及任一节点的传输速率等测试内容，这些测试参数反映了 Wi-Fi 目前实际的工作状态。

3. 协议分析

由于 Wi-Fi 在协议方面有许多特殊的帧格式，因此实时的捕捉数据包并解码是 Wi-Fi 测试中不可或缺的手段。协议分析的目的是网络维护管理，因此在解码过程中，只需要解码分析到底三层，因为底三层几乎包含了全部的基本网络维护管理信息。

4. 故障诊断

Wi-Fi 的故障诊断是通过对信道测试、网络性能分析、捕包解码等多项测试的结果进行综合分析来进行的，是网络运行维护中必不可少的一项应用。Wi-Fi 的自身特点造成 Wi-Fi 的故障诊断被分为两部分：一是网络性能的故障诊断（网络性能评估），包括连通性故障、低速传输、AP 信号弱等；二是网络安全的故障诊断（网络安全评估），这是 Wi-Fi 网络特有的问题。由于微波传输的特性，在某一空间内，微波信号可以被这个空间内的所有信号接收设备所接收，因此 IEEE 不断推出针对 Wi-Fi 的安全协议，从最初的 WEP、LEAP、MIC、TKIP、802.1X 安全协议到最新的 WPA，可以说 Wi-Fi 的安全系数已经是越来越高了。但目前的安全问题大都出于用户的初始设置问题，大多数企业用户连最基本的安全模式 WEP 都没有打开，这时的网络是非常不安全的。发现现有的安全漏洞是 Wi-Fi 安全测试的最基本要求。对于企业网来说，仅仅打开 WEP 功能是远远不够的，对于一个入侵者来说只有静态密钥 WEP 的网络可以被轻松破解。因而需要认证一台设备是网络内的正常设备还是非法入侵的设备，不论非法入侵者是使用什么手段侵入，对于网络来说都是不安全的因素，如何发现并迅速定位非法入侵的设备也是 Wi-Fi 安全测试中非常重要的需求。

5. Wi-Fi 应用中的维护问题

完善的管理文档会使网络的运行维护更轻松，管理文档除了必须包括各无线接入点和站点的详细状态列表之外，还要将测试报告归入文档中，既要包括基本的网络安全、性能分析，也要将每次的实时报告顺序归档，这样就形成了整个网络的长期的动态分析文档，为进一步的网络升级维护提供了方便的途径。

二、探究无线局域网工程验收测试规范

根据 2015 年 5 月 6 日中华人民共和国工业和信息化部发布《YD 5215—2015 无线局域网工程验收规范》中要求的系统测试内容如表 9-2-1 和表 9-2-2 所示。

表 9-2-1　无线侧 WLAN 网络验收测试方法及步骤

序号	测试项目	测试步骤及方法
1	驻波比测试	通过驻波比测试仪接入有源设备（AP、干放）最近点天馈部分的无源节点，测试其无源系统总驻波比；通过驻波比测试仪分别接入每层天馈部分总节点，测试其平层无源系统的总驻波比

序号	测试项目	测试步骤及方法
2	无线覆盖信号强度测试	1. 使用 WLAN 专用测试仪表或在插有无线网卡的笔记本式计算机上运行测试软件,在设计目标覆盖区域内进行覆盖电平测试; 2. 在目标覆盖区域内,在每个 AP 的覆盖区域位置随机抽测 4 个点,每个测试点至少观察 10 s,记录信号强度平均值,测试过程测试设备要统一
3	信噪比测试	1. 使用 WLAN 专用测试仪表或在插有无线网卡的笔记本式计算机上运行专用测试软件,在设计目标覆盖区域内进行 SNR 测试; 2. 在目标覆盖区域内。在每个 AP 的覆盖区域边缘位置抽测 4 个点,每个测试点至少观察 10 s,记录 SNR 值
4	Ping 包测试	1. 在目标覆盖区域内,笔记本式计算机通过认证接入网络; 2. ping 该点 AP 的网关地址,ping 参数设置为发送数据包 50 次,包大小为 64 B 的方式进行 ping 测试; 3. 记录响应时间、丢包率等参数
5	系统吞吐量与接入带宽测试	1. 笔记本式计算机终端加载可记录用户传输速率的软件或者使用测试仪器; 2. 用户通过认证接入到网络后,登录测试 FTP 服务器,进行 50 MB 文件的 FTP 上传下载操作,记录速率; 3. 重复 3 次,记录上传下载速率
6	AP 配置检测	使用 WLAN 专用测试仪表或在插有无线网卡的笔记本式计算机上运行专用测试软件,在设计目标覆盖区域内测试所有 AP 信道及 SSID。通过 AP 的 IP 地址等信息,将热点各 AP 加入网管系统后,网管应可以发现新接入的 AP
7	同 AP 下用户隔离测试	1. 使用两个终端分别通过认证接入网络; 2. 查看终端被分配的 IP 地址; 3. 两个终端分别 ping 对方的 IP 地址
8	AP 间切换测试	1. 笔记本式计算机终端通过认证接入网络,并通过无线网卡 ping 本地网关; 2. 笔记本式计算机终端由目前接入 AP 的覆盖范围移动至相邻 AP 的覆盖范围内后,一直进行的 ping 本地网关仍然成功; 3. 在此过程中使用另一台笔记本式计算机终端登录到源 AP 和目标 AP 管理页面,确认测试笔记本式计算机终端由源 AP 切换到了目标 AP; 4. 重复以上步骤,连续测试 3 次以上,测试包含热点所有相邻 AP,记录切换是否成功
9	基于 Web 认证及下线测试	在热点覆盖区域内不同地点使用"用户名 + 密码"方式进行 3 次 DHCP + Web 认证,记录是否认证成功。接入成功后下线,记录是否下线成功
10	基于 PPPoE 认证及下线测试	在热点覆盖区域内不同地点使用"用户名 + 密码"方式进行 3 次 PPPoE 认证,记录是否认证成功。接入成功后下线,记录是否下线成功
11	基于 SIM 认证及下线测试	使用 SIM 终端,在网络覆盖的区域内不同地点进行 3 次 SIM 认证,记录是否认证成功。接入成功后下线,记录是否下线成功
12	基于 WAPI + Web 认证	使用 WAPI 终端,在 WAPI 网络覆盖的区域内不同地点使用"用户名 + 密码"方式进行 3 次 Web 认证,记录是否认证成功。接入成功后下线,记录是否下线成功

表 9-2-2　网络侧 WLAN 网络验收测试方法及步骤

序号	测试项目	测试步骤及方法
1	基于 DHCP 方式的 IP 地址分配测试	1. STA 配置成自动获取 IP 地址,与 AP 建立关联; 2. 查询 AC 内置的 DHCP 服务器上 IP 地址分配情况,观察是否正确记录所分配的 IP 地址; 3. 禁用 STA 网卡,用户释放 IP 地址

序号	测 试 项 目	测 试 步 骤 及 方 法
2	备份切换功能测试	1. 配置主备 AC,并且工作正常; 2. 启动 WLAN 系统,此时 AP 连接到主 AC 之上,STA1 使用 Web 认证连接上网,在 STA1 连续 ping WWW 服务器地址,观察连接状况; 3. 断开主 AC 设备; 4. 备份 AC 设备开始,STA1 重新连接网; 5. STA2 使用 Web 认证连接上网
3	用户隔离功能测试	1. 两台 AP 上行接到 LAN 交换机的两个端口,两个端口分别属于不同配置的 VLAN,如 VLAN10 和 VLAN20; 2. STA1 与 STA2 分别接入 AP1 与 AP2; 3. 开启 STA1,STA1 采用 Web 方式正常接入到 WLAN 接入网络并能够正常使用 HTTP 业务; 4. 开启 STA2,STA2 采用 Web 方式正常接入到 WLAN 接入网络并能够正常使用 HTTP 业务; 5. 两 STA 之间持续的相互 ping 包; 6. 保持 ping 包,并在 AC 上开启用户隔离功能; 7. 保持 ping 包,并在 AC 上关闭用户隔离功能
4	AC 可被网管测试	1. AC 设备设置网管地址; 2. AC 设备通过网管接口接入到 WLAN 网管; 3. 在 WLAN 网管系统拓扑结构中查找新增 AC 设备
5	基于 WEB 认证及下线测试	在热点覆盖区域内不同地点使用"用户名 + 密码"方式进行 3 次 DHCP + WEB 认证,记录是否认证成功。接入成功后进行下线,记录是否下线成功
6	基于 PPPoE 认证及下线测试	在热点覆盖区域内不同地点使用"用户名 + 密码"方式进行 3 次 PPPoE 认证,记录是否认证成功。接入成功后进行下线,记录是否下线成功
7	基于 SIM 认证及下线测试	使用 SIM 终端,在网络覆盖的区域内不同地点进行 3 次 SIM 认证,记录是否认证成功。接入成功后进行下线,记录是否下线成功
8	基于 WAPI + Web 认证及下线测试	使用 WAPI 终端,在 WAPI 网络覆盖的区域内不同地点使用"用户名 + 密码"方式进行 3 次 WEB 认证,记录是否认证成功。接入成功后进行下线,记录是否下线成功

任务小结

本任务是通过介绍 WLAN 无线网络测试内容以及无线局域网工程验收测试规范的学习,达到了解无线网络测试的测试及工程验收等相关工作流程的目的。

任务三 理解 WLAN 网络优化方法

任务描述

本任务介绍 WLAN 无线网络优化方法,并介绍 WLAN 网络用户感知度提升方法。

任务目标

了解 WLAN 无线网络优化方法,学会 WLAN 网络用户感知度提升方法。

任务实施

一、熟悉 WLAN 网络优化方法

(1)调整信道。

(2)调整天线。

(3)调整 AP 发射功率。

(4)调整 Beacon 帧发送时间。默认状态 AP 每 100 ms 发送一个信标(Beacon)帧;信标报文以最小速率发送,优先级较高,可以考虑间隔从 100 ms 提高到 160 ms,降低空口资源消耗。

(5)关闭低速率。802.11g 支持 1、2、5.5、6、9、11、12、18、24、36、48、54 bit/s,每次根据信号状况选取某一速度。在室内干扰不严重情况下可以考虑关闭 1、2、6、9。

(6)用户限速(在 AC 处控制,建议 802.11g 为 2 Mbit/s)

(7)二层隔离。组播、广播会在同一个 AP 下的所有用户广播,广播以低速率传输,影响无线利用率;为隔离用户间广播信息传递,可以考虑划分 VLAN。

(8)用户终端电源管理属性。WLAN 无线终端默认电源管理模式为省电,当用户距离 AP 较远时无线网卡由于功率过低导致数据包丢弃或重传;可以考虑禁用终端省电模式。

(9)调整 AP 发送报文的重传次数。默认重发 5 次,网络环境差可以考虑修改为 8 次;但对终端到 AP 方向丢包无改善。

二、学会 WLAN 网络用户感知度提升方法

影响 WLAN 用户感知因素如表 9-3-1 所示。

表 9-3-1 影响 WLAN 用户感知因素

问题总结	问题描述	问题定位	解决方案
无信号	开通站点无信号或弱信号	1. AP 吊死、断电; 2. AP 被拆; 3. 监控不能有效发现解决问题	1. 加强监控; 2. 定期运维检查
有信号无法关联	用户无法获取 IP; 用户可以获取 IP 无法打开 Portal 认证	1. 检查终端网卡是否异常; 2. 检查 WLAN 设备是否运行正常 3. IP 是否设置自动获取; 4. DHCP 中 IP 地址池是否用完	1. 更换不支持的网卡; 2. 确保 AP 正常工作; 3. IP 设置为自动获取; 4. 升级解决 IP 地址池溢出问题
有信号无法认证成功	用户可以获取 IP,打开 Portal 页面无法认证成功	1. Portal 认证服务器故障; 2. 使用保存页面,页面保存 IP 地址与重新获取 IP 地址不符	使用新页面打开认证。Portal 服务器故障是小概率事件

问 题 总 结	问 题 描 述	问 题 定 位	解 决 方 案
下载速率慢或速率波动大	速率慢或者速率抖动较大。	1. 无线信号不稳定； 2. 无线环境干扰； 3. 同一 AP 下接入用户过多造成 AP 性能下降； 4. 有线侧宽带资源饱和	1. 信号覆盖强度要达标； 2. 用户流量大地区保证有线资源充足； 3. 定期对忙 AP 分析
存在同、邻频干扰	同一频率（邻频）AP 信号强度接近，认证困难、掉线、速率慢	1. 开通时 AP 未能自动分配合适的信道。 2. 其他非本运营商使用相同频率	协商分配频率
服务受限等异常现象	上网速率慢，连接受限，无法打开 Portal 认证页面	1. 检查设备是否正常； 2. 传输链路是否存在丢包； 3. 检查参数是够存在异常	排查设备故障、信号覆盖和干扰问题，检查交换机及传输链路状态

任务小结

本任务是通过学习 WLAN 无线网络优化方法，并了解 WLAN 网络用户感知度提升的方法；更好地服务于网络优化，提升用户满意度。

任务四　了解写字楼解决方案

任务描述

本任务介绍写字楼 WLAN 无线网解决方案，并弄清 WLAN 网络建设需求和目标用户，详述网络建设方案及针对用户的运行方案、业务推广方案等。

任务目标

- 了解写字楼 WLAN 无线网解决方案。
- 学习写字楼 WLAN 网络建设需求和目标用户。
- 深入了解写字楼网络建设方案及针对用户的运行方案、业务推广方案等等。

任务实施

一、说明网络建设需求与目标用户

（1）实现在写字楼内移动办公；全区域网络覆盖；提供 VPN 接入安全服务；方便来访客户网络接入。

（2）为在写字楼内举行商务会议的大客户提供网络互联业务。

（3）商务信息发布：为企业提供商务信息的移动网络平台，增强企业宣传力度。

二、详述网络建设方案

建设方案如图 9-4-1 所示。AP 通过 10/100 Base-T 接口连接到以太网交换机；合理利用传输资源，交换机就近接入城域网；为提高性价比可以将认证发起点设置在 AC 上。市网可以利用后台实现个性化用户推送、认证、计费；公众 WLAN 可以由 AC 为每个用户提供 IP，完成 PPPoE 和 Web＋DHCP 认证，与 RADIUS 系统进行信息交互，完成相关认证、鉴权、计费功能。

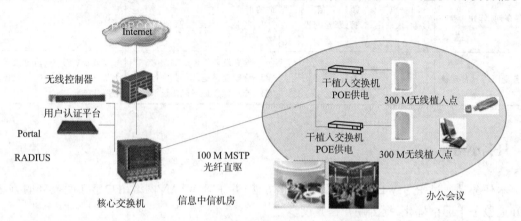

图 9-4-1　写字楼 WLAN 网络拓扑示意图

为保障写字楼企业网络与运营商公众 WLAN 网络独立，建议两个网络划分 VLAN，同一套硬件同时承载两个网络，使用安全策略保障隔离安全性。

具体实现手段为在 AP 上广播两个 WLAN SSID，一个给企业内部使用，另一个供访客使用。配置 VLAN。

覆盖方面要有针对性：大堂、休息区、会议室、多功能厅、办公区采用 AP 单独覆盖；走廊等区域采用现有室内分布系统或扩展天线方式。

三、介绍商业运营模式建议

（1）网络建设合作方案：业主负责 WLAN 网络建设投资，运营商向写字楼提供 WLAN 业务。

（2）网络维护合作方案：由第三方提供网络维护和计费系统维护。

（3）计费系统合作方案：运营商购买第三方计费系统，写字楼和运营商各有一套计费系统，采用分级记账机制，多种方式提供计费账单，方便业主计费管理。

（4）利益分配合作方案：运营商、业主、第三方按比列分配无线运营收入。

四、简述针对用户运营方案

（1）企业内部接入用内部 SSID，费用由企业负担。

（2）公众接入运营商标示的 SSID，可以收费或者支持广告商支付费用方式。

五、概述业务应用推广方案

（1）公共区域考虑免费，支付考虑广告商支付。

（2）无线企业 VPN：为用户安全、高速的无线 VPN 接入，提供工作效率。

（3）移动分机业务：为企业部署移动分机，VoWLAN。

（4）商业信息发布：为企业提供发布商业信息的移动网络平台，增强企业宣传力度。

任务小结

本任务是通过介绍写字楼 WLAN 无线网解决方案，弄清 WLAN 网络建设的需求和目标用户，通过对网络建设方案及针对用户的运行方案的深入了解，更强化了我们网优解决方案制定的能力和技术水平。

任务五　详述"无线校园"解决方案

任务描述

本任务是介绍"无线校园"WLAN 无线网解决方案，并弄清 WLAN 网络建设需求和目标用户，详述网络建设方案及针对用户的运行方案、业务推广方案等。

任务目标

1. 了解"无线校园"WLAN 无线网解决方案。
2. 学习"无线校园"WLAN 网络建设需求和目标用户。
3. 深入了解"无线校园"网络建设方案及针对用户的运行方案，业务推广方案等。

任务实施

一、简介网络建设需求与目标用户

校园网络成为学生、教师获取信息主要途径，将学生、院系、社交、学术、业务活动、行政人员联系在一起，推动教育系统信息化进程，在高校教育中地位凸显。

校园部分区域如图书馆、会议室、体育馆不方便布放有线的位置对 WLAN 有需求；现阶段笔记本式计算机普及对 WLAN 依赖程度越来越高。校园 WLAN 目标是为了师生更方便接入互联网及电子图书馆等网络资源。

二、详细说明网络建设方案

某高校 WLAN 总体网络拓扑图如图 9-5-1 所示。

双 SSID 架构；900 台 AP；WLC 6500 为 AC；AP 通过 10/100 Base-T 接口连接到接入交换机，上联汇聚交换机；通过传输资源连接到运营商 AC 上，WLC6500 旁挂城市热点服务器，通过运营商网络连接到 IP 网。

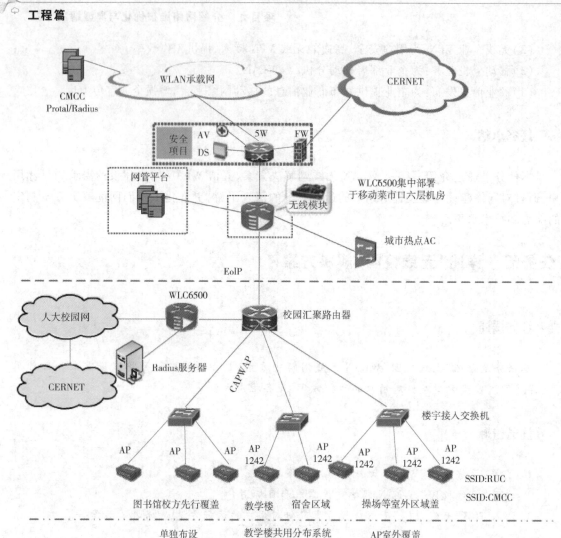

图 9-5-1　某高校 WLAN 总体网络拓扑图

校内设置 WLC6500AC；此 AP 作为校园原有 AP 和新运营商 AP 集中控制器及用户业务的访问控制器；无线 AC 采用 3+1 备份模式。

高校内有校园用户及公网用户，设置两个 SSID。

两类用户认证方式：学生校内采用标准 802.1X 认证，利用校园内的 Radius 认证。公众用户可以采用 Web 认证。

运营商集中放置控制器下是三层网络环境；要求中间路由器支持 DHCP 透传功能。

校园覆盖方案：

（1）室内型网络覆盖。环境开阔、用户集中、带宽需求高的场所如多功能厅、会议室、报告厅一般采用单独 AP 覆盖；房间多用户数量不多的区域，AP 安装在楼道内，通过内置天线覆盖两侧。

（2）室外型网络覆盖。通过室外射频基站对分散区域覆盖，如宿舍楼、家属楼、部分教学楼、后勤、体育场、室外空旷休息区。室外要注意防雷。

对于体育场可以考虑 Mesh 组网；Mesh 通过 5.8 GHz 组建链路，2.4 GHz 覆盖目标区域，AP 供电就近原则 Mesh 组网如图 9-5-2 所示。

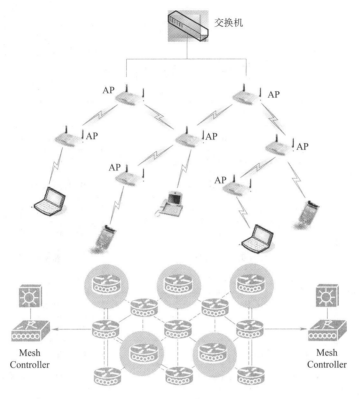

图 9-5-2　无线校园 Mesh 解决方案

三、概述商业运营模式

建设模式上分学校自建和运营商承建。学校自建只是扩展有线区域,运营商承建的才能称为无线校园,因为运营商建设的是全网覆盖、为工作学习娱乐提供连接。

运营商与学校共建无线校园可以与学校一卡通功能结合,实现业务开通、收费、缴费等一系列活动。

建议采用运营商承建的方式。

四、介绍业务应用推广方案

(1)全网覆盖。

(2)校内实现即时消息传送业务;校内免费 VoWLAN 业务。

(3)制定增值业务。

任务小结

本任务是通过介绍"无线校园"WLAN 无线网解决方案,弄清 WLAN 网络建设的需求和目标用户,通过对网络建设方案及针对用户的运行方案的深入了解,更强化了我们网优解决方案制定的能力和技术水平。

附录 A 缩 略 语

缩　　写	英　文　全　称	中　文　全　称
NAT	Network Address Translation	网络地址转换
PPPOE	Point-to-Point Protocol Over Ethernet	PPPOE 协议
VLAN	Virtual Local Area Network	虚拟局域网
DSCP	Differentiated Services Code Point	差分服务代码点
MTU	Maximum Transmission Unit	最大传输单元
ARP	Address Resolution Protocol	地址解析协议
SSID	Service Set Identifier	服务集标识
STP	Spanning Tree Protocol	生成树协议
BSS	Basic Service Set	基本服务集
RED	Random Early Detection	随机早期检测
WRED	Weighted Random Early Detection	加权随机早期检测
BFD	Bidirectional Forwarding Detection	双向转发检测

参 考 文 献

[1] 张智江,胡云,王健全,等.WLAN 关键技术及运营模式[M].北京:人民邮电出版社,2014.
[2] 段水福,历晓华,段炼.无线局域网(WLAN)设计与实现[M].杭州:浙江大学出版社,2007.